职业院校汽车专业任务驱动教学法创新示范教材

机械识图

主　编　闭柳蓉　谭超茹
副主编　彭明强　冯国松
参　编　张家佩　唐腊梅　蓝双玲
主　审　许　平

電子工業出版社
Publishing House of Electronics Industry
北京・BEIJING

内容简介

本书针对职业院校学生在识图知识和技能方面的就业需求编写，全书共分为七个项目：抄画平面图形，作三视图，画轴测图，组合体，识读视图、剖视图和断面图，零件图，识读装配图。在本书的最后是习题训练部分，作为学生的课后练习。通过这些项目将知识点与任务有机地结合在一起，由浅入深，循序渐进，使学生完成技能的训练，达到学以致用的目的。

本书可作为职业院校机械、汽车电子类专业的教材，也可作为相关从业人员的岗位培训用书。

图书在版编目（CIP）数据

机械识图 / 闭柳蓉，谭超茹主编. —北京：电子工业出版社，2017.10

ISBN 978-7-121-32125-2

Ⅰ. ①机… Ⅱ. ①闭… ②谭… Ⅲ. ①机械图—识图—中等专业学校—教材 Ⅳ. ①TH126.1

中国版本图书馆 CIP 数据核字（2017）第 159137 号

策划编辑：郑　华
责任编辑：郑　华　　特约编辑：王　纲
印　　刷：三河市鑫金马印装有限公司
装　　订：三河市鑫金马印装有限公司
出版发行：电子工业出版社
北京市海淀区万寿路 173 信箱　邮编　100036
开　　本：787×1 092　1/16　印张：13　字数：330 千字
版　　次：2017 年 10 月第 1 版
印　　次：2017 年 10 月第 1 次印刷
定　　价：29.80 元

凡所购买电子工业出版社图书有缺损问题，请向购买书店调换。若书店售缺，请与本社发行部联系，联系及邮购电话：（010）88254888，88258888。

质量投诉请发邮件至 zlts@phei.com.cn，盗版侵权举报请发邮件至 dbqq@phei.com.cn。

本书咨询联系方式：（010）88254988，3253685715@QQ.com。

前言

PREFACE

现代汽车维修技术的不断更新和汽车企业组织的不断调整，对汽车维修从业人员的技术技能和职业素养提出了更高的要求，也对先理论、后实践的传统教学模式提出了巨大的挑战。当前汽车维修专业的职业教育中，“以任务为主线、教师为主导、学生为主体”的任务驱动教学法，将教学方式由传授式变为启发式，由再现式变为探究式，由单向传导式变为多维互动式，更加贴合产业形式和教育形式的发展，更有利于教育教学质量和人才培养质量的提高，因而日益受到学生、学校和企业的的欢迎和重视。

自2004年以来，柳州市第一职业技术学校的汽车运用与维修专业教师团队，秉承“以就业为向导、以技术为基础、以能力为本位”的原则，在课程设置、教学管理和人才培养等方面进行了多方探索和不懈创新，通过校企合作组建“五菱班”、“丰田班”、“通用班”等方式，建立起一套从明确任务、制定计划、实施计划、检查控制到评价反馈的工作过程系统化的课程模式。本套“职业院校任务驱动教学法创新示范教材”正是在此优秀实践经验和教学成果基础上，全面调研、精确分析、谨慎论证、科学编撰而成，是学校汽修专业教学团队教学成果和集体智慧的展示和结晶。

本套教材大部分采用“主教材+工作页”的形式，主教材侧重典型工作任务的知识讲解，工作页强调技能掌握。本套教材在编写过程中，始终力求做到三个兼顾和三个突出。

1．在教材的编写指导思想方面，既注重体现职业教育的最新理论与前沿技术、行业能力的最新水平与发展要求，又同时兼顾职业院校学生的实际特点和实际水平；既注重汽修专业基础知识、基本理论和必备技能的掌握，又兼顾企业的典型工作任务和典型工作流程，让学生的学习和工作结合为一体；既强调教师作为学习过程的策划组织者、资源提供者、指导咨询者、过程监督者以及绩效评估和改善者的重要作用，又兼顾对学生综合职业能力的培养，强调学生在真实工作情境中整体化地解决综合性专业问题的能力和技术思维方式。

2．在教材的知识体系构建上，力求突出工作过程的系统化、学生学习的自主化和评价反馈的及时化，本套教材通过有一定实际价值的行动产品来引导教学组织过程，学生学习方式多以强调合作和交流的小组形式进行，从而使学生能够进一步理解技术知识并提高解决问题的能力。在本书的工作页板块，始终贯穿有“质量控制与评价”环节，过程化的学习评价可帮助学生获得初步总结、反思及自我反馈的能力，为提高其综合职业能力提供必要的基础。

《机械识图》作为系列教材的一本，由柳州市第一职业技术学校闭柳蓉负责全书任务设计、统稿及修订，并编写项目一及习题部分，谭超茹负责项目五及项目六，彭明强负责项目二，张家佩负责项目三，蓝双玲、唐腊梅负责项目四，冯国松负责项目五。在此对编写团队表示衷心感谢。

由于编者水平有限，书中难免有不妥之处，敬请读者批评指正。

目　录

CONTENTS

项目一

抄画平面图形

知识目标

1. 通过完成图框、线型、尺寸标注练习等项目，基本掌握制图国家标准的主要内容。

2. 通过完成线段等分、正五边形、正六边形、斜度和锥度的画法练习项目，了解几何作图的基本步骤。

能力目标

1. 能正确使用绘图工具进行作图。
2. 能按照国家标准的规定进行图框、标题栏的正确绘画。
3. 能正确分辨和绘制不同线型，能运用基本几何作图的方法抄画平面图形。
4. 能对平面图形进行尺寸标注。

情感目标

1. 体验抄画出各种形状图形的乐趣。
2. 培养正确使用绘图工具进行标准绘图的规范意识。
3. 在项目学习中逐步养成自主学习新知识、新技术的良好习惯。

任务1 识别图样

任务要求

要求学生看一幅图样后，能读懂标题栏的内容、比例、尺寸含义，能正确分辨出不同的线型，并回答问题，完成对应的字体、线型、尺寸标注等练习。

情境创设

教师拿出几张企业使用的工程图纸给学生观看，让学生回答观看感受。教师给学生讲述机械图样作为“工程界的技术语言”的重要性及其使用广泛性，激发学生的学习积极性。

任务引导

相关知识点学习：要求学生课前预习“知识链接”后独立完成。

1．图样的基本幅面有________、________、________、________、________共 5 种。

2．图样中图形与其________相应要素的线性尺寸之比，称为比例。比例值为 1∶1 称为________比例。

3．国家标准规定了绘制机械图样的 9 种线型，其中______种粗，______种细。________线用于画可见轮廓线，________线用于画不可见轮廓线，________线用于画尺寸线、尺寸界线和剖面线等，__________线用于画轴线、对称中心线。

4．一个标注完整的尺寸由__________、__________、__________和__________四要素组成。

5．标注线性尺寸时，尺寸线必须与所标注的线段____________，相互平行的尺寸线________在内，________在外，依次排列整齐。线性尺寸的数字一般应注写在尺寸线的________。标注圆的尺寸时，应在尺寸数字前加注符号________。标注角度时，角度的数字一律写成________方向。

试一试

读图 1-1，回答问题。

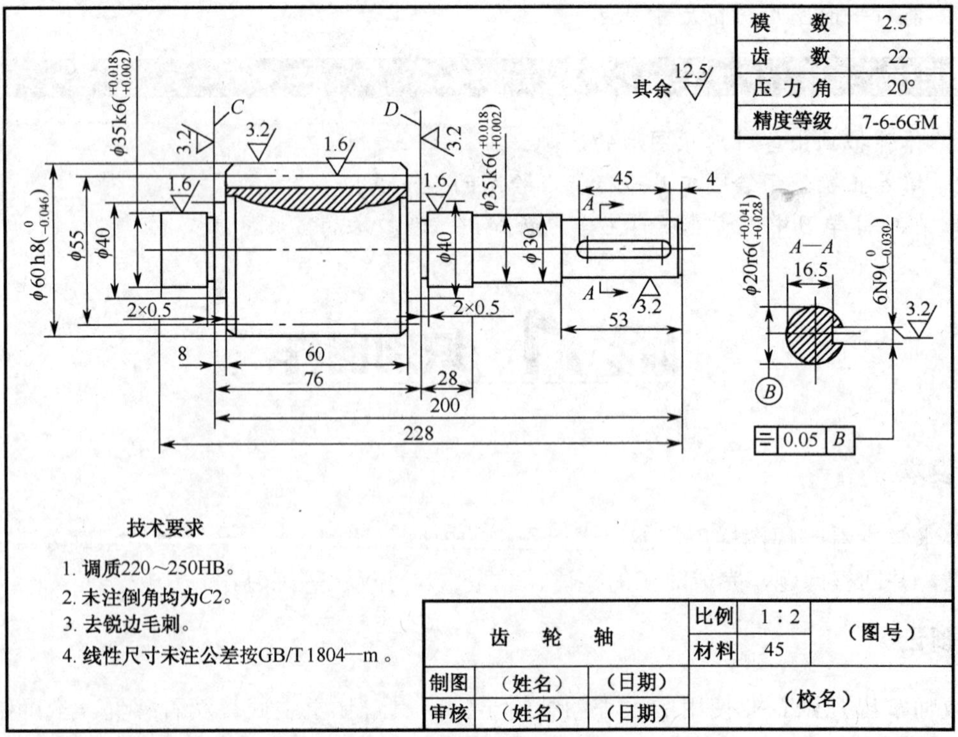

图 1-1　齿轮轴零件图

1．图样上画的零件名称为__________，图样右下角的框格称为__________。

2．图样的比例为______，表示 ________________；应选用的图纸为_____号，图纸的标准尺寸为________。

3．图上零件的总长为___________。ϕ40 表示________________，2×0.5 表示________________。

4．图上采用的图线有_______种，分别是____。

5．画出上图，所需要的工具有____。

知识链接

一、图纸幅面、格式及标题栏

1．图纸幅面

国家标准《技术制图》中规定了图纸的幅面尺寸（表 1-1）。

表 1-1　图纸的基本幅面代号及其尺寸　　单位：mm

幅面代号	A0	A1	A2	A3	A4
$B \times L$	841×1189	594×841	420×594	297×420	210×297
a	25				
c	10			5	
e	20		10		

2．图框格式

在图纸上必须用粗实线画出图框，其格式分为留装订边和不留装订边两种，如图 1-2 和图 1-3 所示。

3．标题栏

标题栏格式和尺寸按 GB 10609.1－2008 的规定，标题栏应位于图纸的右下角。

标题栏在制图作业中可以简化，建议采用图 1-4 所示的简化标题栏。

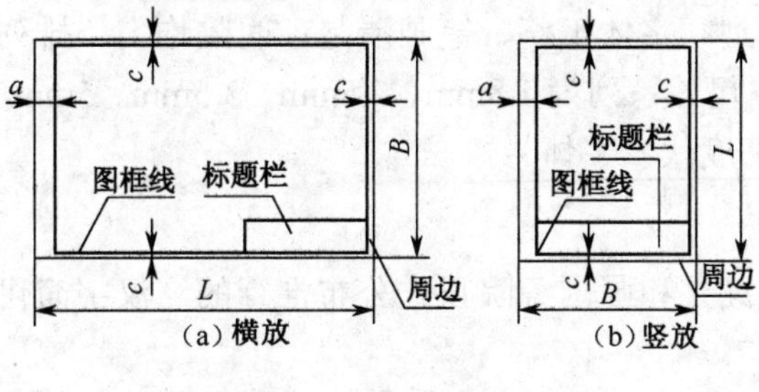

图 1-2　留装订边格式

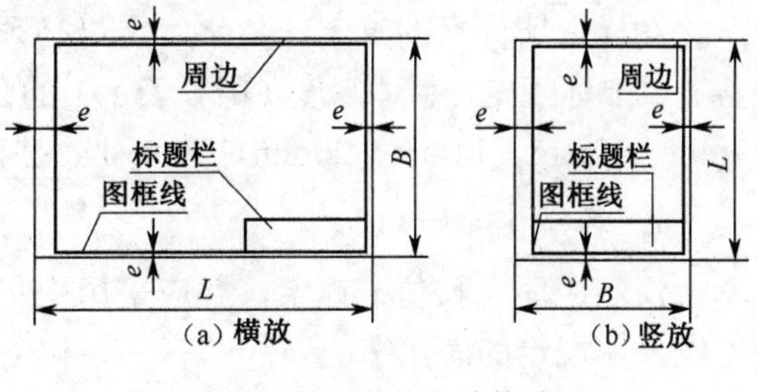

图 1-3　不留装订边格式

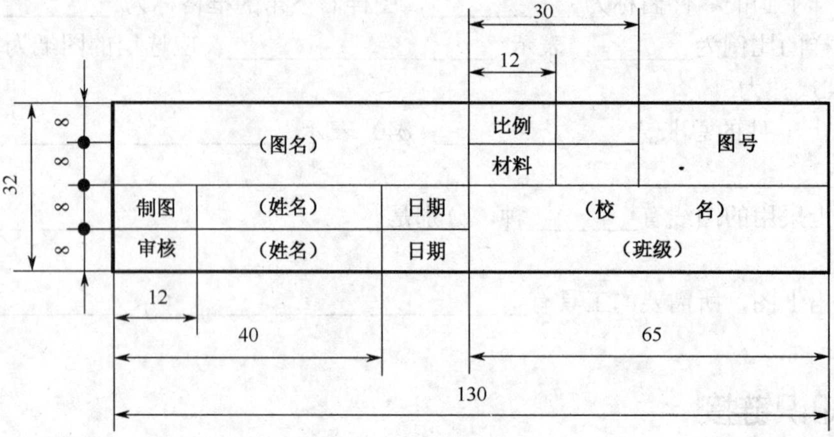

图 1-4　简化标题栏

二、比例

图样中图形与其实物相应要素的线性尺寸之比，称为比例。所画图形与相应实物大小一样时，比例为 1∶1，称为原值比例；所画图形比相应实物大的称为放大比例；反之则称为缩小比例。一般应尽可能采用原值比例画图。比例的选用见表 1-2。

表 1-2　比例的选用

种　类	比　例	
	第一系列	第二系列
原值比例	1∶1	
缩小比例	1∶2　1∶5　1∶10　$1:10^n$ $1:2\times10^n$　$1:5\times10^n$	1∶1.5　1∶2.5　1∶3　1∶4　$1:1.5\times10^n$ $1:2.5\times10^n$　$1:3\times10^n$　$1:4\times10^n$　$1:6\times10^n$
放大比例	2∶1　5∶1　$10^n:1$ $2\times10^n:1$　$5\times10^n:1$	2.5∶1　4∶1　$2.5\times10^n:1$　$4\times10^n:1$

注：*n* 为正整数；选择比例时，应尽量选择第一系列。

三、字体

图样上所注写的汉字、数字、字母必须做到：字体工整、笔画清楚、间隔均匀、排列整齐。国标规定，字体高度（用 *h* 表示）的公称尺寸系列为 1.8mm、2.5mm、3.5mm、5mm、7mm、10mm、14mm、20mm，共 8 种。字体高度代表字体号数。

1. 汉字

汉字应写成长仿宋体字，并应采用中华人民共和国国务院正式公布推行的《汉字简化方案》中规定的简化字。

长仿宋体字示例如下。

10号字 字体工整 笔画清楚 间隔均匀 排列整齐

7号字 横平竖直 注意起落 结构均匀 填满方格

5号字 技术制图 机械电子 汽车船舶 土木建筑

3.5号字 螺纹齿轮 航空工业 施工排水 供暖通风 矿山港口

【做一做 1.1】

练习写仿宋体字。

机 械 工 程 制 图 基 本 知 识 视 图 校 核

尺 寸 标 注 形 体 分 析 零 图 班 级 结 构 件

2. 字母和数字

字母和数字可写成斜体或直体。斜体字字头向右倾斜，与水平基准线成 75°。拉丁字母示例如下。

大写斜体	小写斜体
ABCDEFGHIJKLMN	abcdefghijklmn
OPQRSTUVWXYZ	opqrstuvwxyz

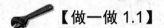

阿拉伯数字示例如下。

【做一做 1.2】

练习写字母和数字。

0 1 2 3 4 5 6 7 8 9 R 0 1 2 3 4 5

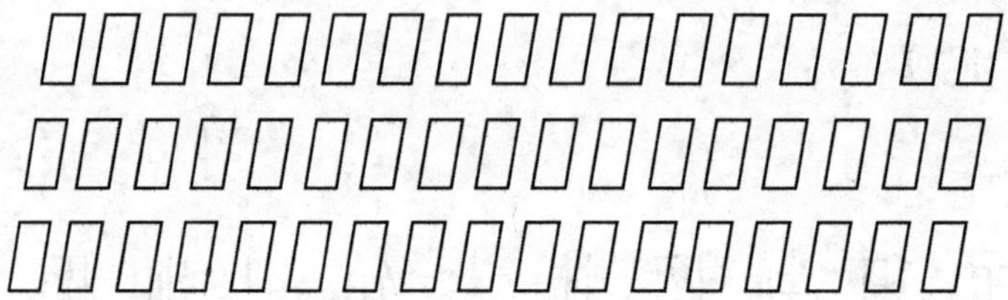

四、图线

图线分粗、细两种。粗线的宽度 b 为 0.5～2 mm，细线的宽度约为 $b/2$。

同一图样中，同类图线的宽度应基本一致。

图线的形式及应用见表 1-3，图线示例如图 1-5 所示。

表 1-3　图线的形式及应用

图线名称	线型	线宽	一般应用
粗实线		b	可见轮廓线、螺纹牙顶线、齿顶线等
细实线		约 $b/2$	过渡线、尺寸线、尺寸界线、指引线、剖面线、基准线、螺纹牙底线、齿根线等
波浪线		约 $b/2$	断裂处边界线、视图与剖视图的分界线
双折线	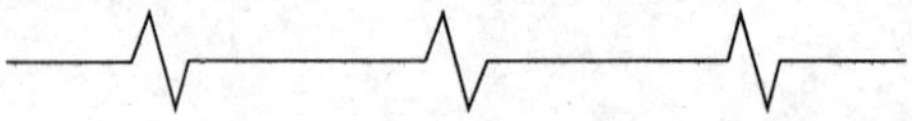	约 $b/2$	断裂处边界线
虚线		约 $b/2$	不可见轮廓线
细点画线		约 $b/2$	轴线、对称中心线、分度圆（线）、剖切线、孔系分布的中心线
粗点画线		b	限定范围表示线
双点画线		约 $b/2$	相邻辅助零件轮廓线、可动零件极限位置轮廓线

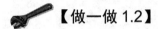

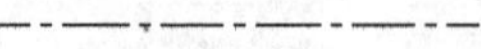

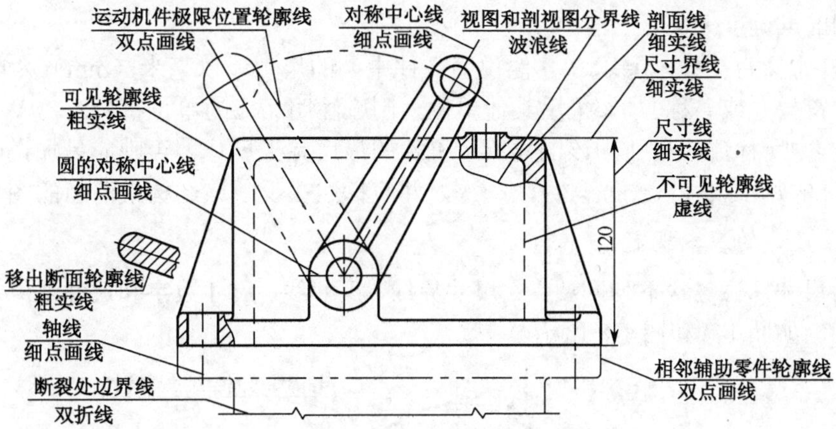

图 1-5　图线示例

画图时，应注意图 1-6 中的问题。

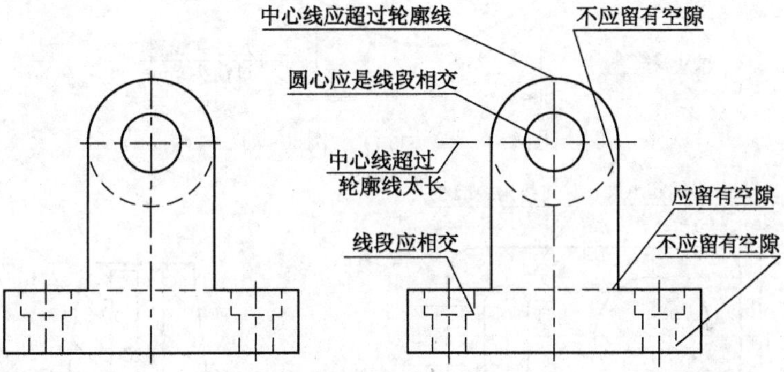

图 1-6　绘图时应注意的问题

【做一做 1.3】

请在表 1-4 中对应画出 4 条线条。

表 1-4　线条绘图练习表

线 型 名 称	学 生 练 习
粗实线	
细实线	
虚线	
细点画线	
波浪线	

五、尺寸注法

1. 标注尺寸的基本规则

① 机件的真实大小应以图样上所注的尺寸数值为依据，与图形的大小（即所采用的比

例）和绘图的准确度无关。

② 图样中（包括技术要求和其他说明文件中）的尺寸，以毫米（mm）为单位时，无须标注单位符号（或名称）。如采用其他单位，则应注明相应的单位符号。

③ 图样中所标注的尺寸为该图样所示机件的最后完工尺寸，否则应另加说明。

④ 机件的每一尺寸，一般只标注一次，并应标注在反映该结构最清晰的图形上。

2. 标注尺寸的基本规定

完整的尺寸标注包含下列四要素：**尺寸界线、尺寸线、尺寸数字和尺寸线终端（箭头）**。相关示例如图 1-7 和图 1-8 所示。

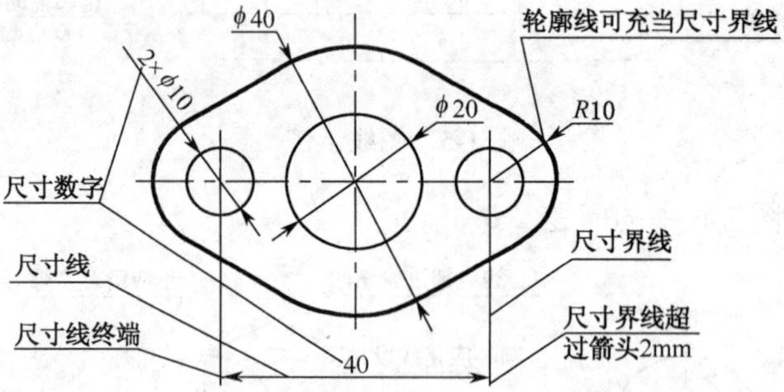

图 1-7　尺寸标注示例（一）

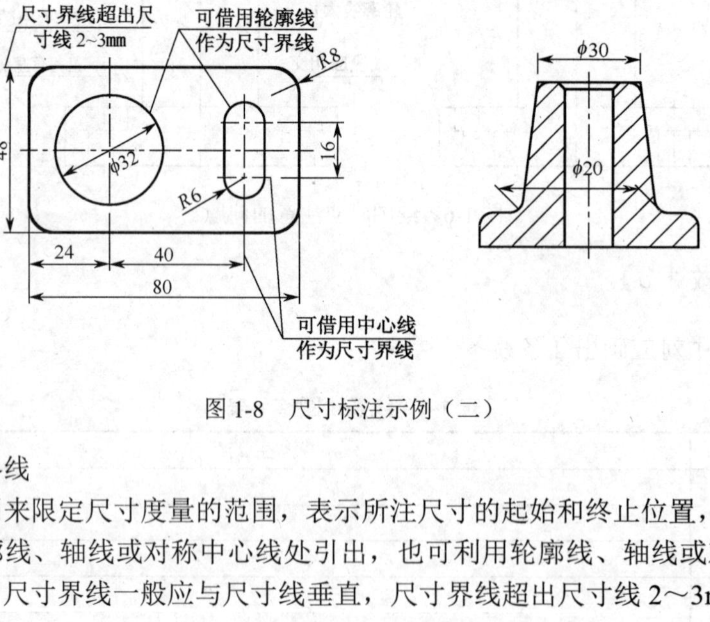

图 1-8　尺寸标注示例（二）

（1）尺寸界线

尺寸界线用来限定尺寸度量的范围，表示所注尺寸的起始和终止位置，用细实线绘制。它由图形的轮廓线、轴线或对称中心线处引出，也可利用轮廓线、轴线或对称中心线本身作为尺寸界线。尺寸界线一般应与尺寸线垂直，尺寸界线超出尺寸线 2～3mm。

（2）尺寸线

尺寸线表示所注尺寸的范围，用细实线绘制。尺寸线不能用其他图线代替，不得与其他图线重合或画在其延长线上，并应尽量避免尺寸线之间及尺寸线与尺寸界线相交。标注线性尺寸时，尺寸线必须与所标注的线段平行；对于相互平行的尺寸线，小尺寸在内，大尺寸在外，依次排列整齐；各尺寸线的间距要均匀，间隔应大于 5mm，以便注写尺寸数字和有关符号。

（3）尺寸线终端

尺寸线终端有两种形式：箭头和细斜线。机械图样一般用箭头形式，箭头尖端与尺寸界线接触，不得超出也不得离开，如图 1-9 所示。

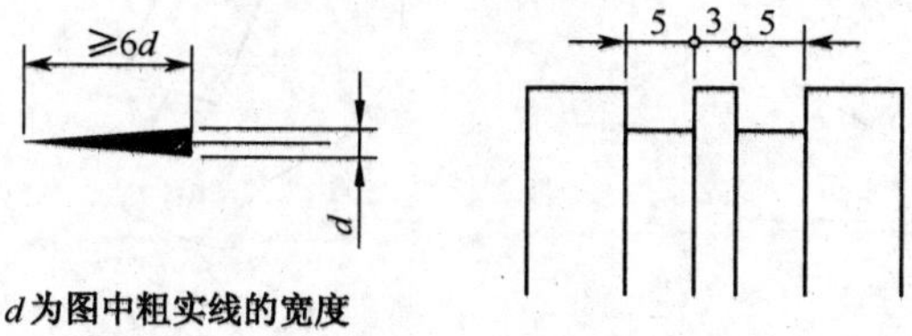

图 1-9　箭头

当尺寸线太短，没有足够的位置画箭头时，允许将箭头画在尺寸线外边；标注连续的小尺寸时可用圆点代替箭头。

（4）尺寸数字

尺寸数字表示所注尺寸的数值。

线性尺寸的数字一般应写在尺寸线的上方、左方或尺寸线的中断处，位置不够时，也可以引出标注。

尺寸数字不能被任何图线通过，否则必须将该图线断开。在同一张图上基本尺寸的字高要一致，一般采用 3.5 号字，不能根据数值的大小而改变。

六、常用尺寸的标注方法

【做一做 1.4】

尝试对图 1-10（a）进行尺寸标注（提示：长度、宽度、角度，从原图上量取尺寸）。

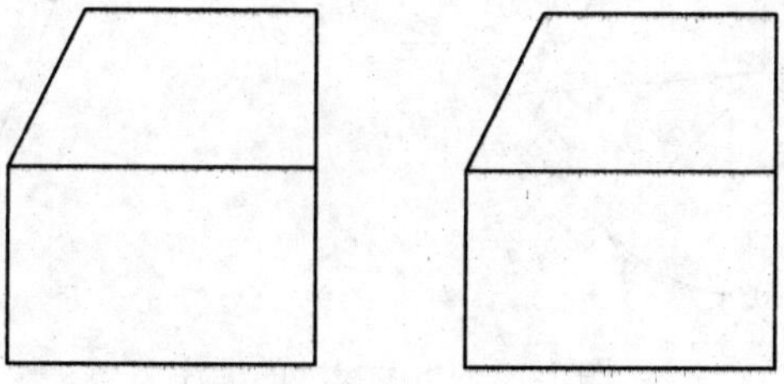

（a）　（b）

图 1-10　尺寸标注练习

1. 线性尺寸的标注

尺寸数字一般应写在尺寸线的上方，当尺寸线为垂直方向时，应注写在尺寸线的左方，也允许注写在尺寸线的中断处。当位置不够时，也可以引出标注。线性尺寸的标注如图 1-11 所示。

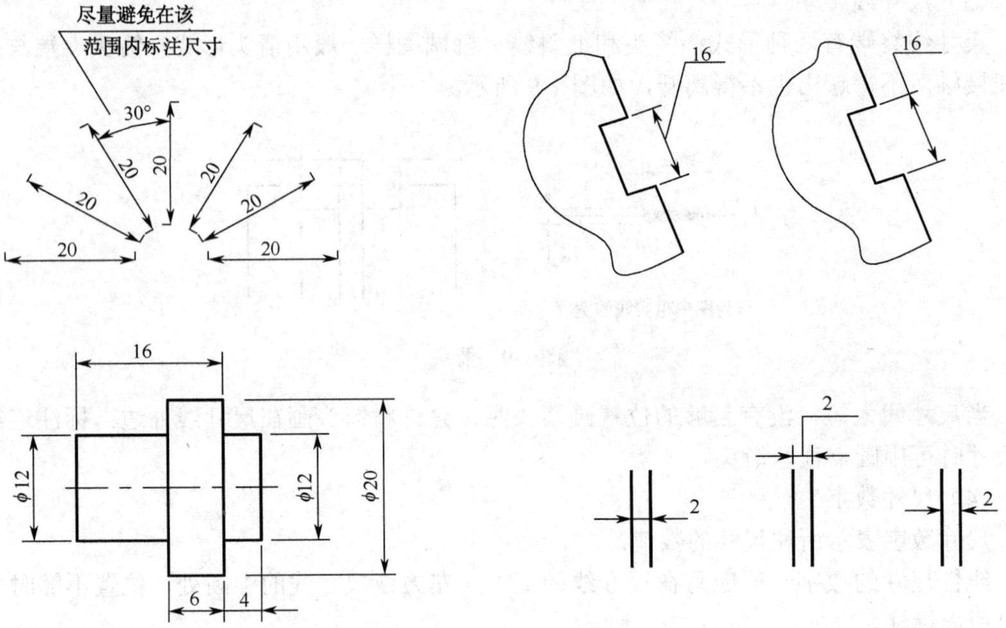

图 1-11　线性尺寸的标注

2. 角度尺寸的标注

角度的尺寸界线应沿径向引出，尺寸线是以角的顶点为圆心画出的圆弧线。角度的数字应水平书写，一般注写在尺寸线的中断处，必要时也可写在尺寸线的上方或外侧。角度较小时也可以用指引线引出标注。角度尺寸必须注出单位。角度尺寸的标注如图 1-12 所示。

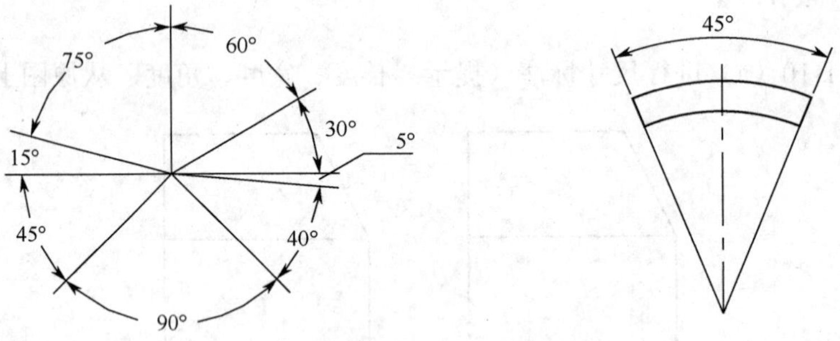

图 1-12　角度尺寸的标注

【做一做 1.5】

对照知识点检查图 1.10（a）是否标注正确，并在图 1-10（b）中进行正确标注。

3. 圆和圆弧尺寸的标注

圆及圆弧的尺寸，可将轮廓线作为尺寸界线，尺寸线或其延长线要通过圆心。大于半圆的圆弧标注直径，在尺寸数字前加注符号“ϕ”；小于和等于半圆的圆弧标注半径，在尺寸数字前加注符号“R”。圆和圆弧尺寸的标注如图 1-13 所示。

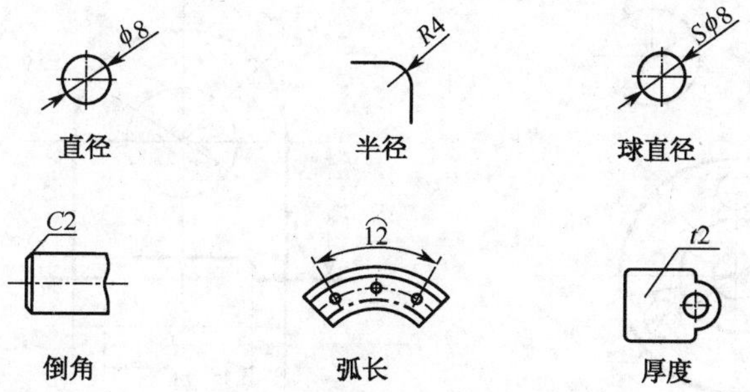

图 1-13 圆和圆弧尺寸的标注

七、标注尺寸时应注意的问题

1. 尺寸数字

在同一张图上基本尺寸的字高要一致，一般采用 3.5 号字，不能根据数值的大小而改变字符的大小；字符间隔要均匀；字体应严格按国家标准规定书写。

2. 箭头

在同一张图上箭头的大小应一致，机械图样中箭头一般为闭合的实心箭头。

3. 尺寸线

互相平行的尺寸线间距要相等。尽量避免尺寸线相交。

标注尺寸时应注意的问题如图 1-14 所示。

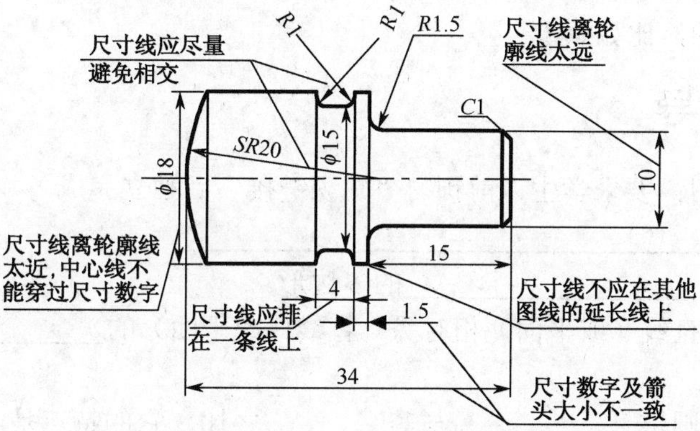

图 1-14 标注尺寸时应注意的问题

【做一做 1.6】

对平面图形进行尺寸标注。

① 尺寸标注练习：如图 1-15 所示，在给定的尺寸线上画出箭头，填写尺寸数字（尺寸数字按 1∶1 从图上量取，取整数）。

② 尺寸注法改错：如图 1-16 所示，查出尺寸标注的错误，并在右边空白图上正确标注。

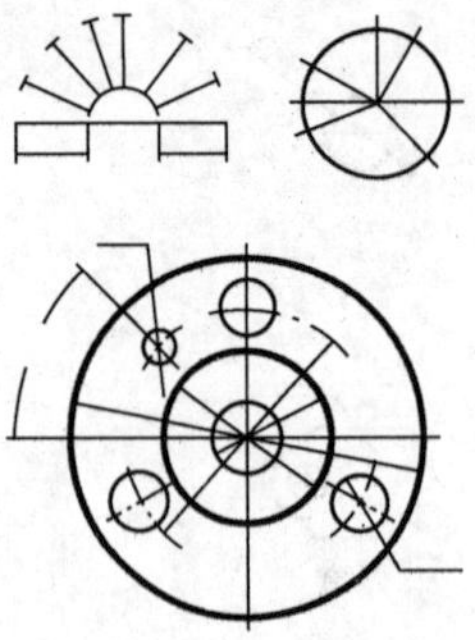

图 1-15　尺寸标注练习

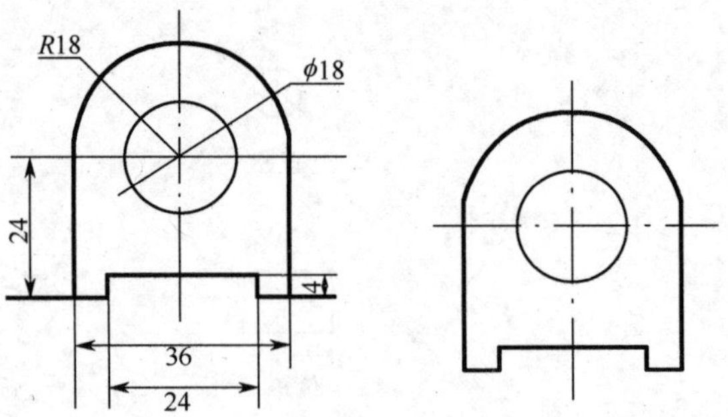

图 1-16　尺寸注法改错

任务2　常用几何图形的作图

任务要求

通过完成线段等分、正五边形、正六边形、斜度、锥度和简单圆弧连接的画法练习项目，了解几何作图的基本步骤，掌握一定的手工作图的方法。

情境创设

让学生找找在日常生活中常见的基本平面图形有哪些，在机械零件中有哪些零件是由基本图形演变而来的，比如螺母。

任务引导

相关知识点学习：要求学生课前预习“知识链接”后独立完成。

1．等分线段即____________________________。

2．正多边形即________________的多边形。

3．斜度是指一直线（或平面）相对另一直线（或平面）的__________，它的特点是______分布。

4．锥度是指正圆锥__________与其______之比，它的特点是______分布。

5．圆弧连接的实质，就是使连接弧与相邻线段_________，以达到__________的目的。

试一试

按照图 1-17（a），尝试将图 1-17（b）补充完整，如有困难，请自行阅读“知识链接”。

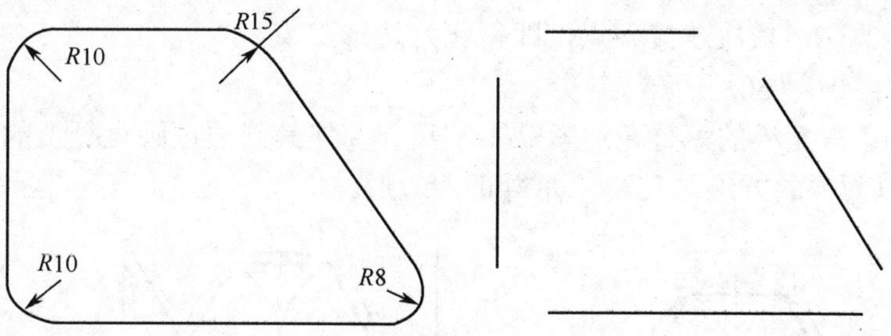

（a）　　　　　　　　（b）

图 1-17　圆弧连接任务

知识链接

机件的轮廓形状虽然是多种多样的，但在图样上，机件的轮廓基本上都是由直线、圆弧和非圆弧曲线所组成的几何图形。熟练掌握几何图形的基本作图方法对于保证图面质量、提高绘图速度是十分重要的。

一、直线段的等分

等分线段的概念：将线段分成任意相等的几等份。

用平行线法将已知线段 *AB* 分成 *n* 等份（如 5 等份）的作图方法如图 1-18 所示。

① 过端点 *A* 任作一直线 *AC*，用分规以等距离在 *AC* 上量出 *1*、*2*、*3*、*4*、*5* 各等分点。

② 连接 *5B*，过 *1*、*2*、*3*、*4* 各等分点作 *5B* 的平行线与 *AB* 相交，得等分点 *1'*、*2'*、*3'*、*4'*即为所求。

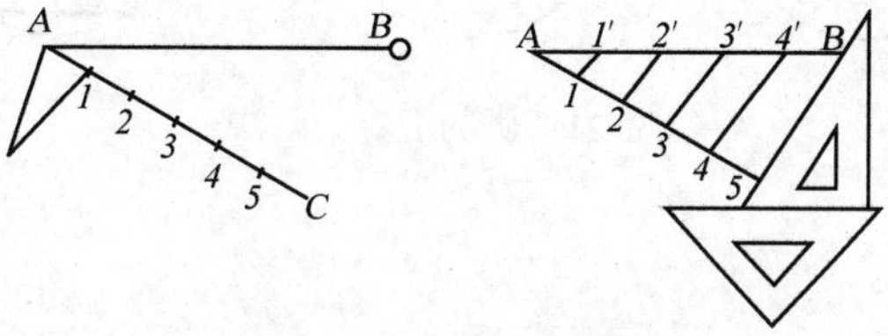

图 1-18　直线段的等分

【做一做 1.7】

将线段 *CD* 分成 4 等份（图 1-19）。

图 1-19　线段等分练习

二、正多边形作图法

1. 正六边形作图法

正六边形，即六条边都相等的六边形，可以用圆的六等分画法（图 1-20）作正六边形。

方法一：用圆规直接等分。

以已知圆直径的两端点 *A*、*D* 为圆心，以已知圆半径 *R* 为半径画弧与圆周相交，即得

等分点 B、F、C、E，依次连接各点，即得正六边形。

方法二：用 30°、60° 三角板等分。

将 30°、60° 三角板的短直角边紧贴丁字尺，并使其斜边过圆直径上的两端点作直线，翻转三角板，以同样的方法作直线，即得正六边形。

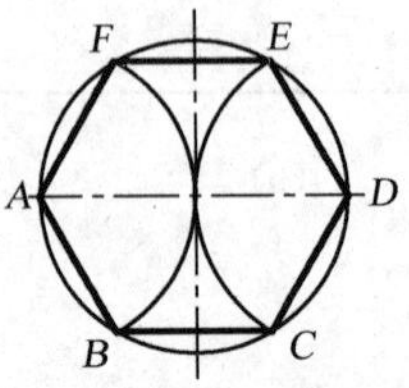

（a）方法一：用圆规作图

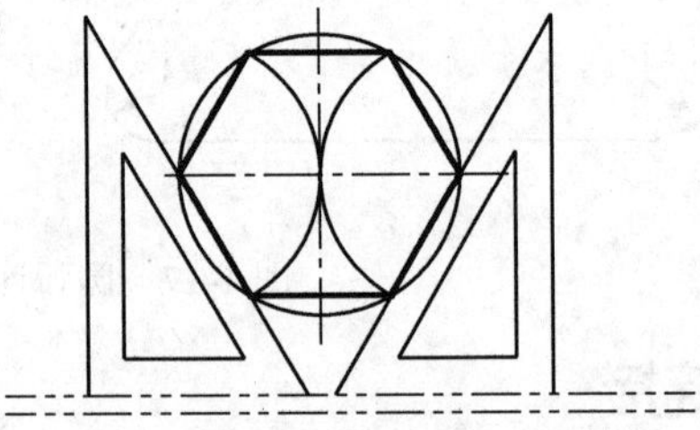

（b）方法二：用三角板作图

图 1-20　圆的六等分画法

2. 正五边形作图法

正五边形，即五条边都相等的五边形，可以用圆的五等分画法（图 1-21）作正五边形。

① 平分半径 OA 得点 M，以点 M 为圆心，$M1$ 为半径作弧，交中心线得点 K。

② 取 $1K$ 的弦长，自 1 点起在圆周上依次截取，得等分点 2、3、4、5，依次连接各点，即得正五边形。

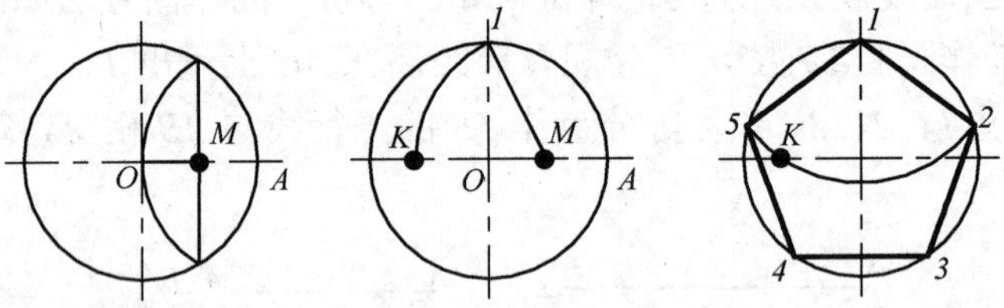

图 1-21　圆的五等分画法

【做一做 1.8】

参照图 1-22（a），在图 1-22（b）中画出图形（直径为 ϕ50mm）。

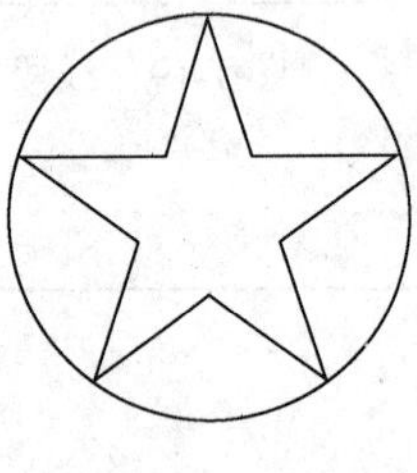

（a）

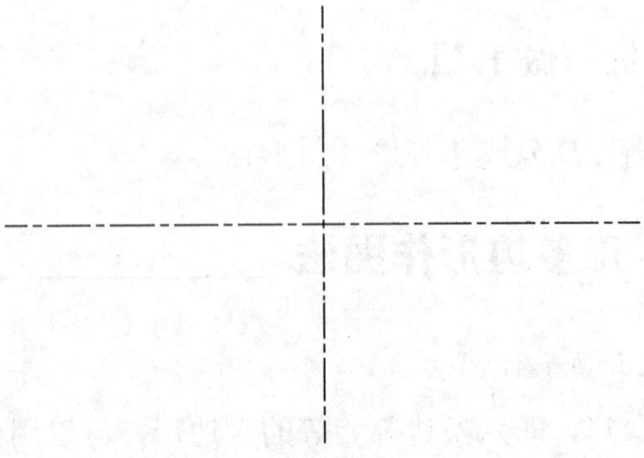

（b）

图 1-22　圆的等分练习

三、斜度和锥度

1. 斜度

（1）斜度的概念

斜度指一直线（或平面）相对另一直线（或平面）的倾斜程度。

（2）斜度的标注

斜度的比值要化作 1∶n 的形式，并在前面加注斜度符号“∠”，其方向与斜度的方向一致。它的特点是单向分布。标注示例如图 1-23 所示。斜度=tanα=H/L=1∶n。

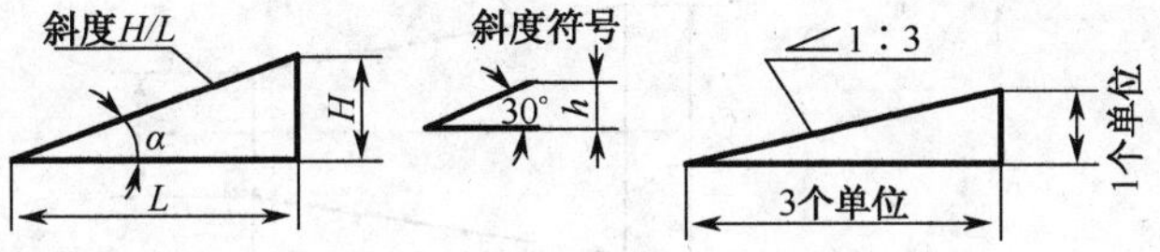

图 1-23　斜度标注示例

（3）斜度的画法

以斜度 1∶6 为例，画法如图 1-24 所示。

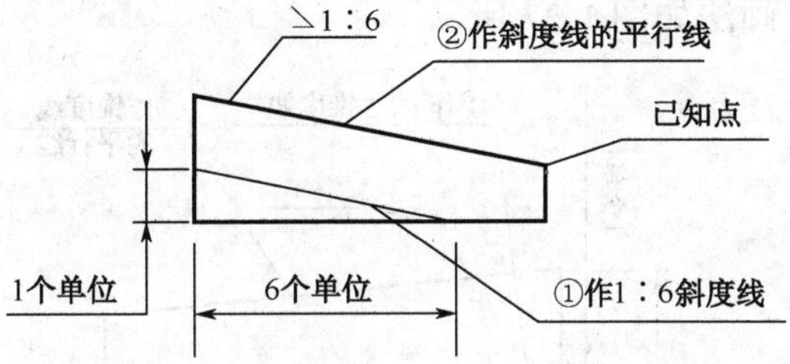

图 1-24　斜度的画法

【做一做 1.9】

参照图 1-25（a），在图 1-25（b）中作斜度，并进行标注。

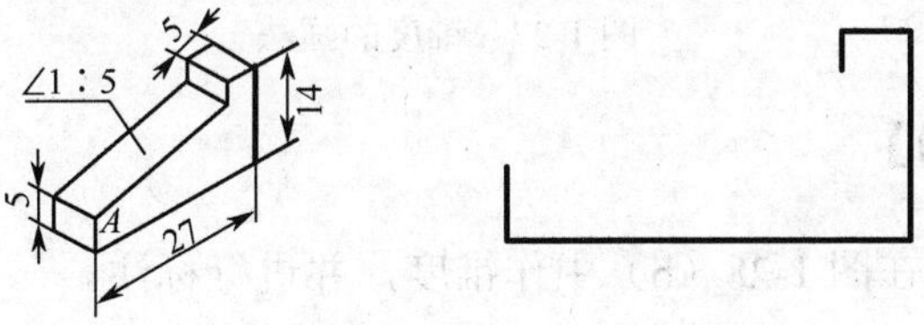

（a）　　（b）

图 1-25　斜度练习

2. 锥度

（1）锥度的概念

锥度指正圆锥底圆直径与其高度之比，或正圆台的两底圆直径差与其高度之比。

（2）锥度的标注

锥度在图样上也以 1∶n 的简化形式标注。锥度符号为“▷”，它的特点是双向分布。

标注示例如图 1-26 所示。锥度=D/L=2tanα=1∶n。

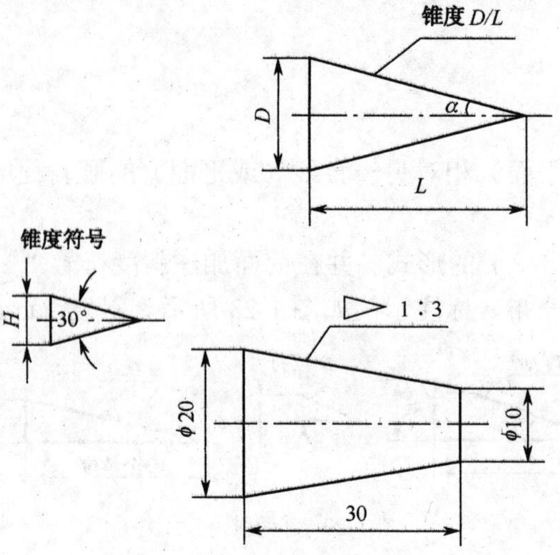

图 1-26　锥度标注示例

（3）锥度的画法

以锥度 1∶5 为例，画法如图 1-27 所示。

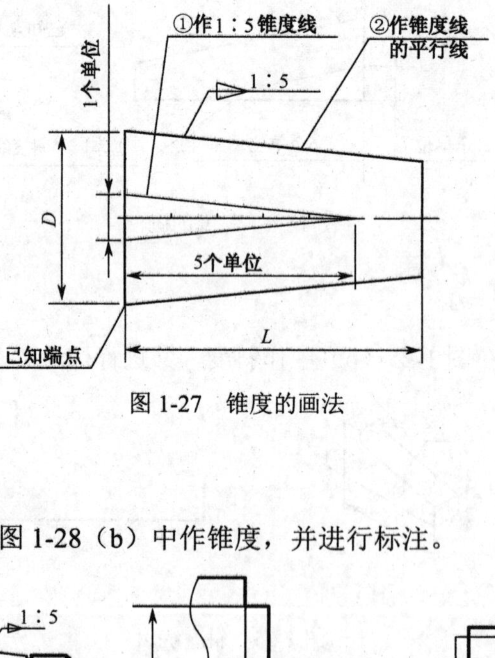

图 1-27　锥度的画法

【做一做 1.10】

参照图 1-28（a），在图 1-28（b）中作锥度，并进行标注。

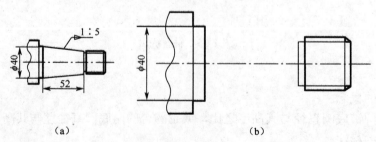

图 1-28　锥度练习

四、圆弧连接

1. 圆弧连接的概念

绘制机件的图形时，常会遇到圆弧与圆弧、圆弧与直线光滑连接的情况，如图 1-29 所示。圆弧连接是指用已知半径的圆弧，光滑地连接直线或圆弧。这种起连接作用的圆弧称为连接弧。作图时，要准确地求出连接弧的圆心和连接点（切点），才能确保圆弧的光滑连接。

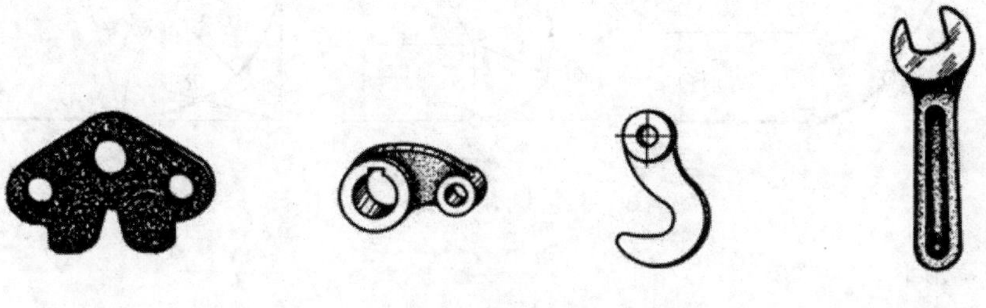

（a）　（b）　（c）　（d）

图 1-29　带有圆弧连接的机件

圆弧连接的实质，就是使连接弧与相邻线段相切，以达到光滑连接的目的。因此，圆弧连接的作图步骤可归纳如下。

① 求连接弧的圆心。

② 找出连接点即切点的位置。

③ 在两连接点之间画出连接弧。

圆弧连接作图原理如图 1-30 所示。

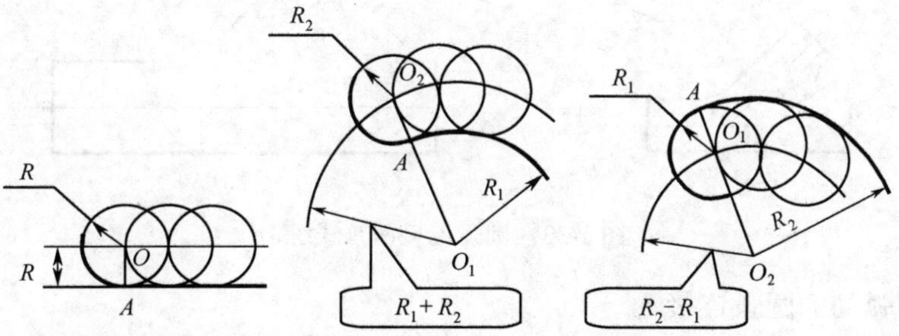

（a）圆弧与直线相切　（b）圆弧与圆弧连接（外切）　（c）圆弧与圆弧连接（内切）

图 1-30　圆弧连接作图原理

① 直线与圆弧**相切**：连接弧圆心的轨迹是与已知直线相距为 R 且平行于已知直线的直线；切点为连接弧圆心向已知直线所作垂线的垂足。

② 圆弧与圆弧**外切**：连接弧圆心的轨迹是已知圆弧的同心圆弧，其半径为 R_1+R_2；切点为两圆心的连线与已知圆的交点。

③ 圆弧与圆弧**内切**：连接弧圆心的轨迹是已知圆弧的同心圆弧，其半径为 R_2-R_1；切点为两圆心连线的延长线与已知圆的交点。

2．圆弧连接的作图方法

（1）两直线间的圆弧连接

两相交直线可以相交成直角、锐角和钝角三种情况，其作图方法原理相同。

【例 1.1】用半径为 R 的圆弧连接两直线，如图 1-31 所示。

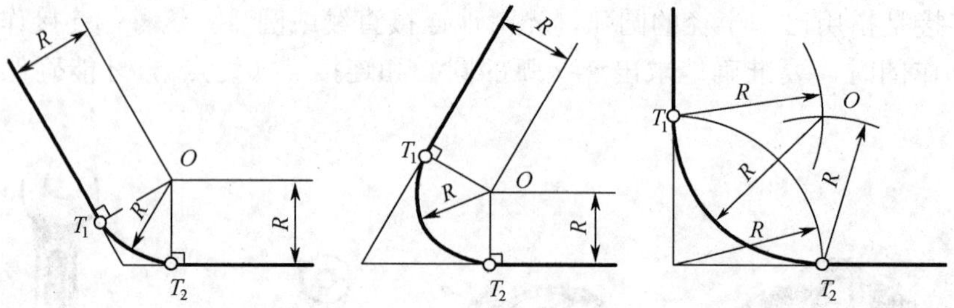

图 1-31　圆弧连接两直线

作图步骤如下。

① 求圆心：分别作与已知直线相距为 R 的平行线，其交点为 O，即为连接弧（半径 R）的圆心。

② 求切点：自点 O 分别向两直线作垂线，得垂足 T_1 和 T_2，即为切点。

③ 画连接弧：以 O 为圆心，R 为半径，自点 T_1 至 T_2 画圆弧，即完成作图。

【做一做 1.11】

参照图 1-32（a），完成图 1-32（b）中各处圆弧连接，并加深、加宽轮廓线。

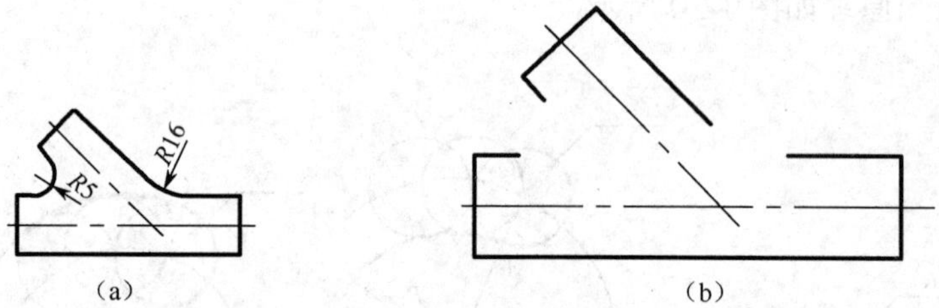

（a）　（b）

图 1-32　圆弧连接两直线练习

（2）两圆弧间的圆弧连接

【例 1.2】用半径为 R 的圆弧连接两已知圆弧（R_1、R_2），如图 1-33 所示。

作图步骤如下。

① 求圆心：分别以 O_1、O_2 为圆心，以 R_1+R 和 R_2+R[外切时，如图 1-33（a）所示]，或 $R-R_1$ 和 $R-R_2$[内切时，如图 1-33（b）所示]，或 $R-R_2$ 和 R_1+R[内、外切，如图 1-33（c）所示]为半径画弧，得交点 O，即为连接弧（半径 R）的圆心。

② 求切点：作两圆心连线 O_1O、O_2O 或 O_1O、O_2O 的延长线，与两已知圆弧（半径 R_1、R_2）相交于点 m_1、m_2，则 m_1、m_2 即为切点。

③ 画连接弧：以 O 为圆心，R 为半径，自点 m_1 至 m_2 画圆弧，即完成作图。

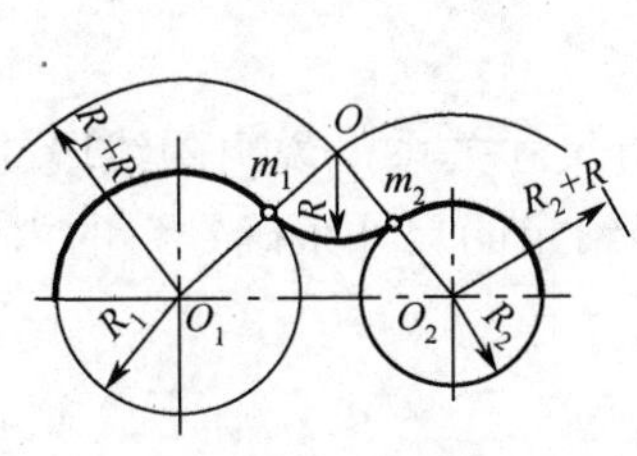

(a)圆弧与两已知圆弧外切

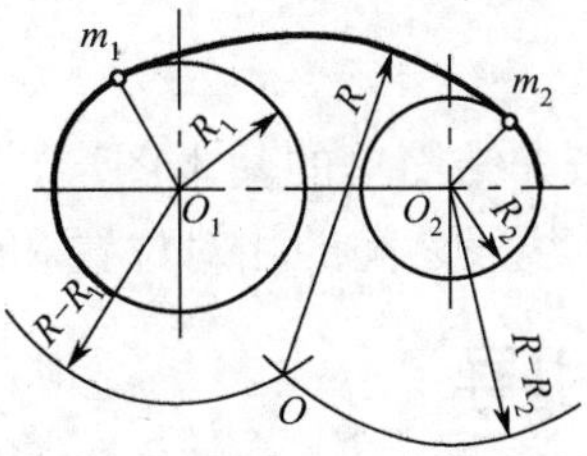

(b)圆弧与两已知圆弧内切

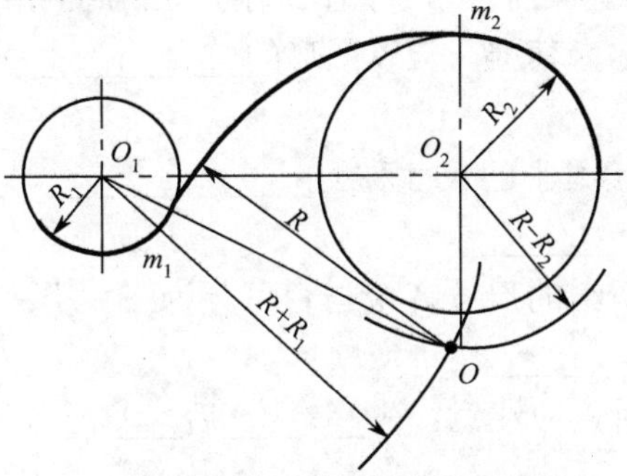

(c)圆弧与两已知圆弧分别外切和内切

图 1-33　圆弧连接两圆弧

【做一做 1.12】

参照图 1-34（a），完成图 1-34（b）中各处圆弧连接，并加深、加宽轮廓线。

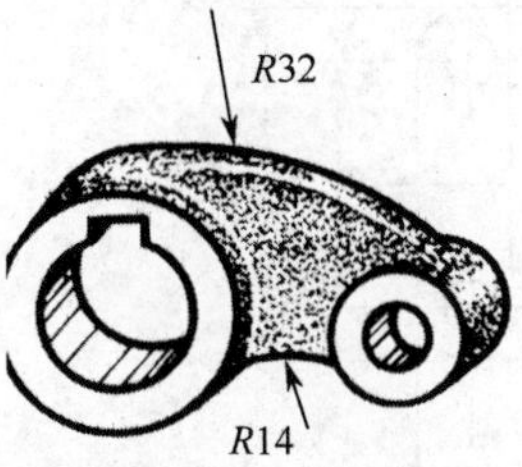

（a）

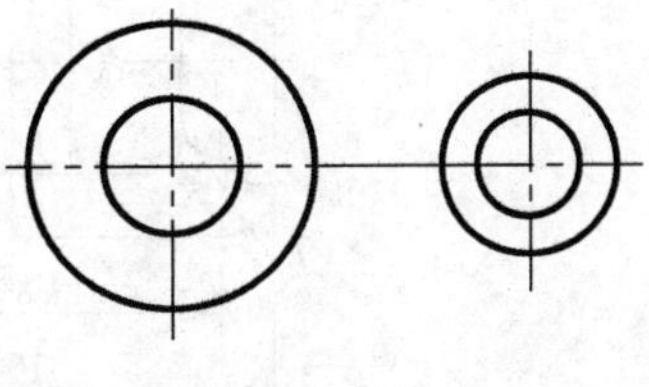

（b）

图 1-34　圆弧连接两圆弧练习

任务3　抄画平面图形

任务要求

要求学生能分析一幅图样的基准、定形尺寸和定位尺寸，并能按照作图步骤，先找基准，然后将已知线段、中间线段（圆弧）依次画出，最后画出连接线段（圆弧），正确进行尺寸标注，完成抄画图样。

情境创设

教师给出几张非常简单的基本图形，让学生分析尺寸关系，说出画线段的先后顺序，理解“平面图形各线段之间的相对位置和连接关系靠给定的尺寸来确定”的内涵。

任务引导

相关知识点学习：要求学生课前预习“知识链接”后独立完成。

1．__________________称为基准。常以图形的________________________________为尺寸基准。

2．确定平面图形几何元素大小的尺寸称为_____________，确定平面图形几何元素之间相对位置的尺寸称为______________。

3．平面图形的线段按照所给的尺寸齐全与否可分为三大类：____________________、_____________和_______________。

4．加深平面图形的线条时，应注意：先_______后_______，先________后______，从_______到_______，先_______后_______。

试一试

读图 1-35，并将作图步骤填写完整。

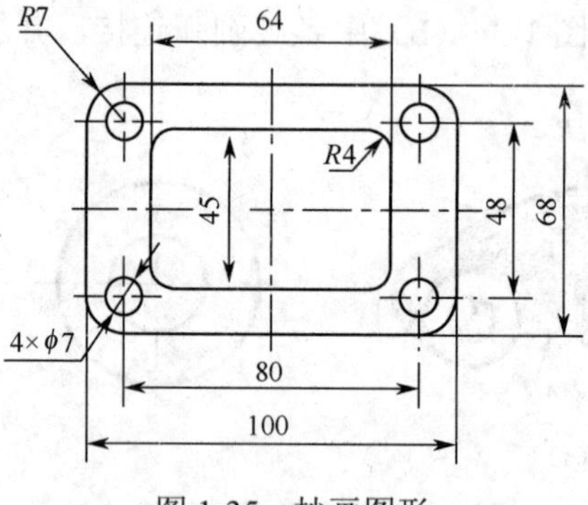

图 1-35　抄画图形

1．____________________________；然后以十字中心线为基准确定 4 个________的位置，用细点画线画出。

2．用细实线将__________方形画出，并圆角过渡画出________。

3．以第 1 步定下的ϕ7 圆的圆心为基准，_______________________________。

4．用细实线将__________方形画出，并圆角过渡画出______。

5．______________________________。

6．加深轮廓线。

知识链接

一个平面图形通常由一个或多个封闭图形组成，每个封闭图形由若干条线段（直线、圆弧）组成，邻接线段彼此相交或相切。这些线段之间的相对位置和连接关系靠给定的尺寸来确定。画图时，只有通过分析尺寸和线段间的关系，才能明确该平面图形应从何处着手及按什么顺序作图。

一、平面图形的尺寸分析

图形中的尺寸分为定形尺寸和定位尺寸。在标注和分析尺寸时，首先必须确定基准。

① **基准**：标注尺寸的起点。常以图形的对称线、轴线、中心线、图形轮廓线为尺寸基准。一个平面图形具有两个坐标方向的尺寸，每个方向有一个尺寸基准。

② **定形尺寸**：确定平面图形几何元素大小的尺寸，如线段长短、角度大小等。图 1-36 中的定形尺寸有ϕ20、ϕ5、*R*15、*R*12、*R*50、*R*10、ϕ30、15。

③ **定位尺寸**：确定平面图形几何元素之间相对位置的尺寸。例如，图 1-36 中尺寸 8 确定ϕ5 的圆心位置，ϕ30 确定 *R*50 的位置，75 确定 *R*10 的位置。

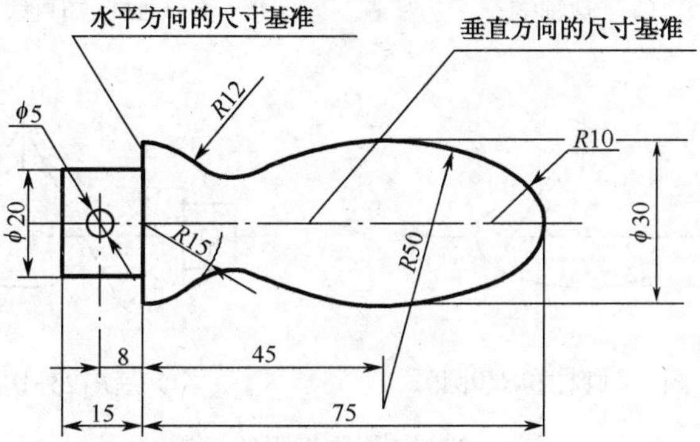

图 1-36　手柄

二、平面图形的线段性质分析

直线的作图比较简单，这里只分析圆弧的性质。

① **已知圆弧**：根据作图基准线位置和已知尺寸就能直接作出的线段或圆弧，如图 1-36 中的ϕ5 圆及 *R*15、*R*10 等圆弧。

② **中间圆弧**：已知一个定位尺寸，依靠其一端与已知圆弧相切才能画出，如图 1-36 中的 *R*50 圆弧。

③ **连接圆弧**：无定位尺寸，依靠两端相切连接才能画出，如图 1-36 中的 *R*12 圆弧。

④ **作图原理**：先画已知圆弧，再画中间圆弧，最后画连接圆弧。

【做一做 1.13】

对图 1-35 进行尺寸分析，并填空。

① 图 1-35 中水平方向的基准为____________________________，垂直方向的基准为__________________________。

② 如图 1-35 所示，定位尺寸有________________，定形尺寸有________________。

【例 1.3】抄画图 1-36 所示的手柄。

作图步骤：

① 画轴线。根据长度 15、75 和定位尺寸 8 确定$\phi 5$和 $R10$ 的圆心位置，如图 1-37（a）所示。

② 画已知直线和圆弧。画$\phi 20$ 圆柱、$R15$ 与 $R10$ 圆弧和$\phi 5$ 圆孔，如图 1-37（b）所示。

③ 画$\phi 30$ 圆柱和 $R50$ 圆弧，如图 1-37（c）所示。

④ 画连接弧。画 $R12$ 外切圆弧，如图 1-37（d）所示。

⑤ 加深成图。

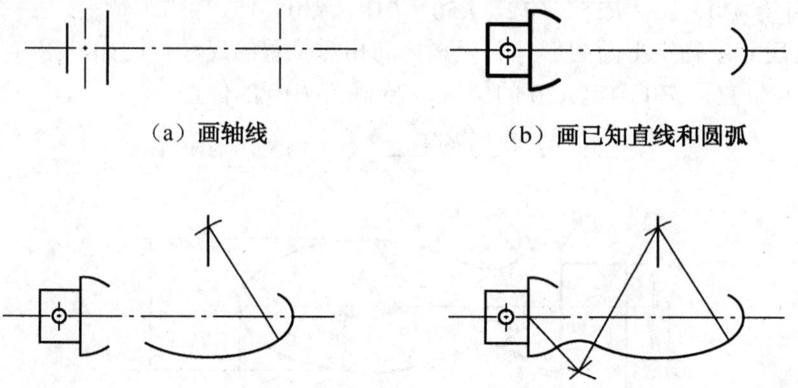

（a）画轴线　　（b）画已知直线和圆弧

（c）画$\phi 30$圆柱和$R50$圆弧　　（d）画$R12$外切圆弧

图 1-37　画平面图形的步骤

【做一做 1.14】

按照正确的步骤将图 1-36 画出来（保留作图痕迹）。

三、平面图形的绘图步骤

① 析图形，定图幅，画出图框和标题栏。

② 用 2H～HB 铅笔画出主要基准线、轴线、中心线和主要轮廓线；按先画已知线段，再画中间线段和连接线段的顺序依次进行绘制工作，直至完成图形。

③ 校对，擦去多余线条。

④ 标注尺寸。

⑤ 检查加深，一般细线、尺寸线及数字用 HB 铅笔加深，粗线用 2B 铅笔加深。加深时注意：**先粗后细、先曲后直、从内到外、先直后斜。**

⑥ 填写标题栏。

【做一做 1.15】

按照正确的作图步骤独立抄画图 1-35，要求保持纸面整洁。

四、徒手画图

通过目测估计形状、比例，徒手绘制的图样称为草图。徒手绘制草图也是工程技术人员必须具备的一种基本技能。草图中的线条也要粗细分明，长短大致符合比例。为了便于控制图形大小、比例和各图形间的关系，一般可利用方格纸画草图。

1. 直线的画法

图形中的直线尽量与分格线重合。画水平线时把图纸斜放，手腕沿画直线方向移动，为了便于控制图形，眼睛要注意线段终点方向（图 1-38）。

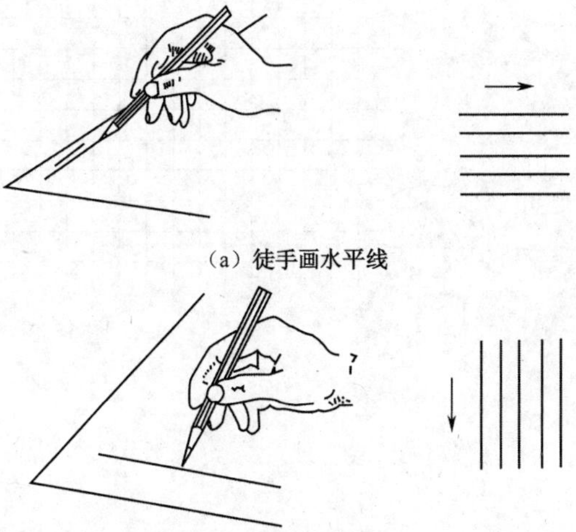

（a）徒手画水平线

（b）徒手画垂直线

图 1-38　徒手画直线

2. 圆的画法

先选定圆心位置，过圆心画对称中心线。

画小圆时，可按半径先在对称中心线上截取四点，然后画四段圆弧，连接成圆，如图 1-39（a）所示。画大圆时，可加画一对十字线，并同样截取八点，过八点画圆，如图 1-39（b）所示。

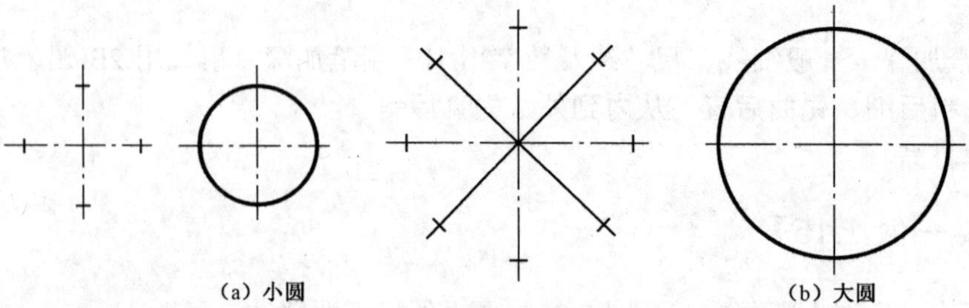

（a）小圆　　（b）大圆

图 1-39　徒手画圆

【做一做 1.16】

参照图例，在方格纸上徒手画出图形（图 1-40）。

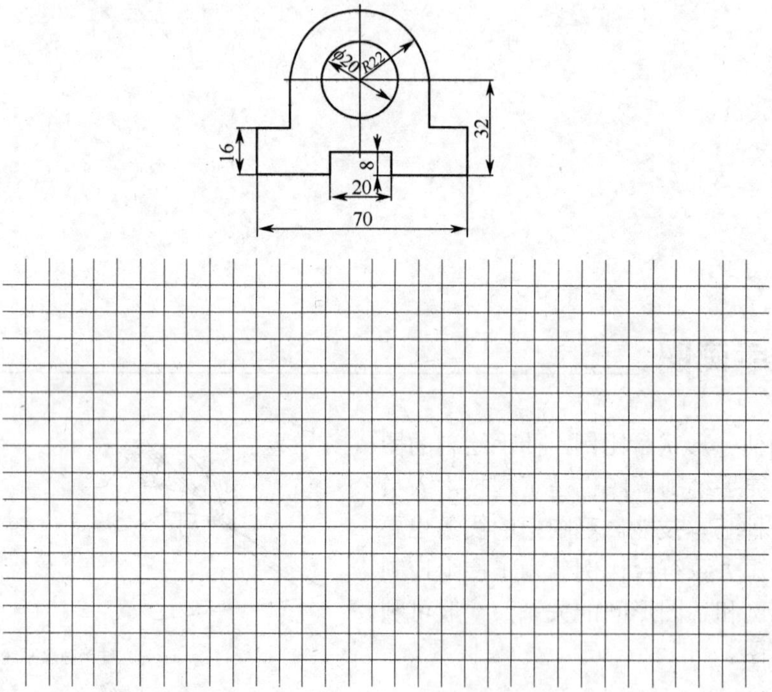

图 1-40　在方格纸上画草图

项目二

作三视图

知识目标

1. 通过完成将立方体分别向三个投影面投影的项目，掌握三视图的形成和投影规律。
2. 通过完成点、线、面投影的作图项目，掌握点、线、面的投影特点。
3. 通过完成几何体的三投影画法练习项目，了解柱、锥、台、球等基本几何体的画法。

能力目标

1. 能基本建立空间思维能力和想象能力。
2. 能学会将物体正确地向三个投影面进行投影。
3. 能通过看基本体三视图判断出物体的几何类型。

情感目标

1. 培养按照投影规律来正确作图的规范意识。
2. 在作图过程中，培养耐心细致、一丝不苟的学习与工作作风。

任务1 三视图的形成

任务要求

要求学生能将一个简单的物体投影到三视图上，说出各投影面的名称，并能遵守投影的“九字规律”，分辨三视图的位置关系。

情境创设

教师拿出一个物体（与任务实施中的立体图一致），让学生从三个方向（由前至后、由左至右、由上至下）看物体，并请一个学生将看到的平面图形画在黑板上，集体进行点评。

任务引导

相关知识点学习：要求学生课前预习“知识链接”后独立完成。

1．投射线通过形体，__________________，并在该平面上得到______的方法称为投影法。投影法通常分为________________和________________两类，在机械制图中采用的是投射线与投影面相________的________投射法。

2．设立三个互相垂直的平面，叫做_______。正对着观察者的正立投影面称为_______面，用______标记；水平位置的投影面称为______面，用 ______标记；右边的侧立投影面称为____面，用______ 标记。

3．工程上，习惯将投影图称为________。国家标准规定：*V* 面投影图称为_________，*H* 面投影图称为_________，*W* 面投影图称为___________。

4．三视图的投影规律可归纳为________________、______________ 、______________九个字。

试一试

如图 2-1 所示，分别从三个方向（即从前向后、从左向右、从上向下）看立体图，然后将自己看到的平面图形徒手画在草图的指定位置上（不要求尺寸准确）。

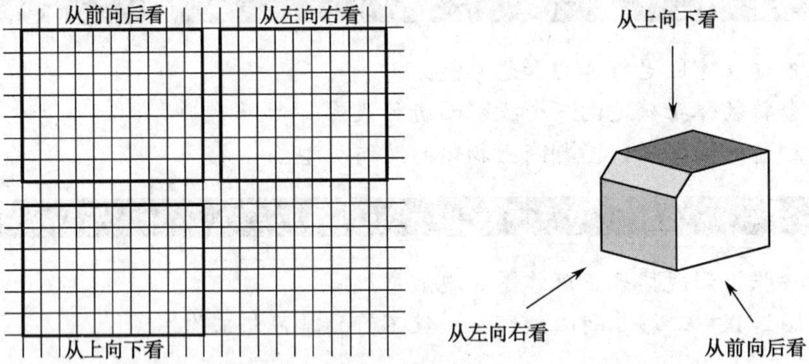

图 2-1　看立体图画草图

知识链接

一、投影法

在日常生活中，太阳光或灯光照射物体时，在地面或墙壁上出现物体的影子，这就是一种投影现象。我们把光线称为**投射线**，地面或墙壁称为**投影面**，影子称为物体在投影面上的**投影**。这种将投射线通过物体，向选定的平面投射，并在该面上得到图形的方法叫投影法。投影法通常分为**中心投影法**和**平行投影法**两类。

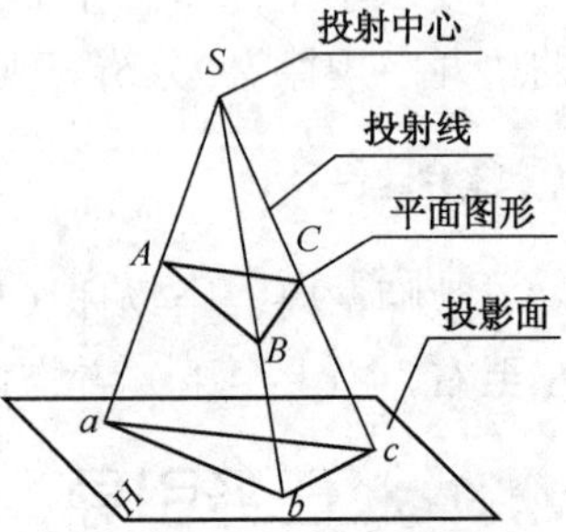

图 2-2　中心投影法

1. 中心投影法

投射线均通过投射中心的投影方法称为中心投影法，如图 2-2 所示。

用中心投影法所得到的投影不能反映物体的真实大小，因此，它不适用于绘制机械图样。但是，由于中心投影法绘制的图形立体感较强，所以它适用于绘制建筑物的外观图及美术画等。

2. 平行投影法

所有的投射线都相互平行的投影方法称为**平行投影法**（图 2-3）。

斜投影法：投射线与投影面相倾斜的平行投影法。

正投影法：投射线与投影面相垂直的平行投影法。由于正投影法能够表达物体的真实形状和大小，绘制方法比较简单，所以在工程上普遍采用，已成为机械制图的基本原理与方法。

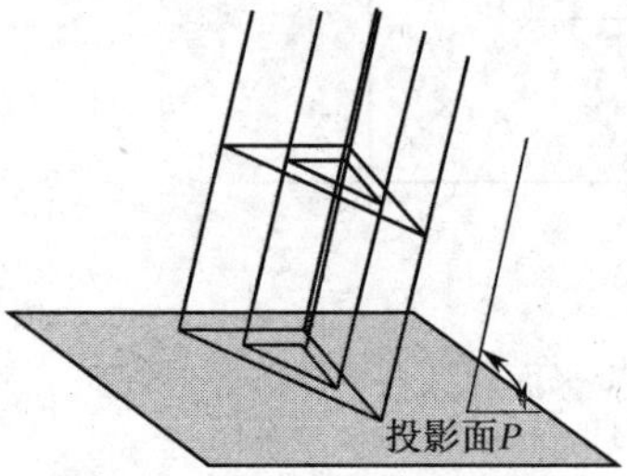

（a）斜投影法

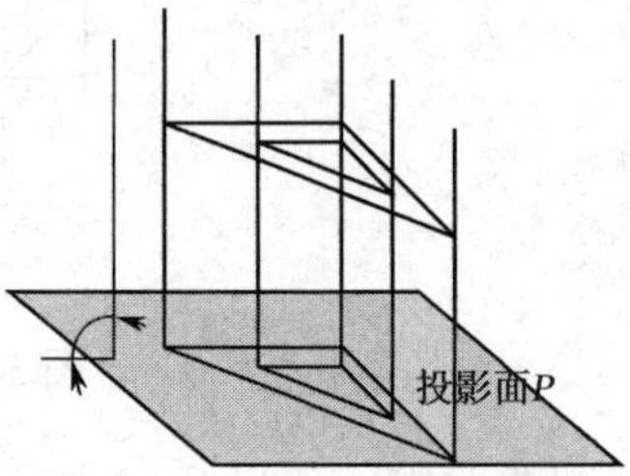

（b）正投影法

图 2-3 平行投影法

二、三视图的形成及其投影规律

在许多情况下，只用一个投影不加任何注解，是不能完整清晰地表达和确定物体的形状和结构的。如图 2-4 所示，三个物体在同一个方向的投影完全相同，但三个物体的空间结构却不相同。可见只用一个方向的投影来表达物体形状是不行的。一般必须将物体向几个方向投影，才能完整清晰地表达出物体的形状和结构。

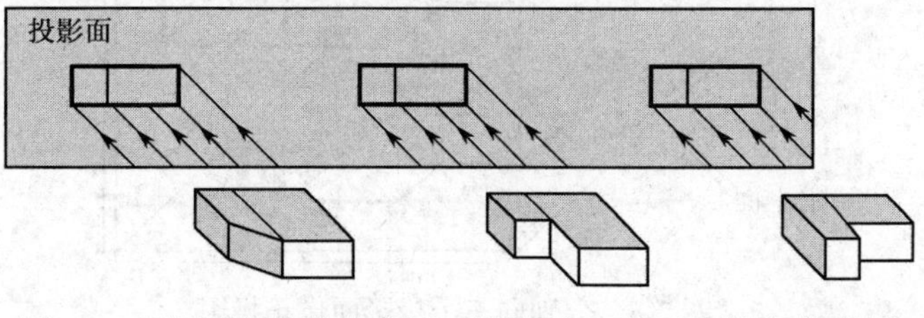

图 2-4 不同形状的物体在同一投影面上可以得到相同的投影

一般要从**三个方向**观察物体才能表达清楚物体的形状和大小。

1. 三投影面体系与三视图的形成

（1）三投影面体系

如图 2-5 所示，设立三个互相垂直的平面，叫做三投影面。

正对着观察者的正立投影面称为**正面**，用 *V* 标记（也称 *V* 面）。

水平位置的投影面称为**水平面**，用 *H* 标记（也称 *H* 面）。

右边的侧立投影面称为**侧面**，用 *W* 标记（也称 *W* 面）。

投影面与投影面的交线称为**投影轴**，分别以 *OX*、*OY*、*OZ* 标记。

三根投影轴的交点 *O* 叫**原点**。

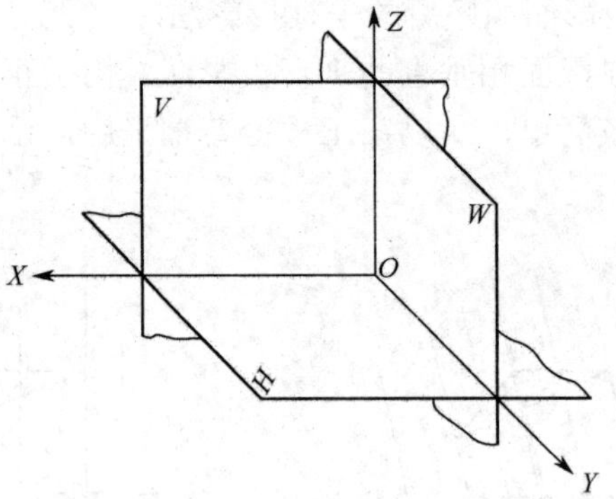

图 2-5　三投影面体系

（2）三视图的形成

如图 2-6 所示，首先将物体放置在前面建立的 *V*、*H*、*W* 三投影面体系中，然后分别向三个投影面作正投影。

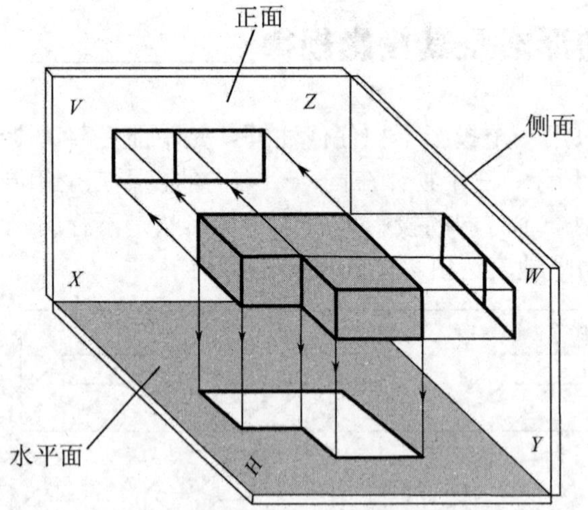

图 2-6　分别向三个投影面作正投影

在三个投影面上作出物体的投影后，为了作图和表示的方便，将空间三个投影面展开摊平在一个平面上，如图 2-7 所示。

正面（*V* 面）保持不动，将水平面（*H* 面）和侧面（*W* 面）按图 2-7 中箭头所指方向分别绕 *OX* 和 *OZ* 轴旋转，使水平面和侧面均与正面处于同一平面内，即得图 2-8 所示的三视图。

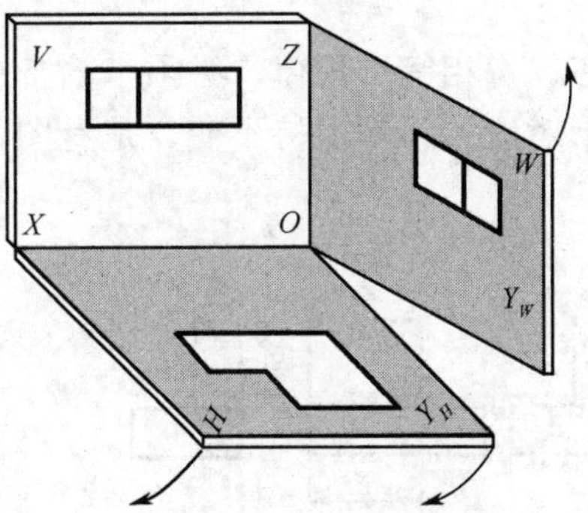

图 2-7　三个投影面展开图

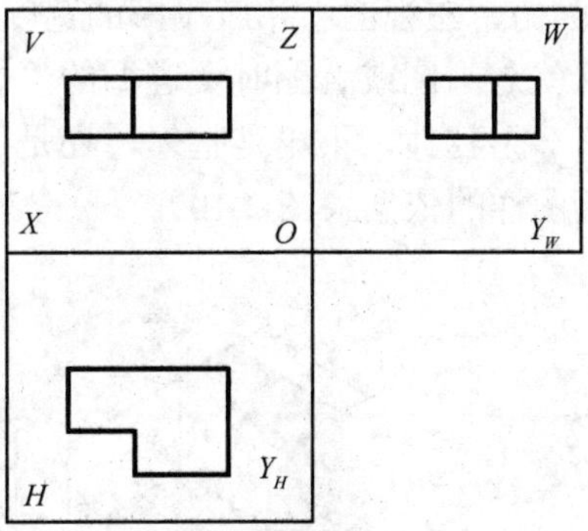

图 2-8　三视图

工程上，习惯将投影图称为**视图**。国家标准规定：*V* 面投影图称**为主视图**，*H* 面投影图称为**俯视图**，*W* 面投影图称为**左视图**。

【做一做 2.1】

如图 2-9 所示，参照立体图，在三视图上方填写视图的名称，并填空。

三视图是观察者由_____到_____，由_____到_____，由_____到_____，观察物体所获得的正投影。主视图反映物体的_____面特征，俯视图反映物体的_____面特征，左视图反映物体的_____面特征。

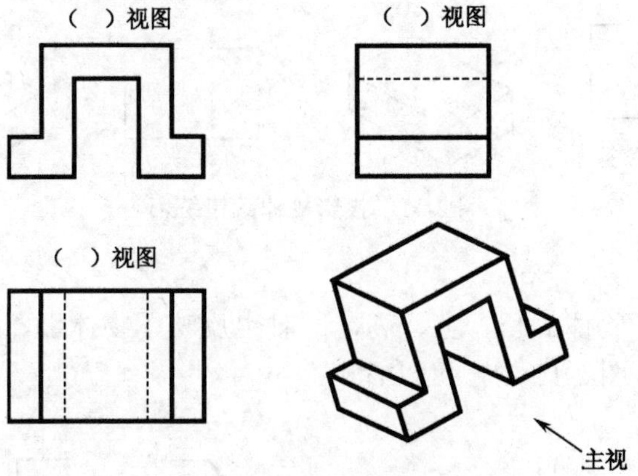

图 2-9　视图名称练习

2. 三视图的关系及投影规律

从三视图的形成过程中，可以总结出三视图的位置关系、投影关系和方位关系。

（1）位置关系

俯视图在主视图的正下方，左视图在主视图的正右方。

（2）投影关系

根据每个视图所反映的物体的尺寸情况及投影关系，有：

① 主、俯视图中相应投影的长度相等，并且对正。

② 主、左视图中相应投影的高度相等，并且平齐。

③ 俯、左视图中相应投影的宽度相等。

这就是画图或看图时要遵循的“**长对正、高平齐、宽相等**”规律，必须牢固掌握。对于任何一个物体，不论是整体，还是局部，这个投影对应关系都保持不变，是看图、画图和检查图样的依据（图 2-10）。

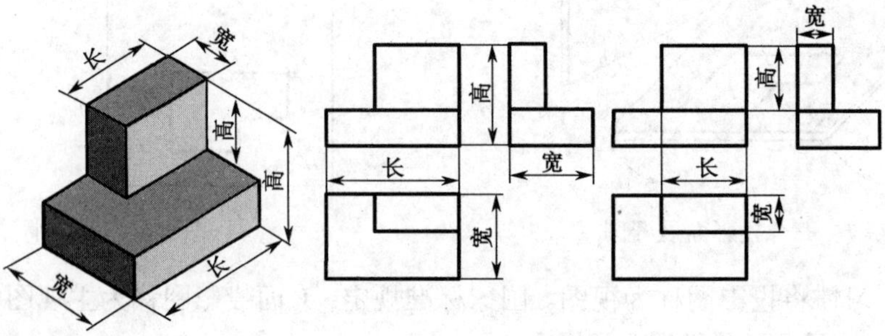

图 2-10　三视图的投影规律

【做一做 2.2】

按视图间的对应关系改正图 2-11 中的错误。

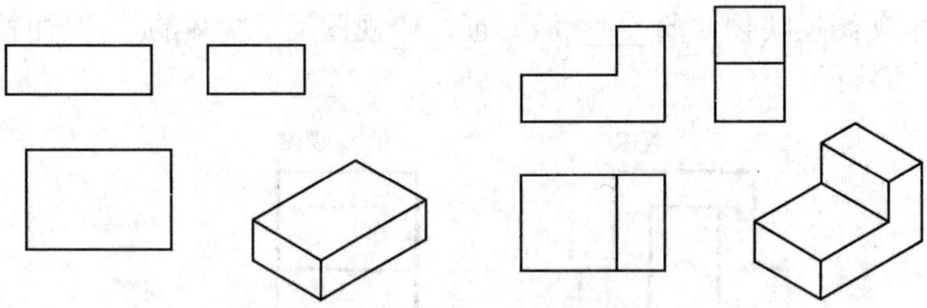

图 2-11　投影规律改错练习

（3）方位关系

三视图不仅反映了物体的长、宽、高，同时也反映了物体上、下、左、右、前、后六个方位的位置关系。从图 2-12 中，可以看出：

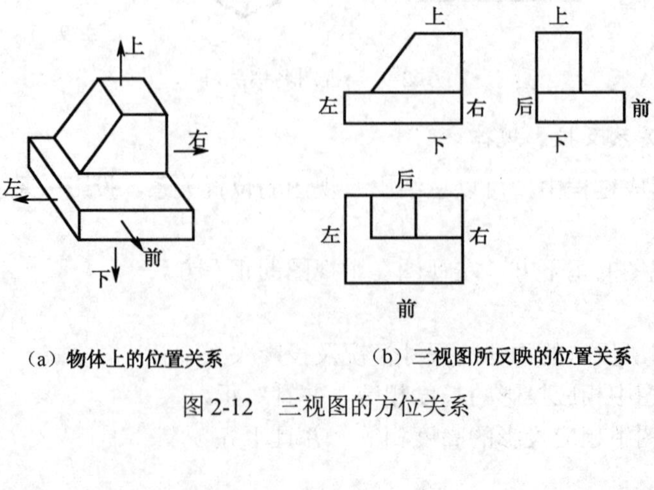

（a）物体上的位置关系　　（b）三视图所反映的位置关系

图 2-12　三视图的方位关系

① 主视图反映了物体的上、下、左、右方位。
② 俯视图反映了物体的前、后、左、右方位。
③ 左视图反映了物体的上、下、前、后方位。

【做一做 2.3】

如图 2-13 所示，参考立体图，在三视图中填写物体的方位。

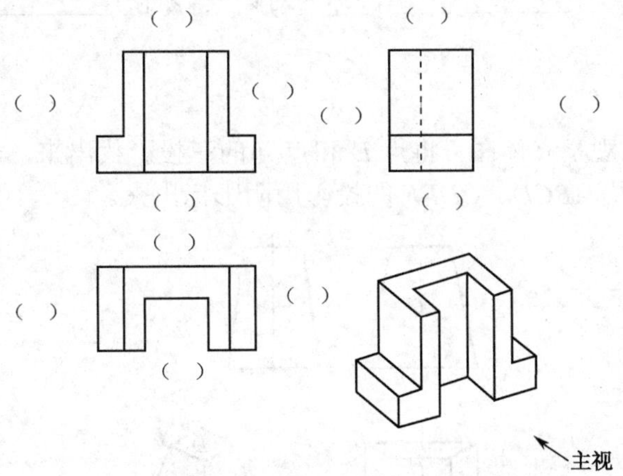

图 2-13　三视图方位练习

任务2　点、直线、平面的投影

任务要求

要求学生看立体图后能把对应的点、线、面的位置在三投影图上找出来。

情境创设

教师将一张凳子放在讲台上，请学生按照投影方向说出三视图的形状，或者请学生上台将基本形状画出来，然后在凳子角上用粉笔做出几个点的标记，请学生对应说出点、线或面的位置及投影的形状。

任务引导

相关知识点学习：要求学生课前预习“知识链接”后独立完成。

1．构成形体的基本几何元素是______________________。

2．将空间中的点 A 投影到三投影面上，在 V 面得投影点____________，在 W 面得投影点________，在 H 面得投影点____________。

3．在初中阶段学习的坐标系是平面坐标系，坐标由（_____，_____）组成。在三投影体系的直角坐标系中，坐标由（______，______，______）组成，其中第一坐标代表物体的______，第二坐标代表物体的______，第三坐标代表物体的______。

4．两个点的相对位置，指两点在空间的________________________位置关系，距 *V* 面远者在______，近者在______；距 *W* 面远者在______，近者在______；距 *H* 面远者在______，近者在______。

5．当空间两点的某两个坐标值相同时，该两点处于某一投影面的同一投射线上，则这两点对该投影面的投影______________，称为对该投影面的__________。

试一试

如图 2-14 所示，观察立体图，将点 *D* 和点 *A* 的三投影找出来，再把线段 *BC*、*EF* 的投影标出来，最后把平面 *ABCD*、*CDEF* 的投影用阴影标出来。

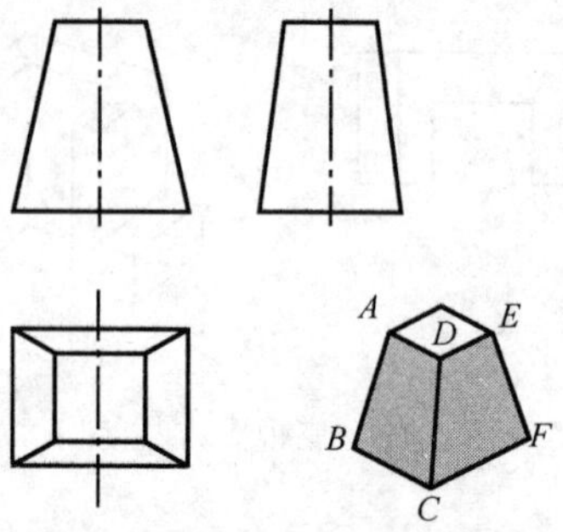

图 2-14　看立体图找点、线、面

知识链接

研究图 2-15 所示的三棱锥可知：点、直线、平面是构成形体的基本几何元素。

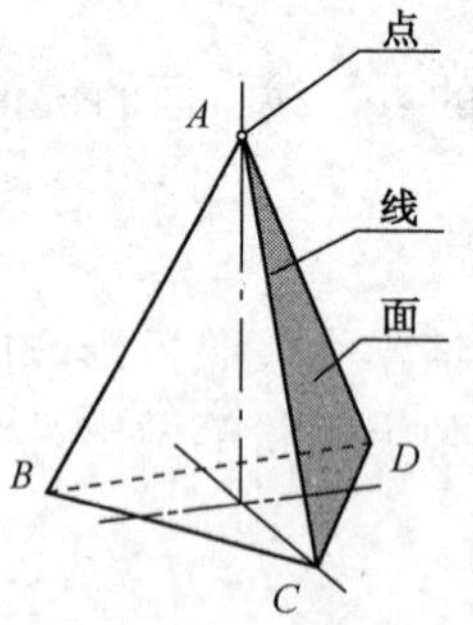

图 2-15　三棱锥

一、点的投影

1．点的三面投影

如图 2-16 所示，将点 *A* 置于三投影面体系中，自点 *A* 分别向三个投影面作垂线，交得

三个垂足 a、a'、a''，分别为点 A 的 H 面、V 面及 W 面投影。

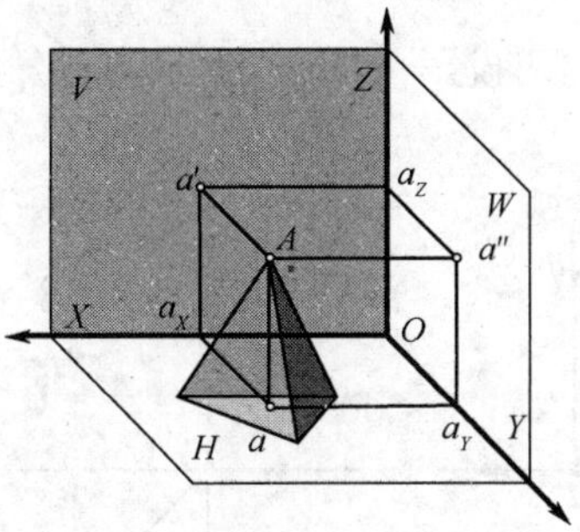

图 2-16　点 A 的三个投影

在此做如下规定：

空间点用大写字母标记。

H 面上的投影用同名小写字母标记。

V 面上的投影用同名小写字母加一撇标记。

W 面上的投影用同名小写字母加两撇标记。

取出空间点 A 的投影，展开投影面，去掉投影面的边框线，便得到如图 2-17 所示的点的三面投影图。

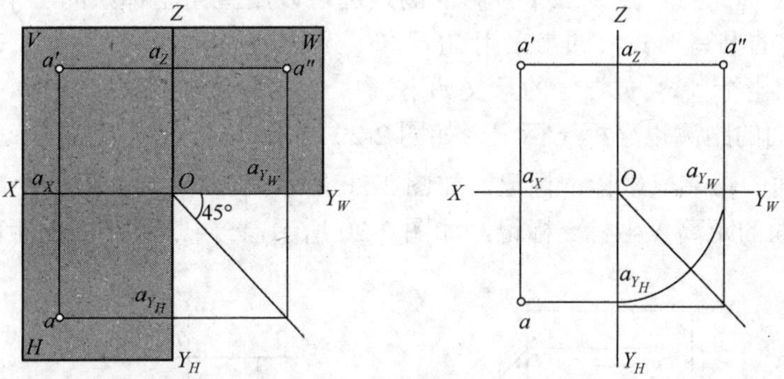

图 2-17　点在三视图上的投影

【做一做 2.4】

已知点 B、C 的两投影（图 2-18），求第三投影。

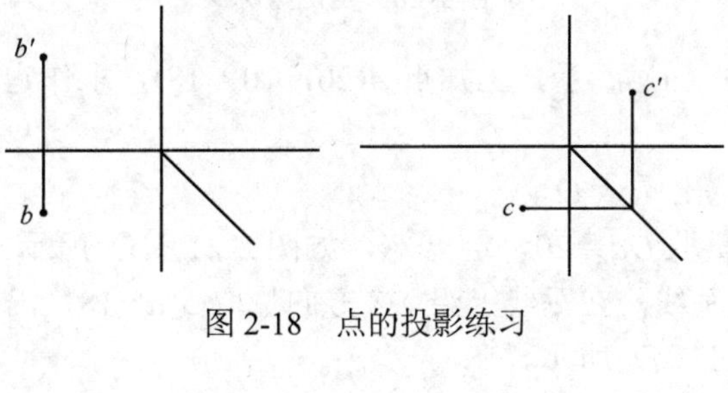

图 2-18　点的投影练习

【做一做 2.5】

已知特殊点 A、D、E、F 的两投影（图 2-19），求其第三投影。

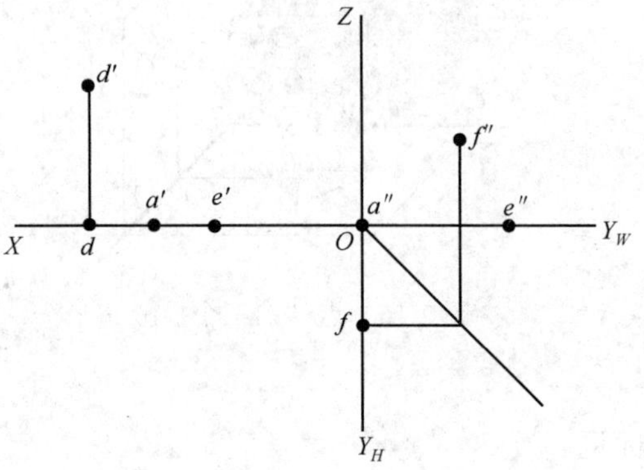

图 2-19　特殊点的投影练习

2. 点的坐标

点的空间位置也可用直角坐标值来确定。如图 2-20 所示，如果把三投影面体系看成直角坐标系，则投影面 H、V、W 面和投影轴 X、Y、Z 轴可分别看成坐标面和坐标轴，三轴的交点 O 可看成坐标原点。点到三个投影面的距离可以用直角坐标系的三个坐标 x、y、z 表示。直角坐标值的书写形式，通常采用 $A(x，y，z)$。

点 A 的直角坐标（x，y，z）的意义如下。

点 A 到 W 面的距离以坐标 x 标记，如图 2-20 所示，x_A=点到 W 面的距离=aa_Y=$a'a_Z$。

点 A 到 V 面的距离以坐标 y 标记，如图 2-20 所示，y_A=点到 V 面的距离=aa_X=$a''a_Z$。

点 A 到 H 面的距离以坐标 z 标记，如图 2-20 所示，z_A=点到 H 面的距离=$a'a_X$=$a''a_Y$。

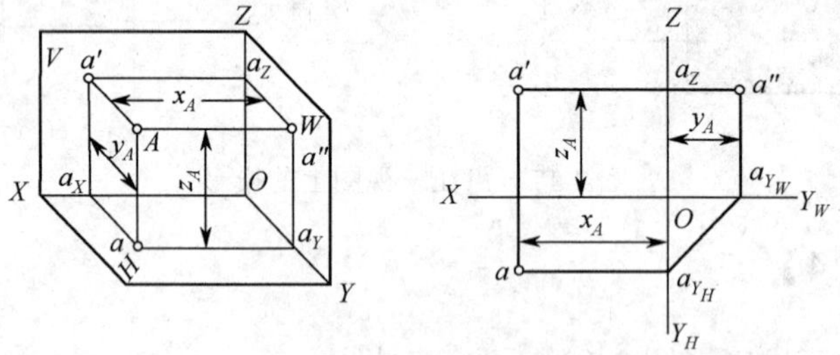

图 2-20　点的坐标

【例 2.1】 如图 2-21（a）所示，已知点 $A(20，10，18)$，求作它的三面投影。

作图步骤：

① 画出投影轴，定出原点 O。

② 在 X 轴的正向量取 Oa_X=20，定出 a_X，如图 2-21（b）所示。

③ 过 a_X 作 X 轴的垂线，在垂线上沿 OZ 方向量取 a_Xa'=18，沿 OY_H 方向量取 a_Xa=10，分别得 a'、a，如图 2-21（c）所示。

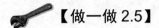

④ 过 a'作 Z 轴的垂线，得交点 a_Z，在垂线上沿 OY_W 方向量取 $a_Za''=10$，定出 a''；或由 a 作 X 轴平行线，得交点 aY_H，再用圆规作图得 a''，如图 2-21（d）所示。

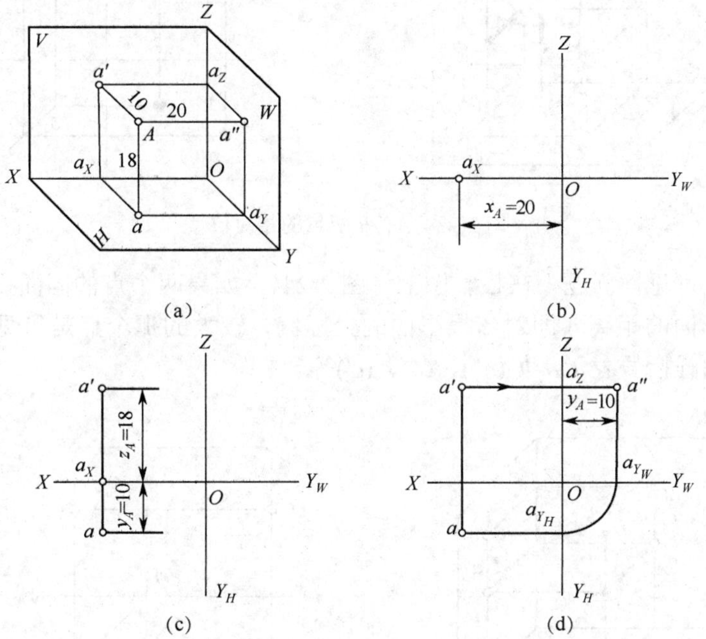

图 2-21　由点的坐标画出点的三面投影

【做一做 2.6】

已知点 A（20，15，10），求点 A 的三面投影（图 2-22）。

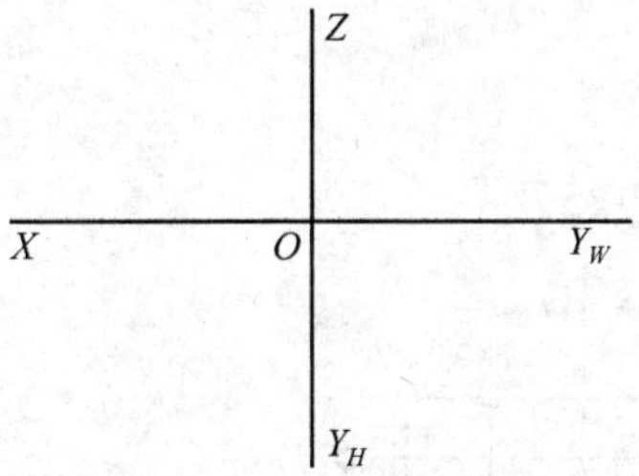

图 2-22　求点的三面投影

3. 点的相对位置

两个点的相对位置，**指两点在空间的左右、上下、前后位置关系**，距 V 面远者在前，近者在后；距 W 面远者在左，近者在右；距 H 面远者在上，近者在下。

如图 2-23 所示，已知 A、B 两点的三面投影，它们的相对位置确定如下。

判断方法：通过坐标值来判断，**X 轴坐标大的在左，Y 轴坐标大的在前，Z 轴坐标大的在上。**如图 2-23 所示，B 点在 A 点的左、下、前方。

当空间两点的某两个坐标值相同时，该两点处于某一投影面的同一投射线上，则这两点对该投影面的投影重合于一点，称为对该投影面的**重影点**。

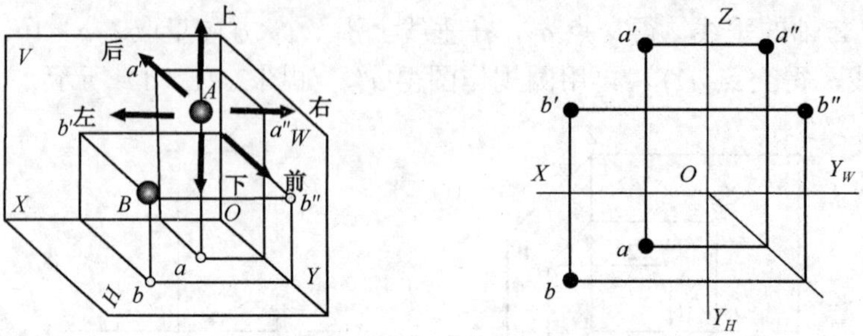

图 2-23　*A*、*B* 两点的相对位置

重影点存在可见性问题。在投影图上（图 2-24），如果两个点的同面投影重合，则对重合投影所在投影面的距离（即对该投影面的坐标值）较大的那个点是可见的，而另一点是不可见的，要加圆括号表示，如(a'')、(b)、(c')等。

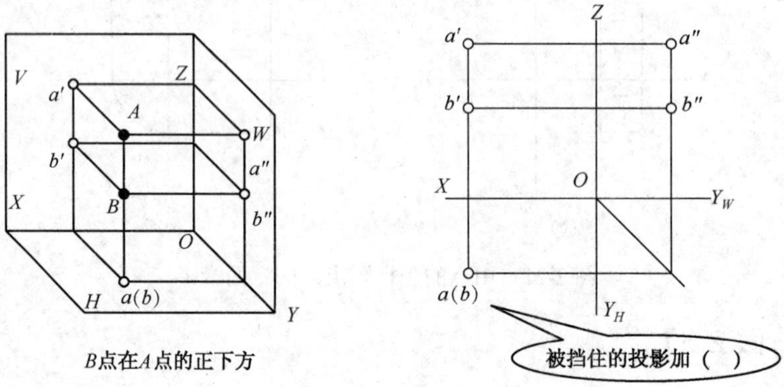

图 2-24　重影点

【做一做 2.7】

判断两点的相对位置（图 2-25）。

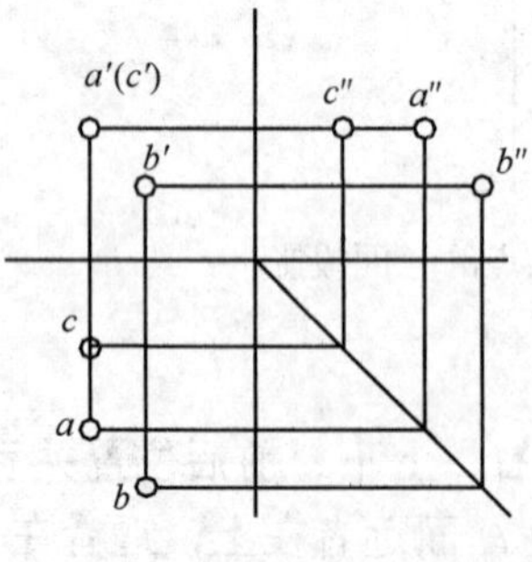

*A*点在*B*点之________

*A*点在*C*点之________

*C*点在*B*点之________

*A*点比*B*点高________mm

图 2-25　判断两点相对位置练习

二、直线的投影

从几何原理可知，两点决定一条直线。

从投影原理可知，直线的投影一般仍是直线，特殊位置时投影汇聚成一点。

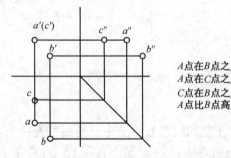

1. 直线对一个投影面的投影特性

直线的投影特性如图 2-26 所示。

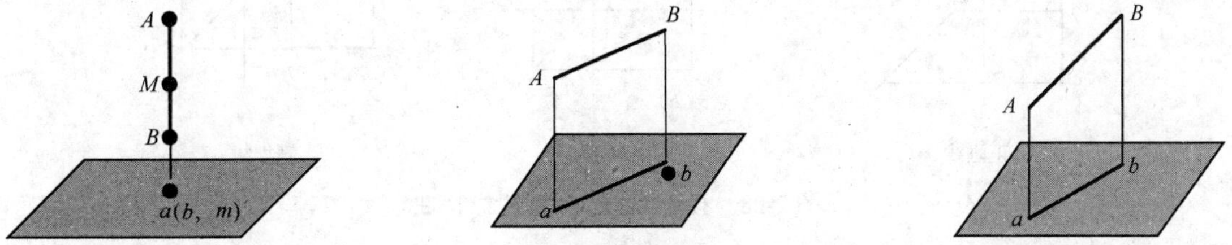

（a）直线垂直于投影面，投影积聚为一点　（b）直线平行于投影面，投影反映线段实长　（c）直线倾斜于投影面，投影比空间线段短

图 2-26　直线的投影特性

2. 直线三面投影的作法

分别作出直线上两点（通常是线段的两个端点）的三面投影之后，用直线连接其同面投影，如图 2-27 所示，*ab*、*a'b'*、*a"b"*即为直线的三面投影。

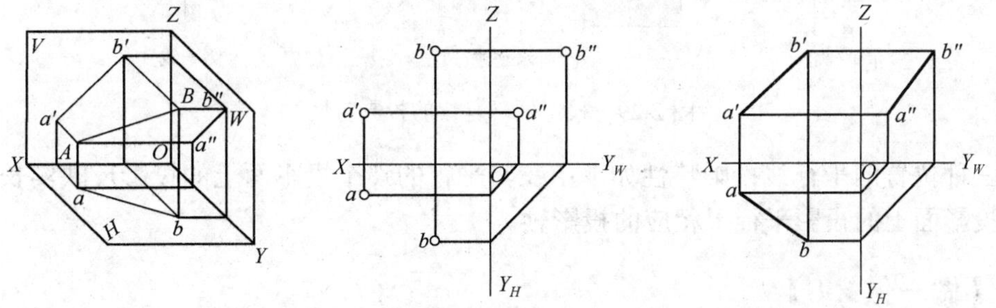

（a）分别作出线段*AB*端点的三投影　（b）将投影展开　（c）连接同面投影，得线段的投影

图 2-27　直线的三面投影

3. 直线的类型及投影特性

直线按在三投影面体系中的位置可分为**一般位置直线、投影面平行线、投影面垂直线**三类。

（1）一般位置直线

直线相对三个投影面都处于倾斜位置时，称为一般位置直线。**它在三个投影面上的投影都小于实长**，如图 2-27 所示。

（2）投影面垂直线

垂直于一个投影面而平行于另外两个投影面的直线称为**投影面垂直线**。

垂直于 *V* 面的直线称为**正垂线**，垂直于 *H* 面的直线称为**铅垂线**，垂直于 *W* 面的直线称为**侧垂线**，如图 2-28 所示。

这三种位置的垂直线**投影特性**如下：**当直线垂直于某一投影面时，在该投影面的投影积聚成一个点，其他两个投影反映实长。**

（3）**投影面平行线**

平行于一个投影面且同时倾斜于另外两个投影面的直线称为**投影面平行线**。

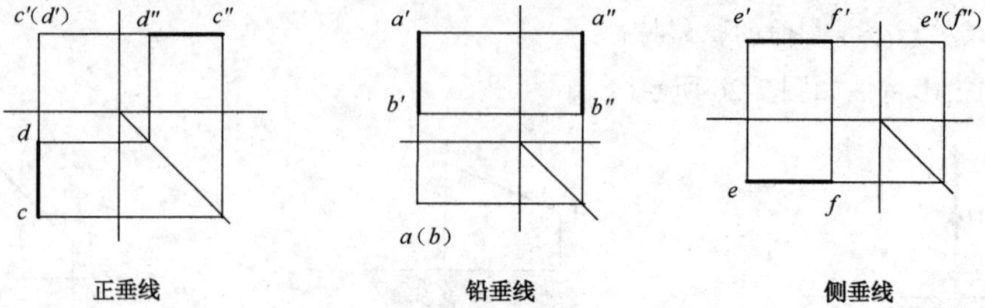

图 2-28　投影面垂直线的投影特性

平行于 *V* 面的直线叫**正平线**，平行于 *H* 面的直线叫**水平线**，平行于 *W* 面的直线叫**侧平线**，如图 2-29 所示。

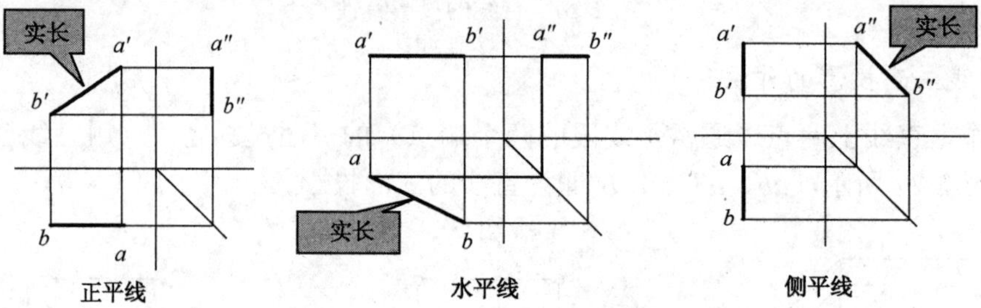

图 2-29　投影面平行线的投影特性

这三种位置的平行线**投影特性**如下：**在其平行的那个投影面上的投影反映实长，在其他两个投影面上的投影平行于相应的投影轴。**

【做一做 2.8】

根据空间线段 *AB* 在直观图上的投影，完成其三面投影（图 2-30）。

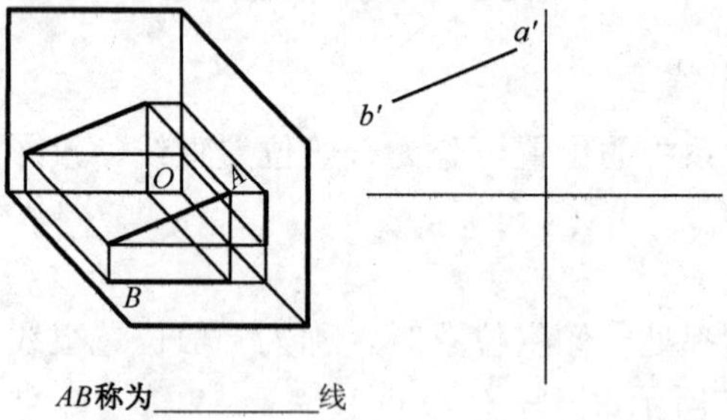

*AB*称为__________线

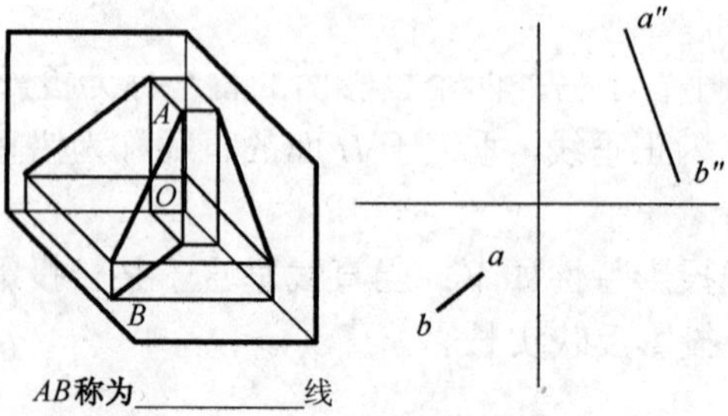

*AB*称为__________线

图 2-30　直线的投影练习

【做一做 2.9】

根据立体图上标出的线段，在三视图中找出线段的投影并标出（图 2-31）。

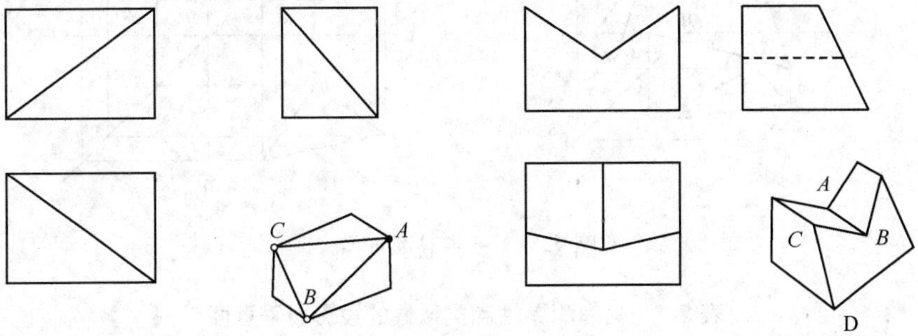

图 2-31　看立体图，找线段投影

三、平面的投影

1. 平面对一个投影面的投影特性

平面对一个投影面的投影特性如图 2-32 所示。

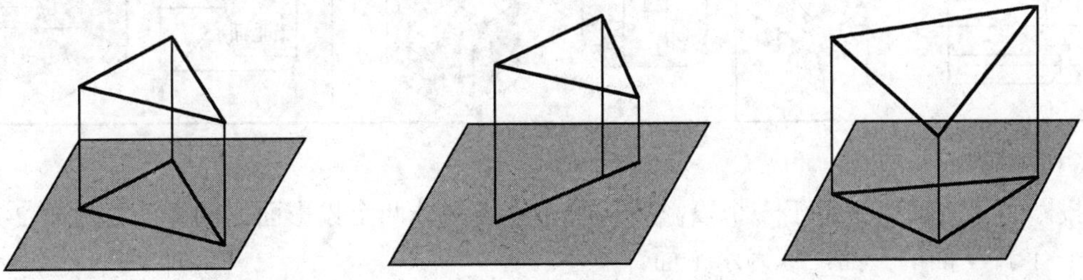

（a）平行，投影反映实形　（b）垂直，投影积聚成直线　（c）倾斜，投影为类似形

图 2-32　平面对一个投影面的投影特性

2. 各种位置平面的投影

平面根据其对投影面的相对位置不同，可以分为三类：一般位置平面、投影面垂直面、投影面平行面，其中后两类统称为特殊位置平面。

（1）一般位置平面

一般位置平面指对三个投影面既不垂直又不平行的平面，如图 2-33 所示。**投影特征可归纳为：一般位置平面的三面投影，既不反映实形，也无积聚性，而都为类似形。**

（2）投影面垂直面

投影面垂直面指垂直于一个投影面而与另外两个投影面倾斜的平面，见表 2-1。

垂直于 H 面而与 V、W 面倾斜的平面，称为铅垂面。

垂直于 V 面而与 H、W 面倾斜的平面，称为正垂面。

垂直于 W 面而与 H、V 面倾斜的平面，称为侧垂面。

投影面垂直面的**投影特征：在其垂直的投影面上的投影积聚成直线，其余两面投影具有类似性。**

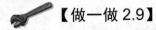

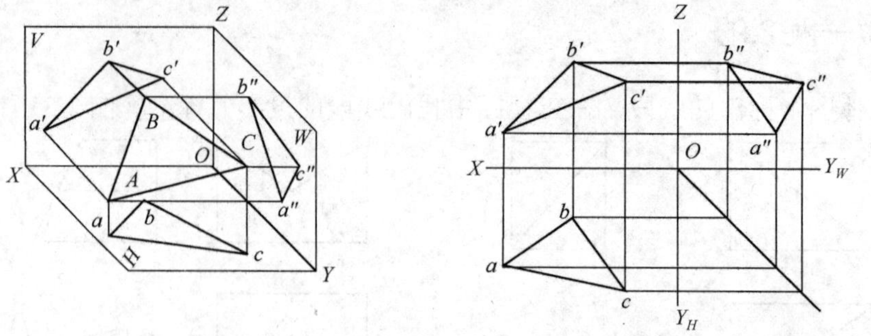

图 2-33　一般位置平面

表 2-1　具有积聚性和类似性的投影面垂直面

正　垂　面	侧　垂　面	铅　垂　面
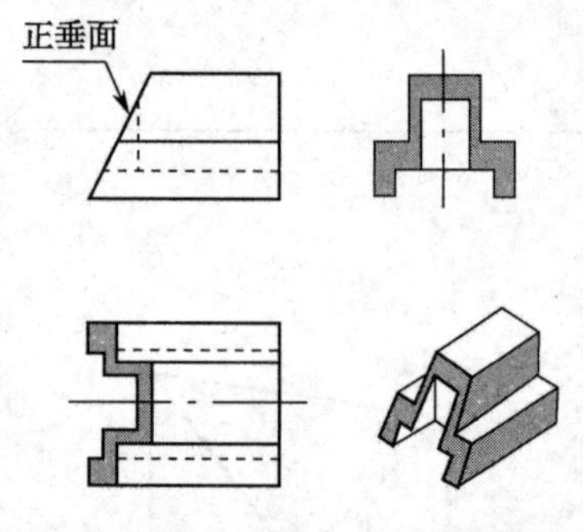	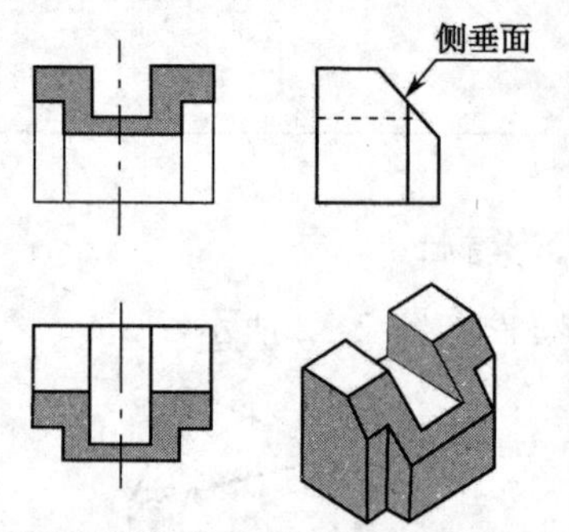	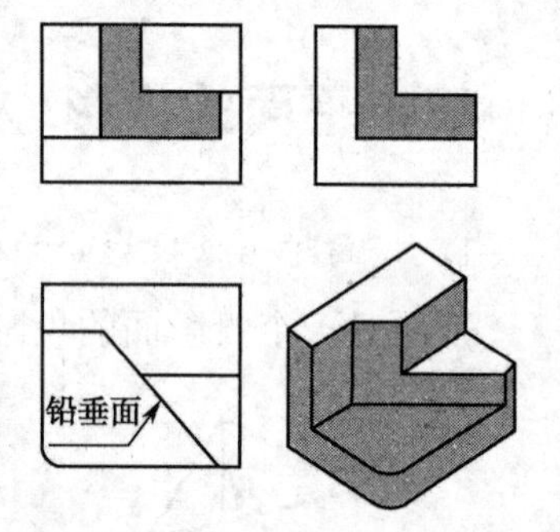

（3）投影面平行面

投影面平行面指平行于一个投影面（必垂直于另外两个投影面）的平面，见表 2-2。

平行于 *H* 面的平面，称为水平面。

平行于 *V* 面的平面，称为正平面。

平行于 *W* 面的平面，称为侧平面。

表 2-2　具有实形性及积聚性的投影面平行面

正　平　面	水　平　面	侧　平　面
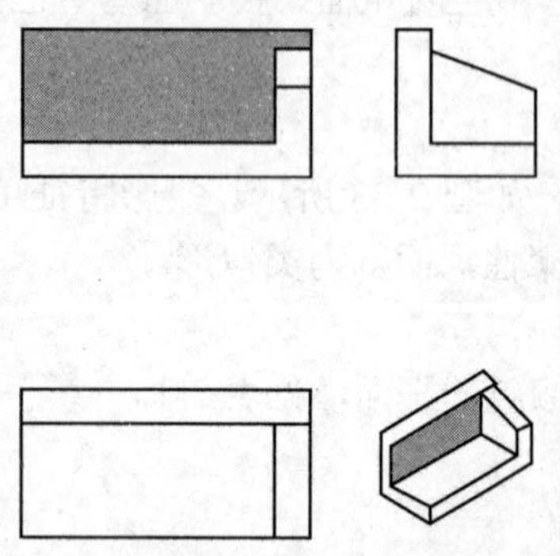	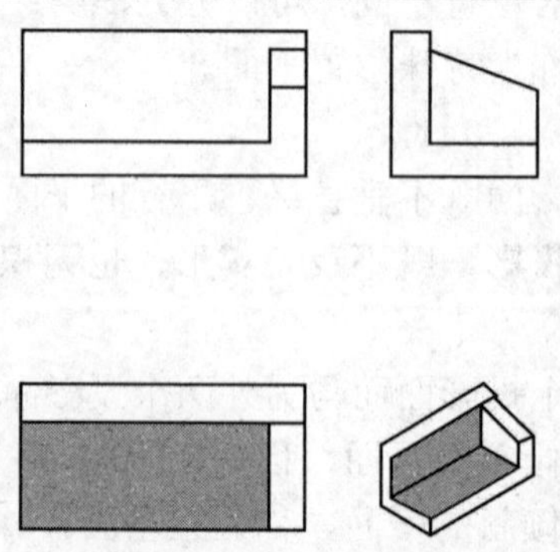	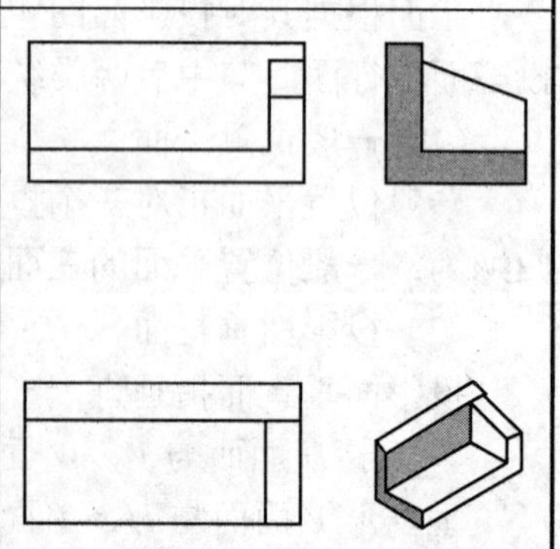

投影面平行面的投影特征：在其所平行的投影面上的投影反映实形，另外两面投影积聚为与相应投影轴平行的直线。

【做一做 2.10】

已知平面的两面投影，求平面的第三面投影，并判断其空间位置及三面投影中有无实形（图 2-34）。

【做一做 2.11】

读立体图，并在三视图上标出对应平面的三投影（图 2-35）。

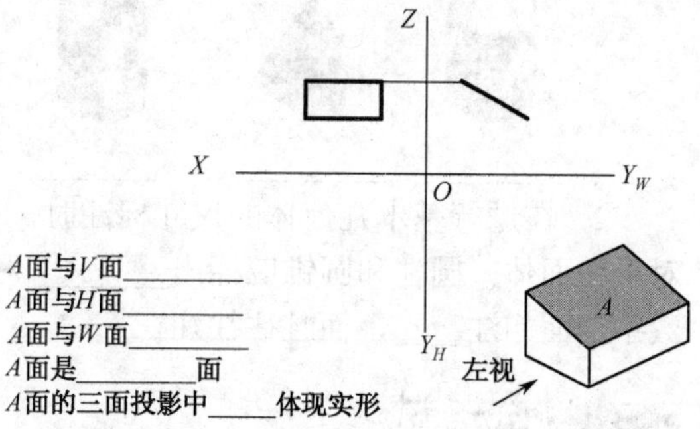

图 2-34 求平面第三投影练习

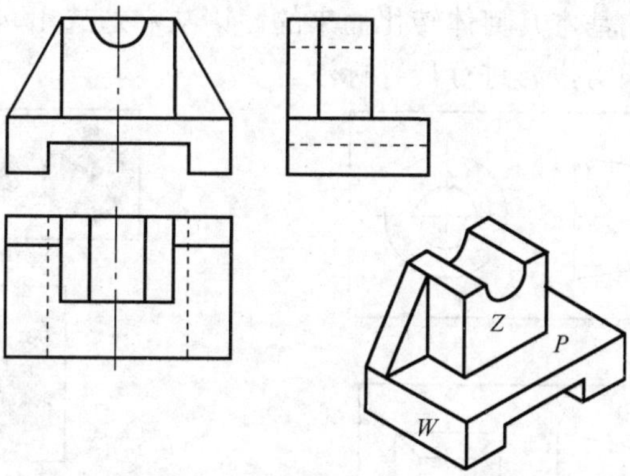

图 2-35 在三视图上找出对应平面投影练习

任务3 基本几何体的视图

任务要求

要求学生熟练掌握基本几何体视图的绘制和阅读，为今后用视图表达较复杂几何体的形状，以及识读机械零件图打下良好的基础。

情境创设

教师拿出各种基本几何体的模型给学生辨认，让学生说出基本几何体的名称，并让学生说说在日常生活中看到的与基本几何体接近的物体有哪些。

任务引导

相关知识点学习：要求学生课前预习“知识链接”后独立完成。

1．看立体图，将基本几何体的名称填在空格内。

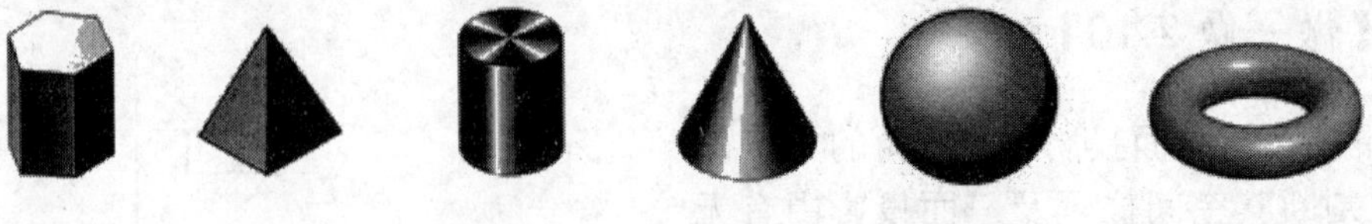

________　________　________　________　________　________

2．在进行基本几何体的尺寸标注时，正方形的尺寸可采用____________的形式注出。**对于曲面体，圆柱**和**圆锥**应标出________和________，**圆锥台**还应加注_______。直径尺寸数字前面加注____，而且往往注在_______视图上。**圆球**在直径数字前加注_______。

试一试

如图 2-36 所示，左边的图形是 4 个基本几何体的三视图，右边是常见的生活用品或者建筑，它们都是由左边的基本几何体转化而来的。请从右边选出 4 幅图与左边的图形进行正确连线，并对左边的 4 组投影进行尺寸标注。

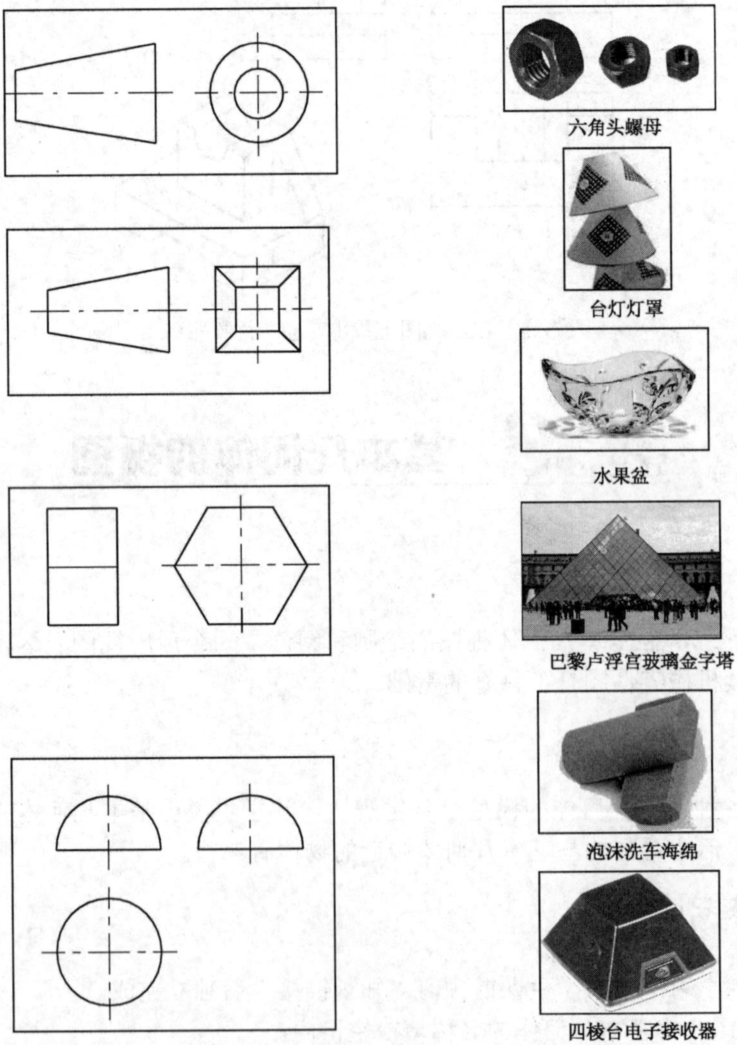

图 2-36　连接题

知识链接

一、基本几何体

基本几何体是由一定数量的表面围成的实体。根据表面的性质，通常分为两类：**平面立体**——其表面为若干个平面的几何体，如棱柱、棱锥等；**曲面立体**——其表面为曲面或曲面与平面的几何体，最常见的是回转体，如圆柱、圆锥、圆球、圆环等。

机器上的零件由于其作用不同而有各种各样的结构形状，不管它们的形状如何复杂，都可以看成是由一些简单的基本几何体组合起来的。如图 2-37（a）所示，顶尖可看成圆锥和圆台的组合；图 2-37（b）中的螺栓坯可看成圆台、圆柱和六棱柱的组合；图 2-37（c）中的手柄可看成圆柱、圆环和球体的组合。

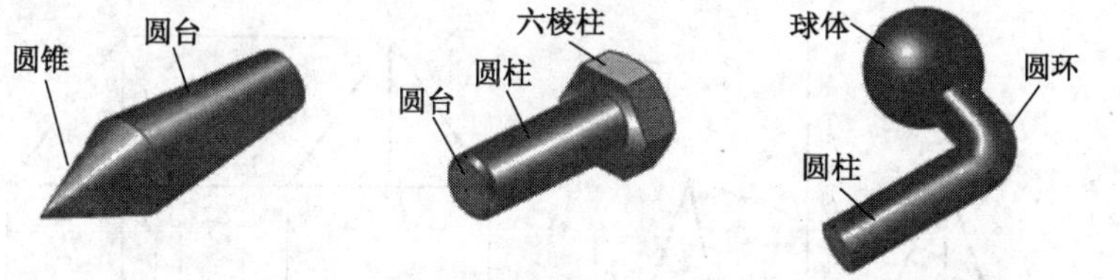

(a)顶尖　(b)螺栓坯　(c)手柄

图 2-37　顶尖、螺栓坯、手柄的立体图

1. 棱柱

以正六棱柱为例。如图 2-38 所示，正六棱柱由上、下两底面（正六边形）和六个棱面（长方形）组成。将其放置成上、下底面与水平投影面平行，并有两个棱面平行于正投影面，则两底面在俯视图上反映实形；前后两侧棱面为正平面，在主视图上反映实形，其余四个侧棱面为铅垂面。

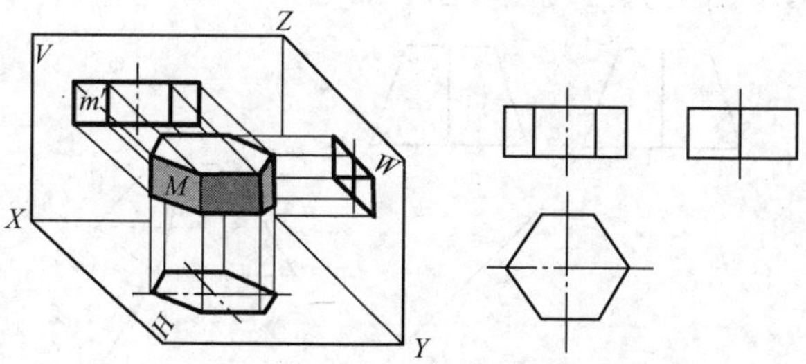

图 2-38　正六棱柱的三视图

【做一做 2.12】

如图 2-39 所示，看正五棱柱立体图，补完其三视图（高 15mm）。

2. 棱锥

以正三棱锥为例。如图 2-40 所示，正三棱锥由一个底面（正三角形）和三个侧棱面（等腰三角形）围成。将其放置成底面与水平投影面平行，并有一个棱面垂直于侧投影面，此

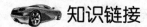

时正三棱锥的底面为水平面，俯视图反映实形。后侧面是侧垂面，在左视图上有积聚性。左、右两侧面为一般位置平面。

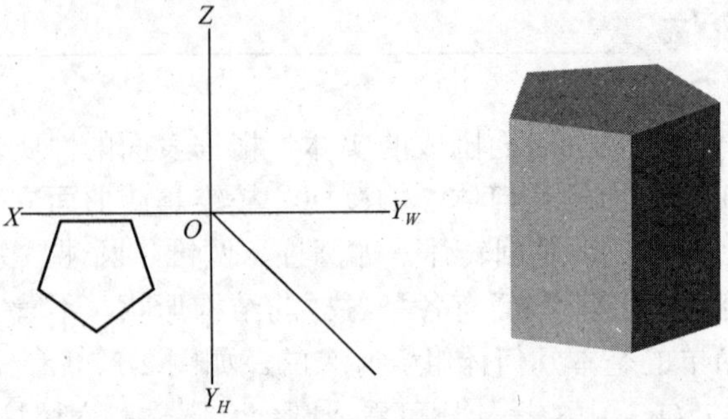

图 2-39　作正五棱柱三视图

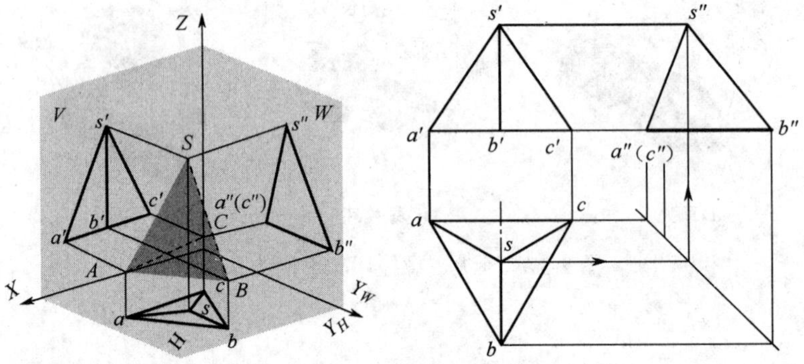

图 2-40　正三棱锥的三视图

【做一做 2.13】

看正四棱台立体图，补完其三视图（图 2-41）。

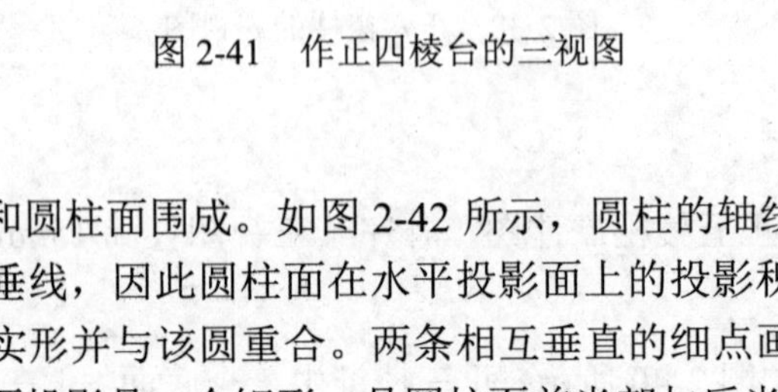

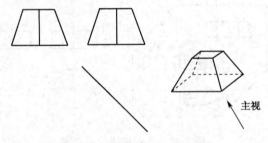

图 2-41　作正四棱台的三视图

3. 圆柱

圆柱由顶圆、底圆和圆柱面围成。如图 2-42 所示，圆柱的轴线垂直于水平投影面，圆柱面上所有素线都是铅垂线，因此圆柱面在水平投影面上的投影积聚成一个圆。圆柱两个底面的水平面投影反映实形并与该圆重合。两条相互垂直的细点画线，表示确定圆心的对称中心线。圆柱面的正面投影是一个矩形，是圆柱面前半部与后半部的重合投影。

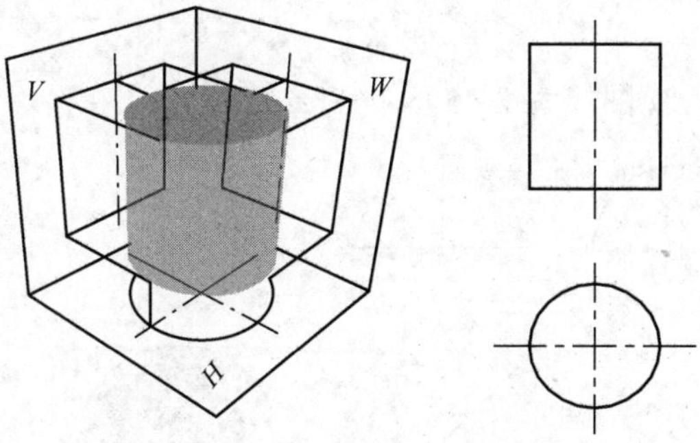

图 2-42　圆柱的三视图

4. 圆锥

圆锥由圆锥面和底面所围成。如图 2-43 所示，当圆锥的轴线垂直于 H 面时，其俯视图为圆，主视图及左视图为两个全等的等腰三角形。

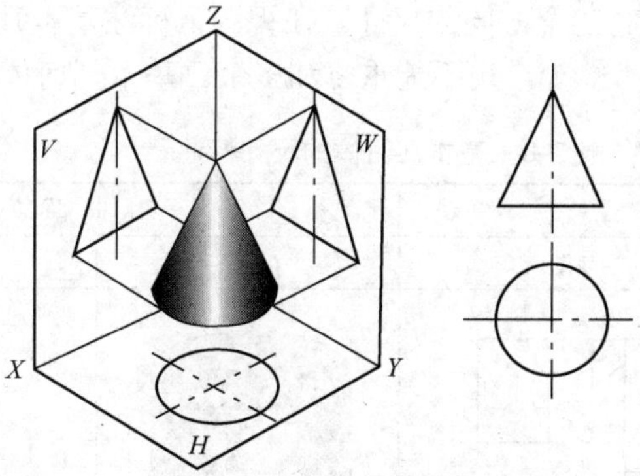

图 2-43　圆锥的三视图

5. 圆球

圆球在三个投影面上的投影都是直径相等的圆，但这三个圆分别表示三个不同方向的圆球面轮廓素线的投影，如图 2-44 所示。

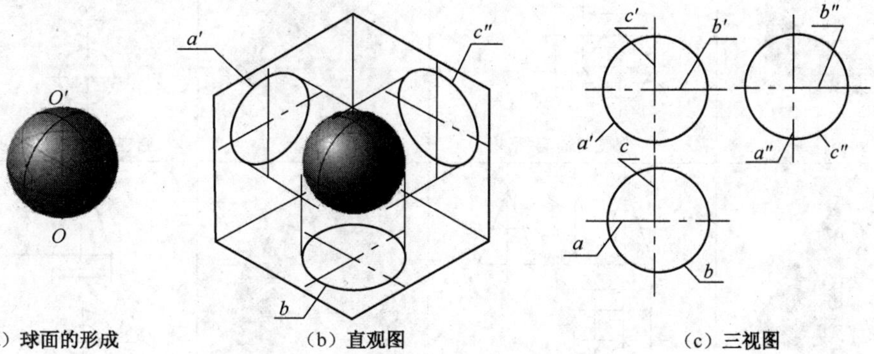

（a）球面的形成　　（b）直观图　　（c）三视图

图 2-44　球的形成及三视图分析

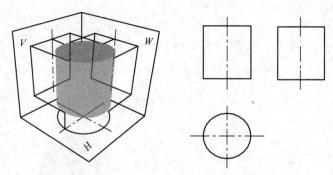

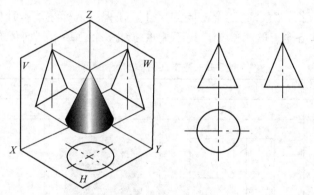

【做一做 2.14】

看半球立体图，补完其三视图（图 2-45）。

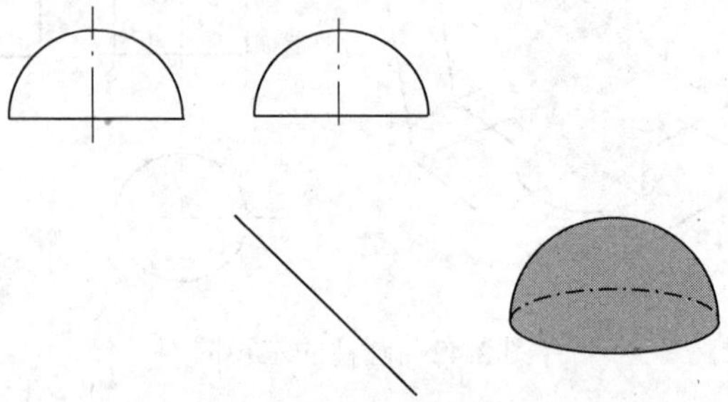

图 2-45　作半球三视图

二、基本几何体的尺寸标注

任何物体都具有长、宽、高三个方向的尺寸。在视图上标注基本几何体的尺寸时，应将三个方向的尺寸标注齐全，既不能少，也不能重复和多余。基本几何体的尺寸标注见表 2-3。

表 2-3　基本几何体的尺寸标注

平 面 立 体		曲 面 立 体	
立体图	三视图	立体图	三视图
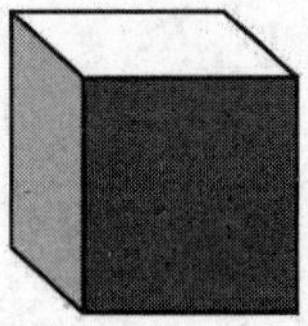 四棱柱	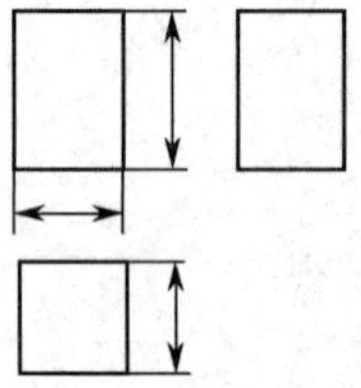 左视图可省略标注	 圆柱	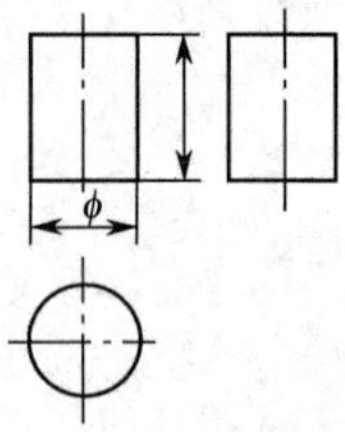 俯视图、左视图可省略标注
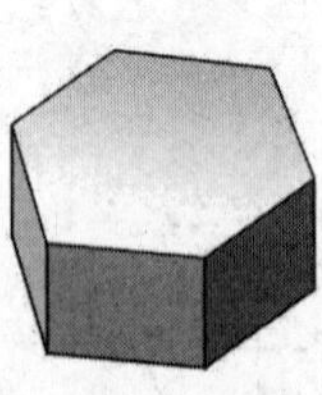 六棱柱	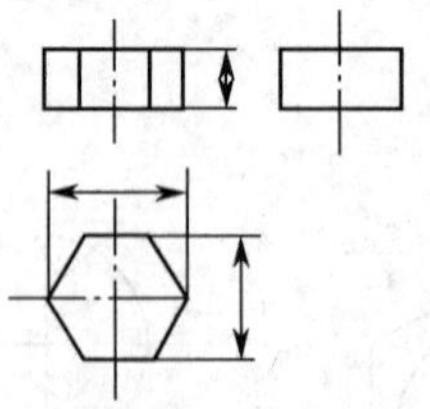 左视图可省略标注	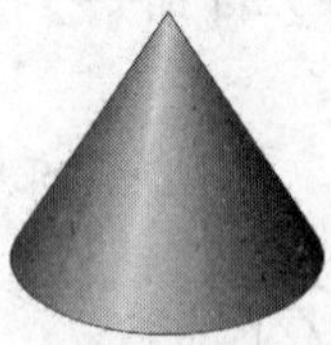 圆锥	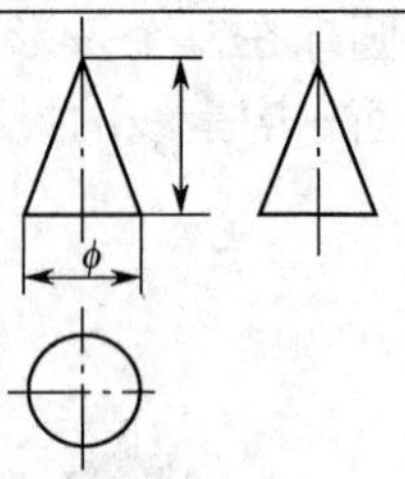 俯视图、左视图可省略标注
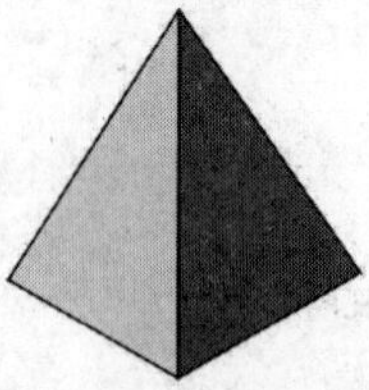 四棱锥	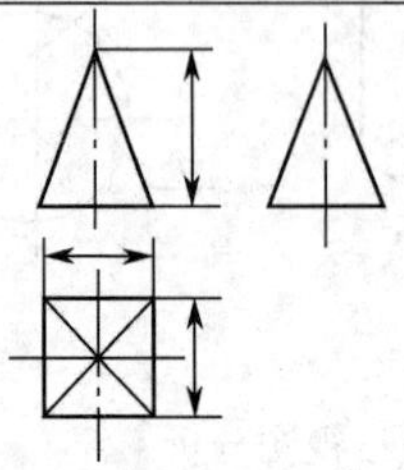 左视图可省略标注	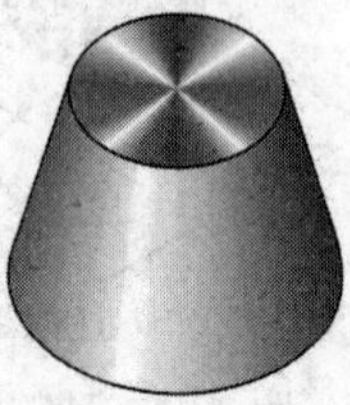 圆锥台	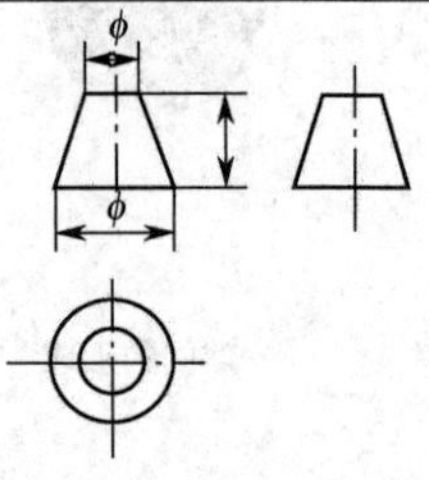 俯视图、左视图可省略标注

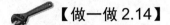

续表

平面立体		曲面立体	
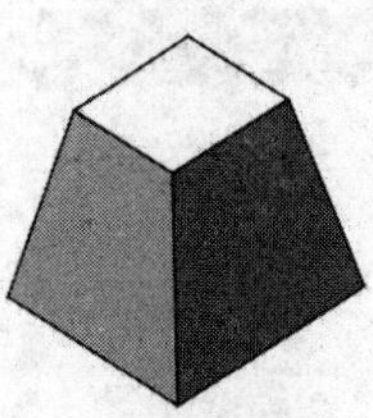 四棱台	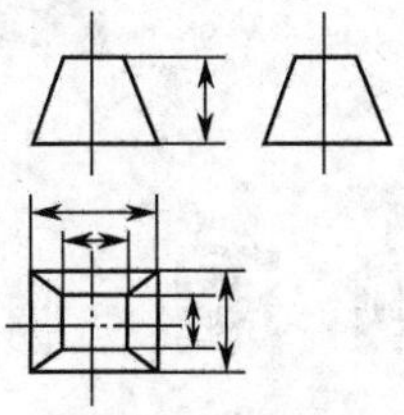 左视图可省略标注	 圆球	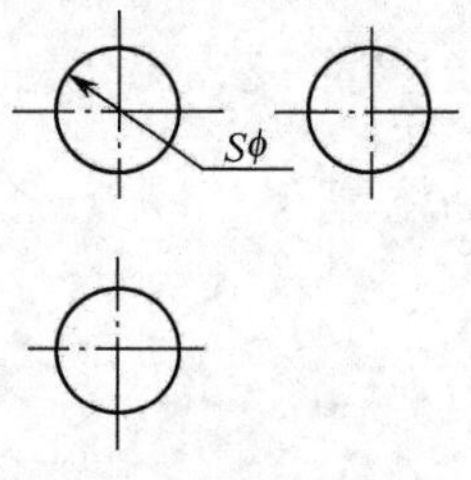 俯视图、左视图可省略标注

从表 2-3 可以看出，在三视图中，尺寸应尽量注在反映基本形体形状特征的视图上，而圆的直径一般注在投影为非圆的视图上。

【做一做 2.15】

请给已完成的“做一做 2.12～2.14”的三视图标注尺寸（在图上量取）。

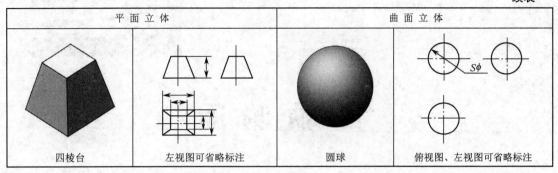

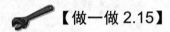

项目三

画轴测图

知识目标

1. 了解正等测图和斜二测图的形成条件、平行投影特性和轴间角等基本概念。
2. 正确识别两种轴测图，并了解各自的表达优势。

能力目标

1. 能正确判断作出的轴测图是否合理、协调。
2. 看三视图，基本能徒手作出轴测图的轮廓。
3. 掌握物图转换规律。

情感目标

1. 体验轴测图的立体美感。
2. 提高图形表达能力、空间想象能力和构思创新能力。

任务1 认识轴测图

任务要求

要求学生在学习完本任务后，掌握轴测图的形成，能正确分辨正投影图和轴测图，了解轴测图的分类。

情境创设

教师拿出一张正投影图和一张轴测图，让学生观察、对比两幅图的区别，回答观看感受。教师给学生讲述工程界应用轴测图的重要性及其使用广泛性，激发学生的学习兴趣。

任务引导

相关知识点学习：要求学生课前预习“知识链接”后独立完成。

1. 轴测图是将__________连同确定__________的直角坐标系，沿____________的

方向，用__________投射到单一投影面上所得到的具有立体感的三维图形。

2．根据投射方向与轴测投影面的相对位置，轴测图分为__________和__________两大类。投射方向与轴测投影面垂直所得的轴测图称为__________；投射方向与轴测投影面倾斜所得的轴测图称为__________。常采用的是__________图和__________图。

3．看三视图，找出对应的轴测图（图 3-1）。

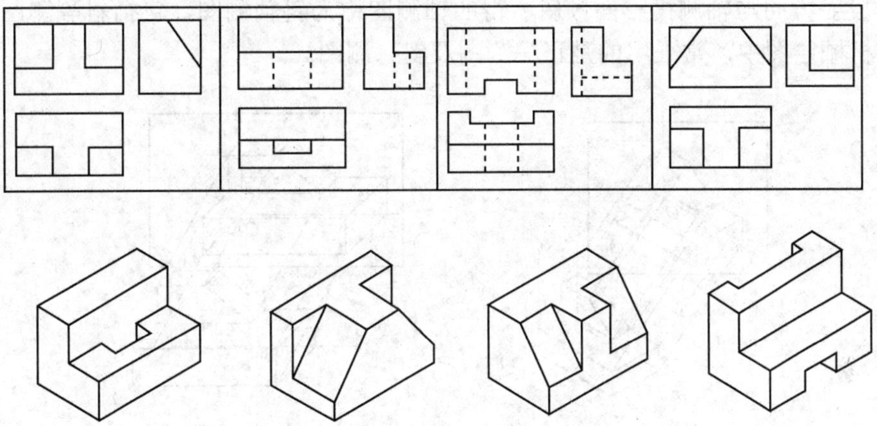

图 3-1　连线题

知识链接

一、轴测图的概念

轴测图是将物体连同确定物体位置的直角坐标系，沿不平行于任一坐标面的方向，用平行投影法投射到单一投影面上所得到的具有立体感的三维图形。

如图 3-2 所示，投影面 P 称为**轴测投影面**。投射线方向 S 称为**投射方向**。在轴测投影面上的投影 OX、OY、OZ 称为**轴测投影轴**，简称**轴测轴**。

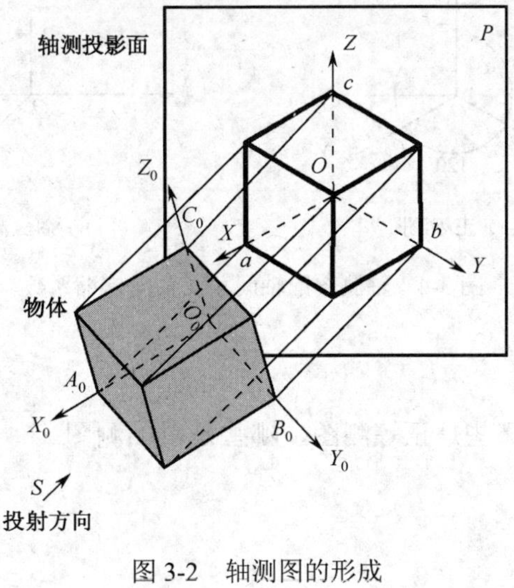

图 3-2　轴测图的形成

二、轴测图的分类

根据投射方向与轴测投影面的相对位置，轴测图分为正轴测图和斜轴测图两大类，如图 3-3 所示。投射方向与轴测投影面垂直所得的轴测图称为**正轴测图**，包括正等测图、正二测图等；投射方向与轴测投影面倾斜所得的轴测图称为**斜轴测图**，包括斜等测图、斜二测图等。在机械绘图中，常采用的是正等测图及斜二测图。

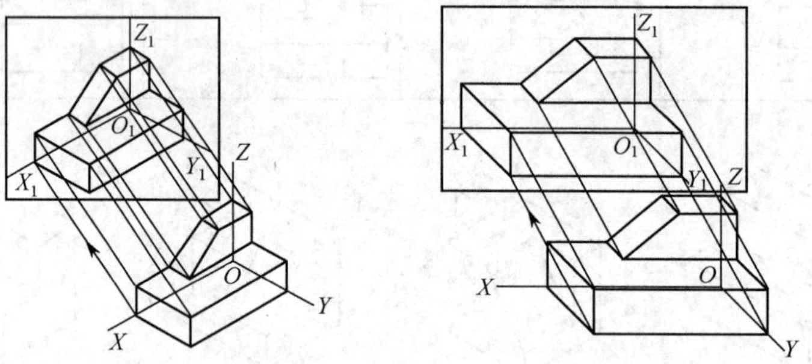

（a）正轴测图　　（b）斜轴测图

图 3-3　轴测图的分类

三、轴间角与轴向伸缩系数

任意两根轴测轴之间的夹角称为**轴间角**。轴测轴上的单位长度与空间坐标单位长度之比，称为**轴向伸缩系数**。为了作图方便，绘制轴测图时，一般对轴向伸缩系数进行简化，使其成为简单的数值。正等测图和斜二测图的轴间角和轴向伸缩系数如图 3-4 所示。

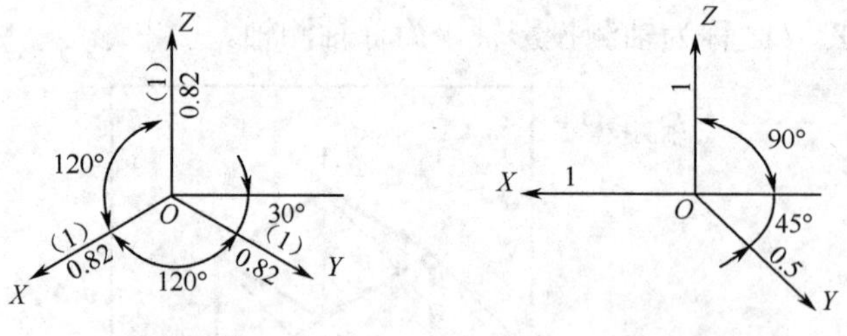

（a）正等测图　　（b）斜二测图

图 3-4　轴测图的轴间角及轴向伸缩系数

【做一做 3.1】

判断图 3-5 中的图形哪些是正等测图，哪些是斜二测图。

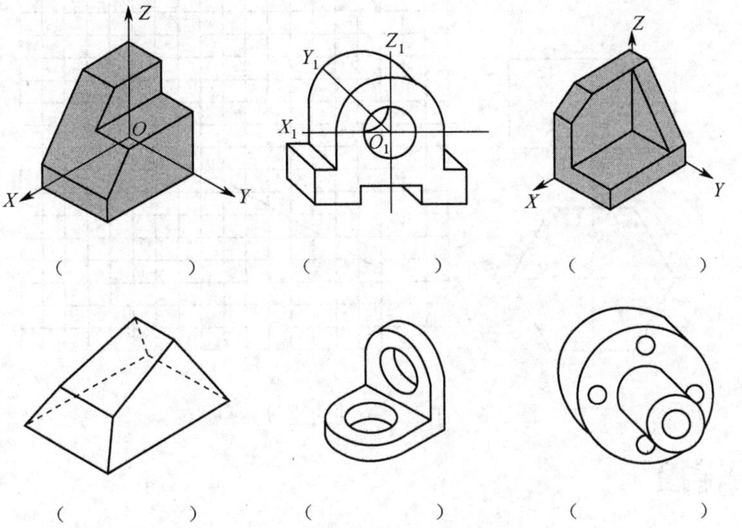

图 3-5　判断正等测图和斜二测图

任务2　画正等测图

任务要求

要求学生在学习完本任务后，掌握画正等测图的基本方法，能正确绘制正等测图，并完成对应的项目练习。

情境创设

教师利用多媒体演示正等测图的绘制过程，学生回答观看感受。教师给学生讲述利用正确方法绘制正等测图对提高工作效率的重要性，激发学生的学习兴趣。

任务引导

相关知识点学习：要求学生课前预习“知识链接”后独立完成。

1．正等测图各轴的__________都相等，为________。

2．画正等测图的方法有__________、__________和__________三种。

3．平行于投影面的圆的正等测图是________，可采用简化画法即_______法画出。

试一试

看正六棱柱的三视图，徒手作出它的正等测草图（图 3-6）。

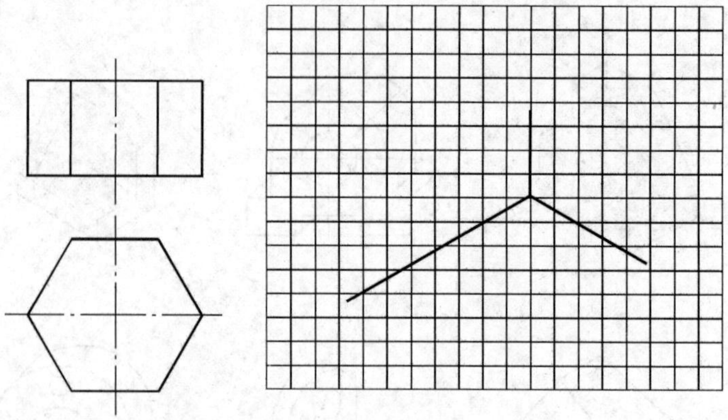

图 3-6　作正六棱柱的正等测草图

知识链接

一、平面立体的正等测图画法

绘制平面立体轴测图的方法有坐标法、切割法和叠加法三种。

1. 坐标法

坐标法是绘制轴测图的基本方法。根据立体表面上各顶点的坐标，分别画出它们的轴测投影，然后依次连接成立体表面的轮廓线。

【例 3.1】根据截头棱锥的投影图，画出正等测图（图 3-7）。

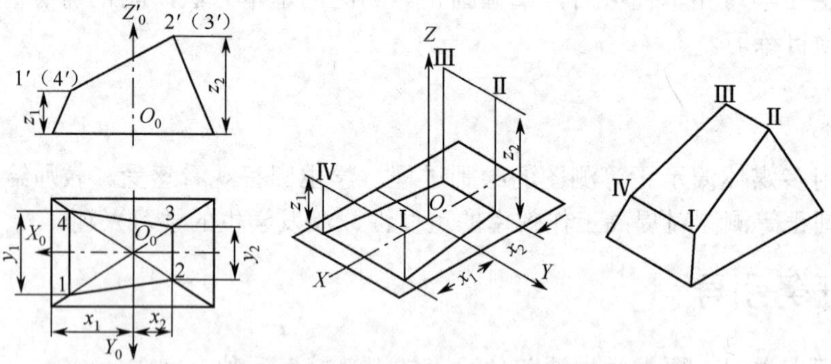

图 3-7　用坐标法作正等测图

作图步骤：

① 在视图上定坐标。

② 画轴测图，在 XOY 坐标面上画出底面，并定出点 1、2、3、4 的位置，再沿 Z 轴量出 Z_1、Z_2 得点Ⅰ、Ⅱ、Ⅲ、Ⅳ。

③ 连接顶面各点和可见的棱线，擦去作图线，描粗、加深轮廓线。

2. 切割法

切割法适用于带切面的平面立体，它以坐标法为基础，先用坐标法画出完整平面立体的轴测图，然后用挖切的方法逐步画出各个切口部分。

【例 3.2】作出图 3-8（a）所示立体的正等测图。

分析：从投影图可知，该立体是在长方体的基础上，逐步切去左上部四棱柱、右前部三棱柱和左端部四棱柱后形成的。绘图时先用坐标法画出长方体，然后逐步切去各个部分，绘图步骤如图 3-8 所示。

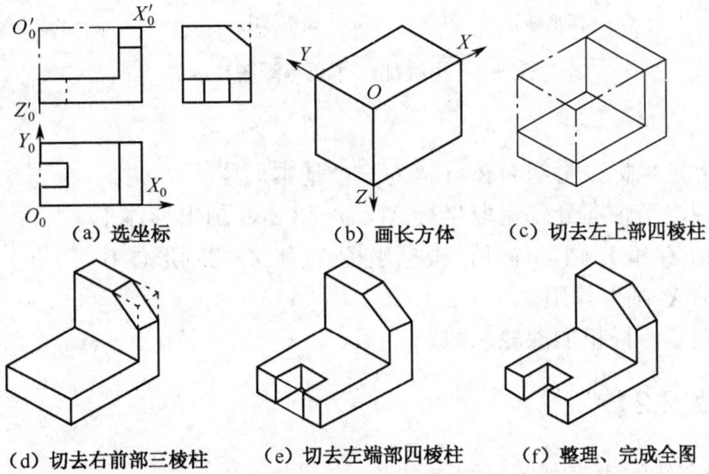

图 3-8　用切割法作正等测图

3. 叠加法

叠加法适用于叠加形成的组合体，它依然以坐标法为基础，根据各基本体的坐标，分别画出各立体的轴测图。

【例 3.3】作出图 3-9（a）所示组合体的轴测图。

分析：该组合体由底板Ⅰ、背板Ⅱ、右侧板Ⅲ三部分组成。利用叠加法，分别画出这三部分的轴测投影，擦去看不见的图线，即得该组合体的轴测图。其作图步骤如图 3-9 所示。

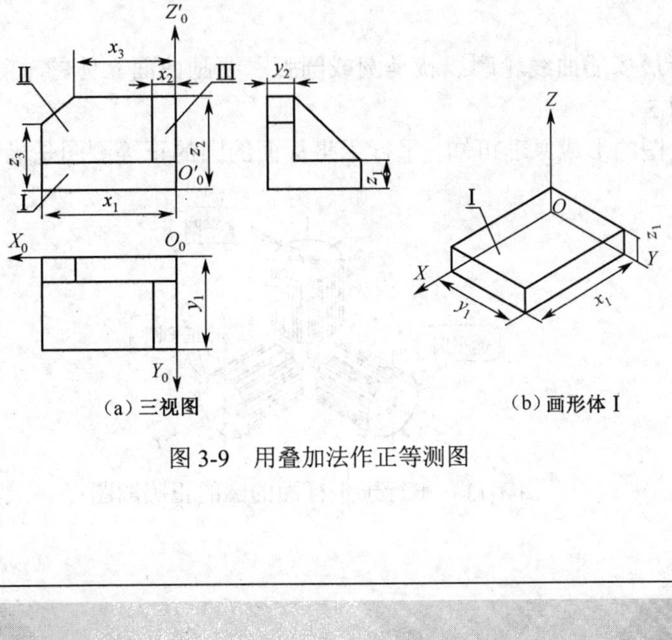

图 3-9　用叠加法作正等测图

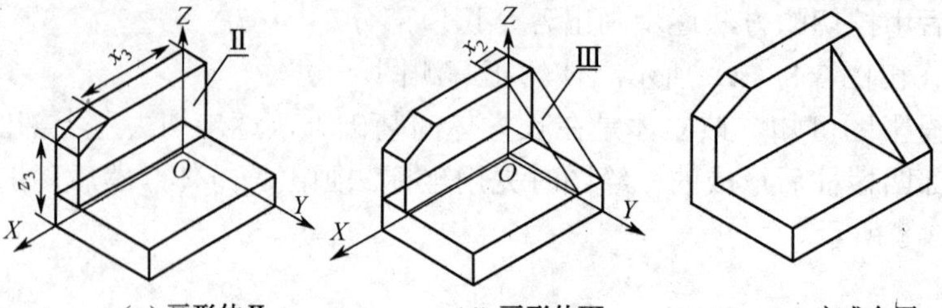

（c）画形体Ⅱ　　（d）画形体Ⅲ　　（e）完成全图

图 3-9　用叠加法作正等测图（续）

作图步骤：

① 在视图上定坐标，将组合体分解为三个基本形体。

② 画轴测轴，沿轴向分别量取坐标 X_1、Y_1 和 Z_1，画出形体Ⅰ。

③ 根据坐标 Z_2 和 Y_2 画形体Ⅱ，根据坐标 X_3 和 Z_3 切割形体Ⅱ。

④ 根据坐标 X_2 画形体Ⅲ。

⑤ 擦去作图线，描粗加深轮廓线。

【做一做 3.2】

画出缺角长方体的正等测图（图 3-10）。

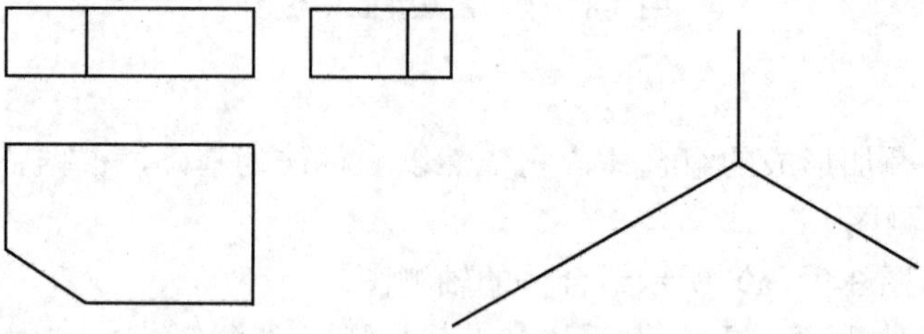

图 3-10　看三视图，作正等测图

二、曲面立体的正等测图画法

工程中用得最多的曲线轮廓线就是圆或圆弧。要画曲面立体的轴测图必须先掌握圆和圆弧的轴测图画法。

根据正等测图的形成原理可知，平行于坐标面的圆的正等测图是椭圆，如图 3-11 所示。

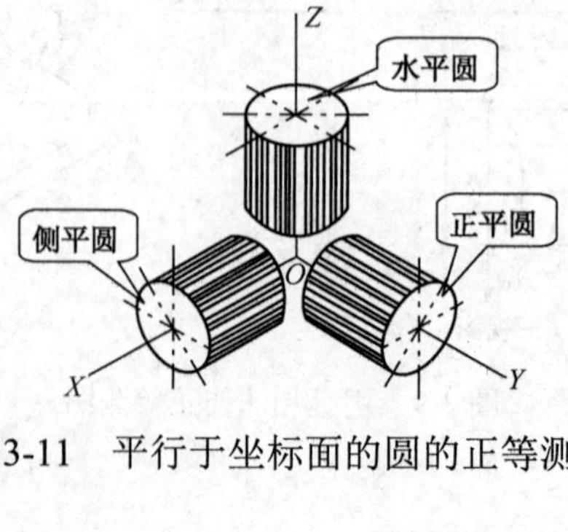

图 3-11　平行于坐标面的圆的正等测图

绘图时，为了简化作图，通常采用四段圆弧连接成近似椭圆的作图方法（也称四心法）。图 3-12 以水平面上的圆为例，说明了这种近似画法的作图步骤。画其他坐标面上的圆时，应注意长、短轴的方向。

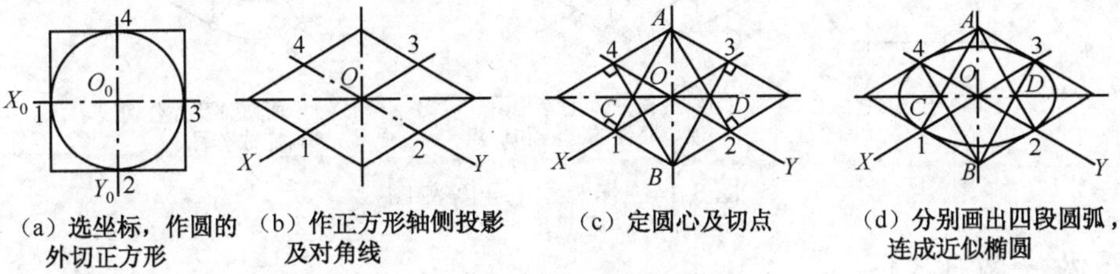

(a) 选坐标，作圆的外切正方形
(b) 作正方形轴侧投影及对角线
(c) 定圆心及切点
(d) 分别画出四段圆弧，连成近似椭圆

图 3-12 椭圆的近似画法

【例 3.4】作出图 3-13（a）所示圆柱体的正等测图。

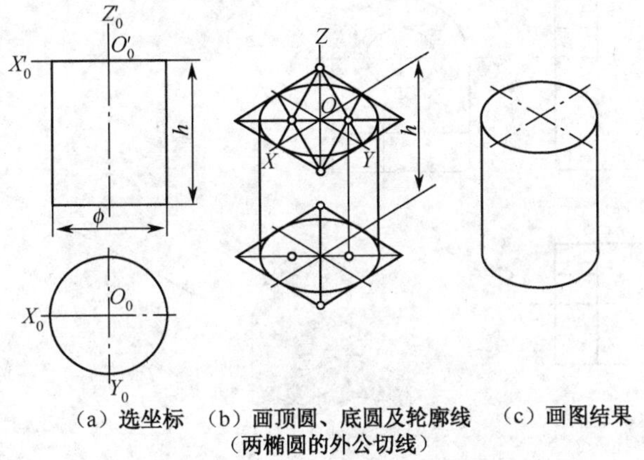

(a) 选坐标
(b) 画顶圆、底圆及轮廓线（两椭圆的外公切线）
(c) 画图结果

图 3-13 作圆柱体的正等测图

分析：从投影图可知，这是一个直立的圆柱体，顶圆、底圆都是水平圆，可以取顶圆的圆心为原点，选取图 3-13（a）所示的坐标轴。用近似法画出顶圆的轴测投影椭圆后，为简化作图，可将绘制该椭圆各段圆弧的圆心沿 Z 轴向下移动一个柱高的距离，就可以得到绘制下底椭圆各段圆弧的圆心位置，如图 3-13（b），判别可见性后，只画出底圆可见部分的轮廓，具体作图结果如图 3-13（c）所示。应该注意的是，两椭圆的切线即为圆柱面的轮廓线。

【例 3.5】作出图 3-14 所示圆角的正等测图。

分析：图 3-14（a）所示立体上有 1/4 圆柱面结构，绘图时，可先按方角画出，再根据圆角半径，参照圆的正等测椭圆投影的近似画法，定出近似轴测投影圆弧的圆心，从而完成圆角的正等测图。具体作图步骤如图 3-14 所示，应注意的是圆角切点处的垂线，两两垂线的交点是所绘圆弧的圆心。

对于曲面立体上其他形状的曲线轮廓，可在曲线上定出各点的坐标，逐点作出其轴测投影，然后光滑连接，即可作出它们的轴测投影图。

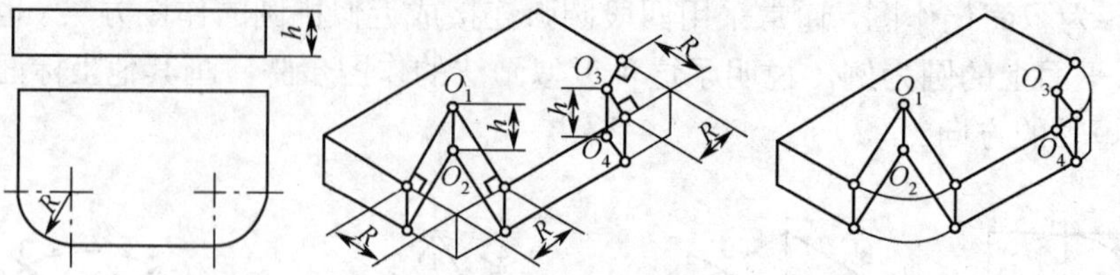

（a）已知条件　（b）画长方体正等测图，定出顶、底面的圆心和切点　（c）画圆弧及外公切线，完成作图

图 3-14　作圆角的正等测图

【做一做 3.3】

画出图 3-15 所示立体的正等测图。

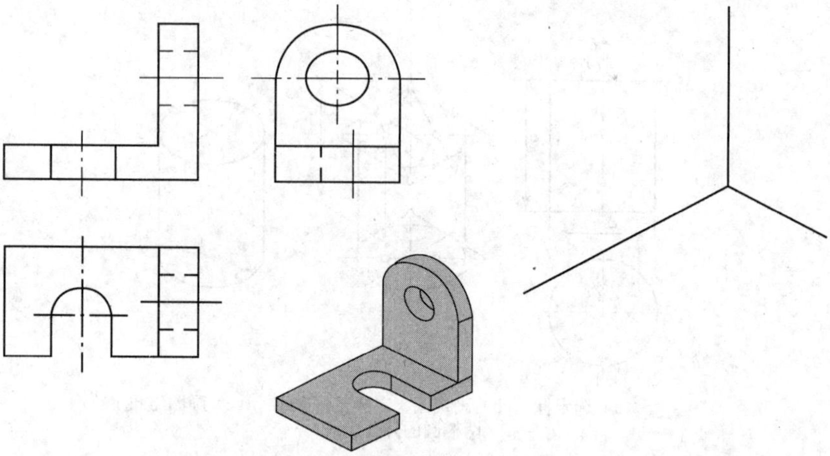

图 3-15　作组合体正等测图

任务3　画斜二测图

任务要求

要求学生在学习完本任务后，掌握画斜二测图的基本方法，能正确绘制斜二测图，并完成对应的项目练习。

情境创设

教师利用多媒体演示斜二测图的绘制过程，学生回答观看感受。教师给学生讲述利用正确方法绘制斜二测图对提高工作效率的重要性，激发学生的学习兴趣。

任务引导

相关知识点学习：要求学生课前预习“知识链接”后独立完成。

1. 由于斜二测图中 *XOZ* 坐标面平行于轴测投影面，所以物体上平行于该坐标面的图形均____________。为了作图方便，一般使物体上圆或圆弧较多的面________于该坐标面，可直接画出圆或圆弧。

2. 斜二测图的轴间角分别为______、______和_______，其中_____轴和______轴仍分别为水平方向和铅垂方向，其伸缩系数为___________，_____轴的伸缩系数为________。

试一试

看物体的三视图，徒手作出物体的斜二测草图（图 3-16）。

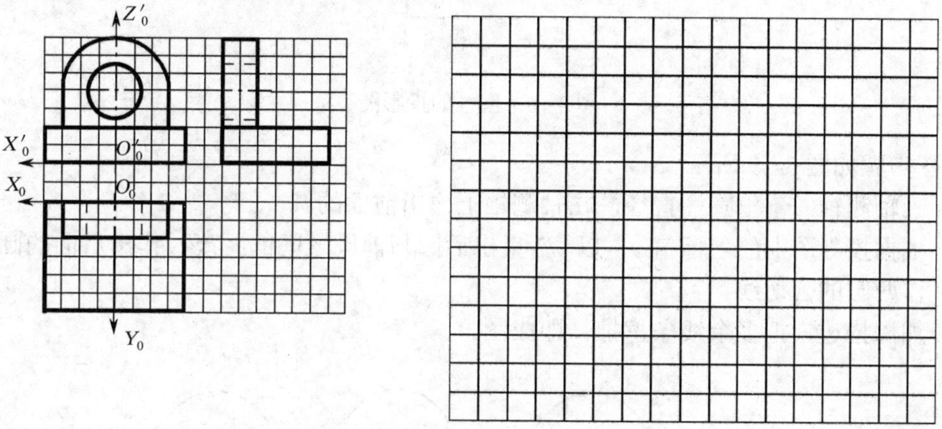

图 3-16　作物体的斜二测草图

知识链接

斜二测图中轴测轴的位置如图 3-17 所示。由于斜二测图中 *XOZ* 坐标面平行于轴测投影面，所以物体上平行于该坐标面的图形投影均**反映实形**。为了作图方便，一般使物体上圆或圆弧较多的面平行于该坐标面，可直接画出圆或圆弧。因此，当物体仅在某一视图上有圆或圆弧投影时，常采用斜二测图来表示。为了把立体效果表现得更为清晰、准确，可选择有利于作图的轴测投影方向，图 3-17 中给出了斜二测图常用的两种投射方向。

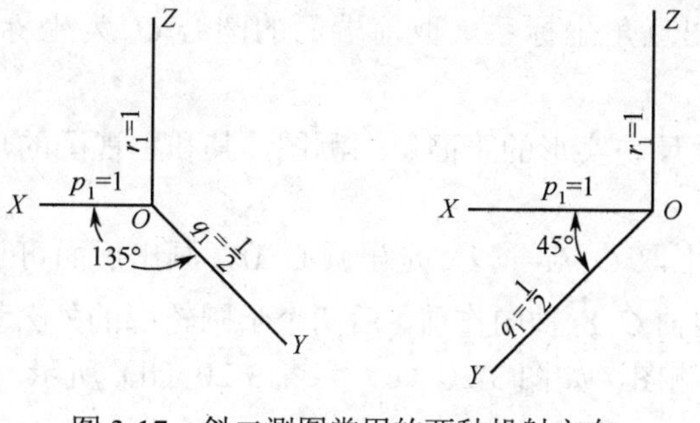

图 3-17　斜二测图常用的两种投射方向

【例 3.6】画出图 3-18 所示圆柱的斜二测图。

分析：由于平行于正面的投影可体现实形，因此先将轴测轴的投影方向选好，让圆面平行于正面来作图。注意对比圆柱的斜二测图与正等测图在画法上的难易程度。

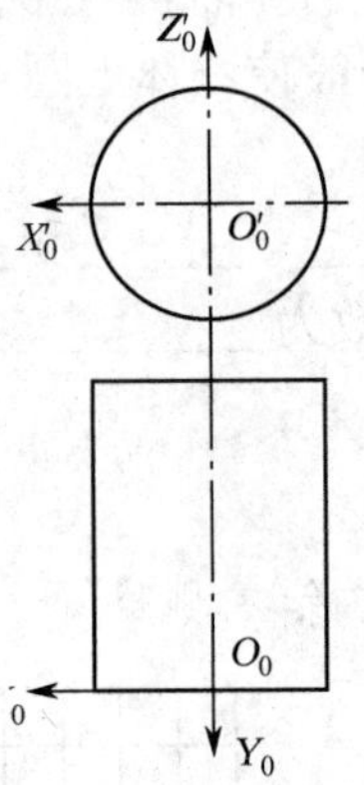

图 3-18　圆柱的投影图

作图步骤如图 3-19 所示。

① 画轴测轴，量出圆柱直径，在轴测轴上作出前面的圆。

② 根据投影图上的坐标值 y，以 $y/2$ 量出后圆与前圆之间的距离，作出后面的圆。

③ 作两圆的公切线。

④ 加深描边，把多余线条擦掉，即成图。

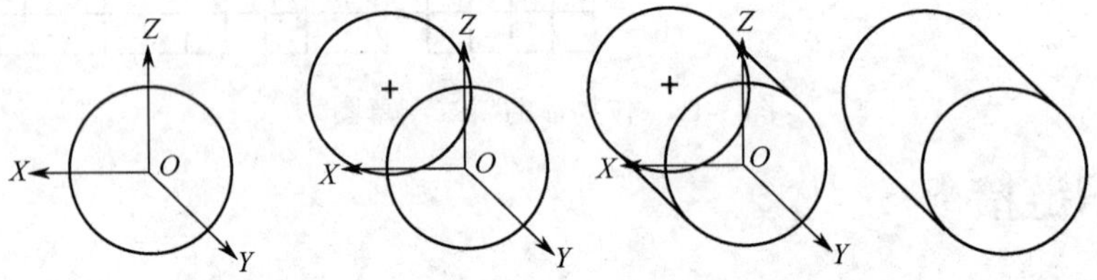

(a) 作前面的图　(b) 作后面的图　(c) 作两圆的公切线　(d) 完成作图

图 3-19　圆柱斜二测图的作图步骤

【例 3.7】画出图 3-20 中组合体的斜二测图。

作图步骤：

① 在两视图中定出直角坐标系（取前端面的圆心 O_1 为坐标原点），如图 3-20（a）所示。

② 先画支座前端面反映实形的正面斜二测图，其和主视图的形状和大小完全一样，如图 3-20（b）所示。

③ 在轴测轴 O_1Y_1 上取 $O_1M=w/2$，定出圆心 M，画出后面可见部分（同前端面的形状和大小一样），并延轴测轴 O_1Y_1 轴向作前、后两个半圆轮廓的外公切线，再画出其他可见轮廓线即完成支座的斜二测图，如图 3-20（c）和图 3-20（d）所示。

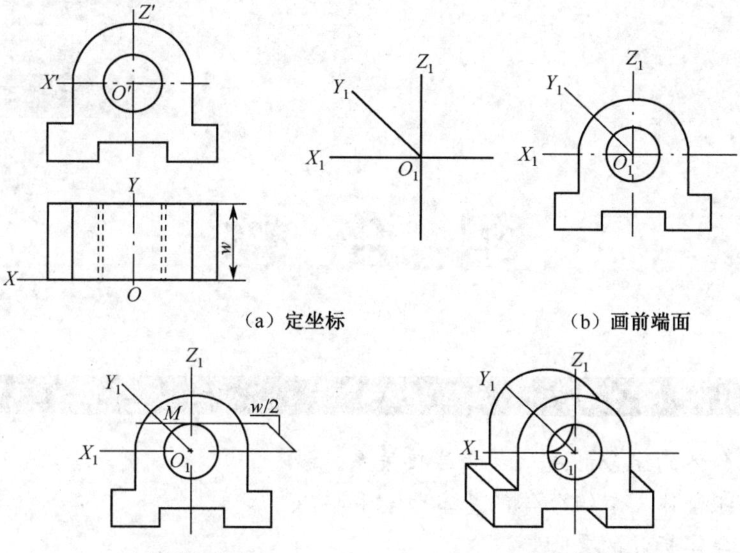

（a）定坐标　（b）画前端面

（c）量取尺寸　（d）完成作图

图 3-20　组合体斜二测图的作图步骤

【做一做 3.4】

作出图 3-21 中组合体的斜二测图。

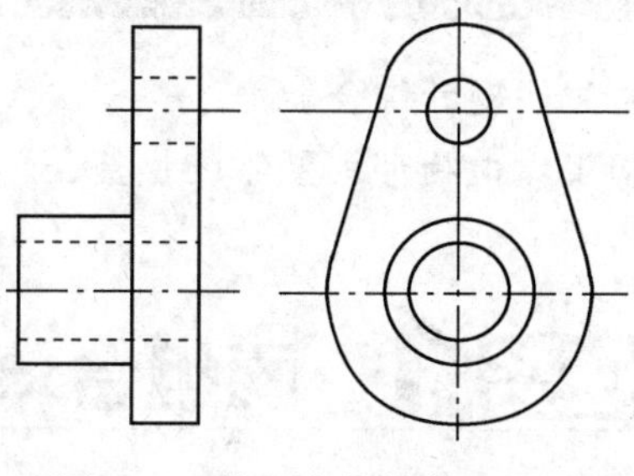

图 3-21　作组合体的斜二测图

项目四

组 合 体

知识目标

1. 明确组合体的组合形式及表面连接关系。
2. 了解画组合体、看组合体的基本步骤和要点。
3. 掌握组合体标注的要点。

能力目标

1. 能用形体分析法分析组合体，读三视图能想象出立体的形状。
2. 读组合体，能画出三视图，并进行正确的尺寸标注。

情感目标

1. 提高分析和解决物图转化问题的综合能力。
2. 会由整体到局部逐步细化，由局部到整体逐步整合、明确的形象思维过程。

任务1 画组合体

任务要求

完成叠加型组合体和切割型组合体的三视图的绘制，要求投影关系正确，线型绘制和选用正确，图面整洁。

情境创设

教师展示相关的基本几何体和简单零件的教学模型，让学生观看，引导学生学习相关的理论知识。采用多媒体教学展示三视图和立体图的相互转化过程。

任务引导

相关知识点学习：要求学生课前预习“知识链接”后独立完成。

1. 由两个或两个以上__________按一定的方式所组成的物体称为组合体。组合体是由基本几何体组合而成的，常见的组合方式有_________和____________。

2．组合体表面连接关系有四种，它们是___________、___________、___________、___________。

3．画图顺序为：先画________，后画________；先画_______体，再画_______体；先画______部分，后画_________部分；先画___________，再画________。

4．分析下列简单零件分别由哪些几何体变化或组合而来。

锥形滚子

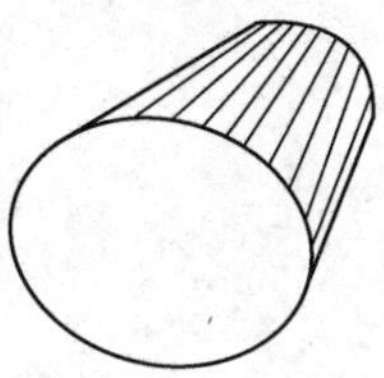

____

六角螺母

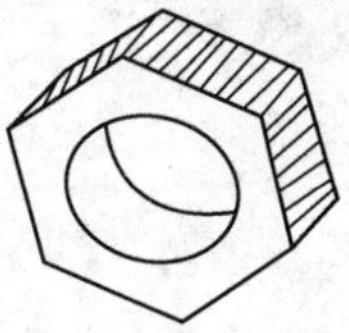

____

垫圈

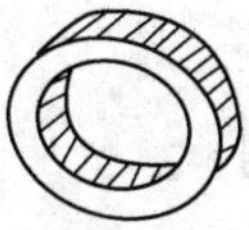

____

套筒

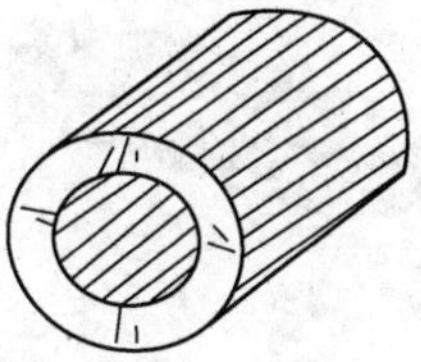

____

手柄球

____

螺栓

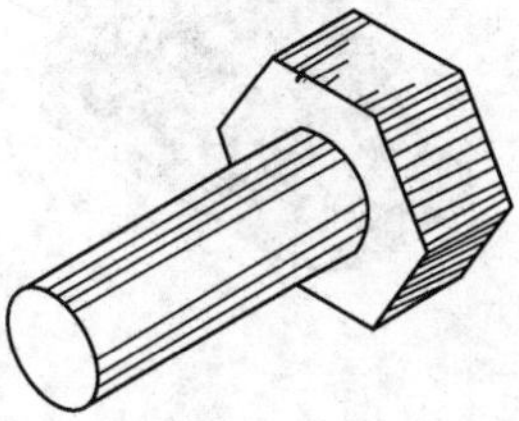

顶尖

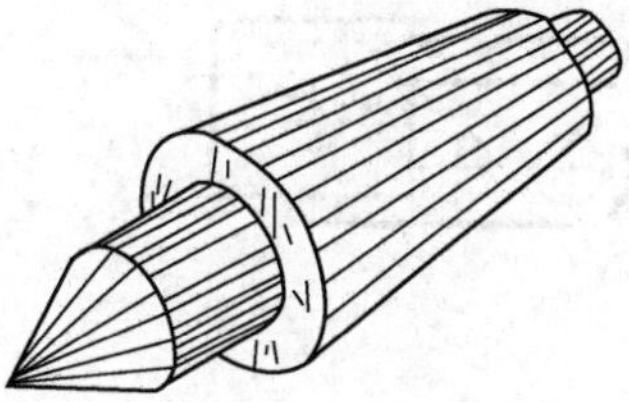

试一试

看轴测图，补画三视图所缺的图线（图 4-1）。

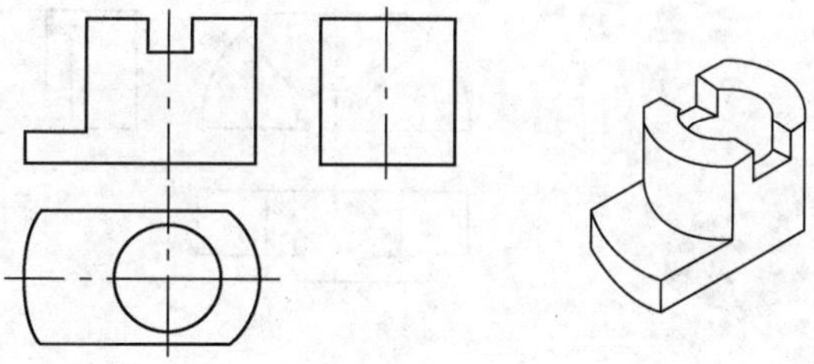

图 4-1　补缺线

知识链接

一、组合体的类型及表面连接关系

由两个或两个以上基本几何体按一定的方式所组成的物体称为**组合体**。组合体是由基本几何体组合而成的，常见的组合方式有**叠加**和**切割**。

1. 组合体的类型

（1）叠加型

由几个简单形体叠加形成的组合体称为叠加型组合体，如图 4-2 所示。图 4-3 中的支架，是由圆柱体Ⅰ、圆柱体Ⅱ、支承板Ⅲ、肋Ⅳ和底板Ⅴ五个基本体叠加形成的。

图 4-2　叠加

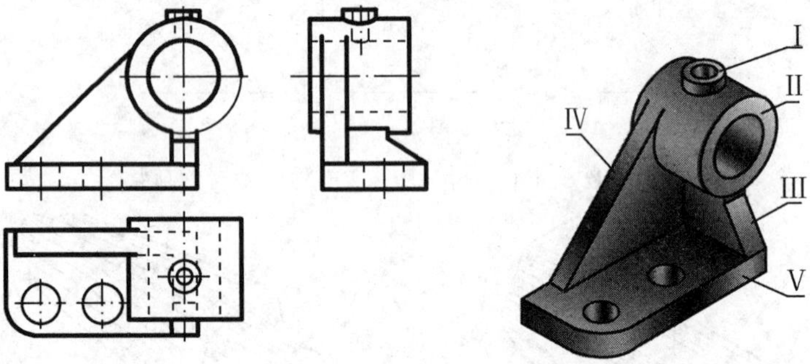

图 4-3　支架

（2）切割型

一个基本体被切去某些部分后形成的组合体称为切割型组合体，如图 4-4 所示。图 4-5 中的磁钢则可看成是由一个半圆柱体经过四次切割而形成的。

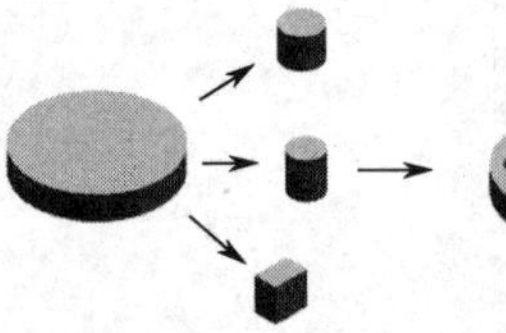

图 4-4　切割

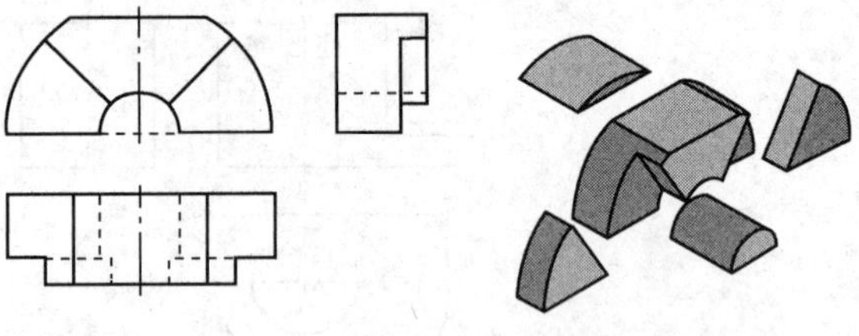

图 4-5　磁钢

（3）综合型

既有“叠加”，又有“切割”而形成的组合体称为综合型组合体，这是组合体最常见的类型。

2. 组合体表面连接关系

（1）不平齐

两形体表面不平齐时，两表面投影的分界处应用粗实线隔开，如图 4-6（a）所示。

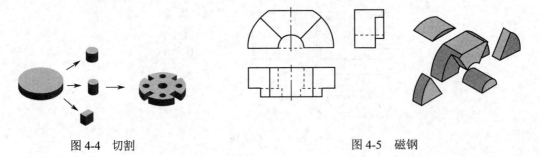

（2）平齐

两形体表面平齐时，构成一个完整的平面，画图时不可用线隔开，如图 4-6（b）所示。

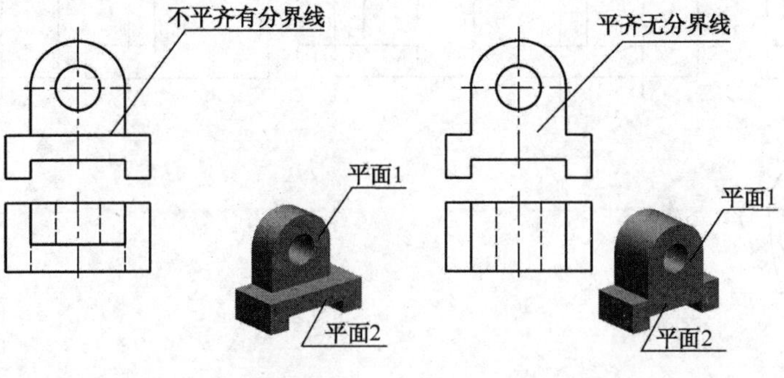

（a）不平齐，有分界线　　（b）平齐，无分界线

图 4-6　平齐与不平齐

（3）相切

相切的两个形体表面光滑连接，相切处无分界线，视图上不应该画线，如图 4-7 所示。

（4）相交

两形体表面相交时，相交处有分界线，视图上应画出表面交线的投影，如图 4-7 所示。

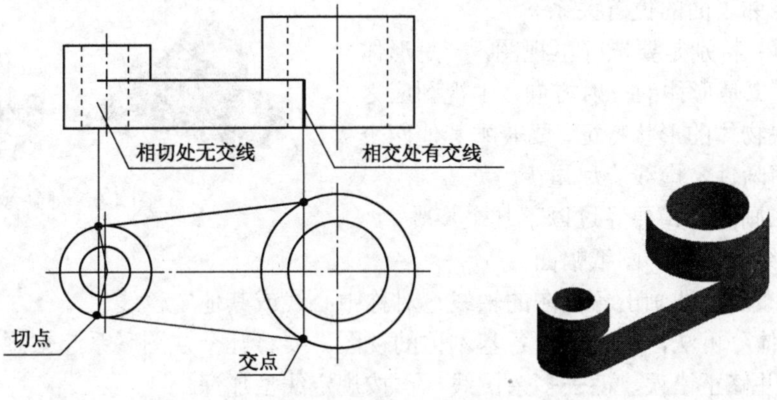

图 4-7　相交与相切

画组合体三视图时，只有通过形体分析，搞清各组成部分的组合形式及相邻表面的连接关系，想象出物体的整体结构形状，才能不多线、不漏线，按正确的作图方法和步骤画出组合体三视图。

【做一做 4.1】

养成完成工作任务的良好习惯，正确使用圆规、分规、铅笔、三角板、橡皮等绘图工具。按正确的分析方法和画图步骤完成以下练习。

① 如图 4-8 所示，根据物体的主、俯视图，在正确的左视图下的括号内打“ √”。

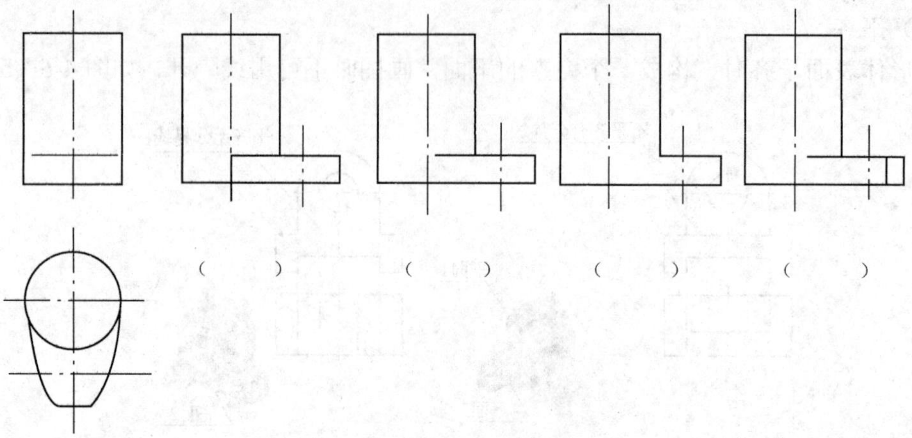

图 4-8　选择正确的左视图

② 比较图 4-9 所示的两组立体及投影，思考立体的不同，给两组视图分别补缺线。

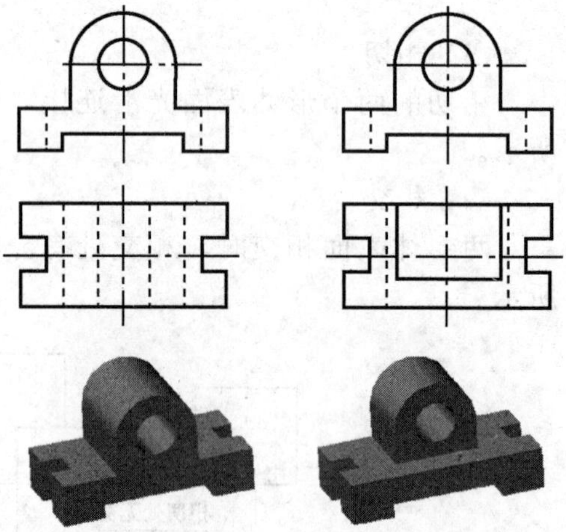

图 4-9　补缺线

二、画组合体

1. 组合体的画图方法与步骤

形体分析：就是分析所要画组合体的构成及各构成部分相邻表面的位置关系。

视图选择：特别是要选好主视图，一是形体的安放位置，二是形体的投射方向。主视图应尽可能多地反映物体的形状特征，要兼顾其他两个视图表达的清晰性，虚线应尽量少。

作图：在画图时，要经过以下几个步骤。

① 确定绘图比例、图纸幅面。

② 图面布局，即画出各视图的轴线、对称中心线或其他定位线。

③ 按形体分析法，逐个画出各基本体的视图。要将几个视图联系起来画。

④ 检查并修正错误，擦去多余图线，再按规定线型加深。

2. 画图的注意事项

为正确、迅速地画出组合体的三视图，应注意以下几点。

① 首先布置视图，画出作图基准线，即对称中心线、主要回转体的轴线、底面及重要端面的位置线。各视图之间要留有适当的空间，以便于标注尺寸。

② 画图顺序为：先画主要部分，后画次要部分；先画大形体，再画小形体；先画可见部分，后画不可见部分；先画圆和圆弧，再画直线。

③ 画图时，一般是一个基本体一个基本体地画，组合体的每一个基本体最好是三个视图配合起来画，每部分应从反映形状特征和位置特征最明显的视图入手，然后通过三等关系，画出其他两面投影，而不是先画完一个视图，再画另一个视图。这样，不但可以避免

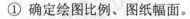

多线、漏线，还可提高画图效率。

④ 底稿完成后，应认真检查，尤其应考虑各形体之间表面连接关系及从整体出发处理衔接处图线的变化。确认无误后，按标准线型描深。

【例 4.1】画出图 4-10 所示支架的三视图。

① 形体分析。

图 4-10 所示支架的类型为综合型。整体由底板和支承板两大部分构成，底板为四棱柱，支承板为四棱柱和半圆柱叠加而成。底板和支承板之间为叠加的连接关系，但在一些局部又存在切割的情况。底板上切去两个三棱柱的角，中间对称开槽切割成四棱柱加半圆柱的 U 形槽，故底板为切割型。此外，支承板上挖去一圆柱。

图 4-10　支架

② 视图选择。

首先选择主视图，根据安放位置原则，支架应按图 4-10 所示的位置放置；底板和支承板两个部分叠加成 L 形，这是主要形状特征，因此，确定 *S* 方向作为主视图的投射方向。这样，在俯视图上表示底板切去的两个角和 U 形槽的实形，在左视图上表示支承板半圆柱和圆孔的实形，整个支架表达清晰完整。

③ 作图（图 4-11）。

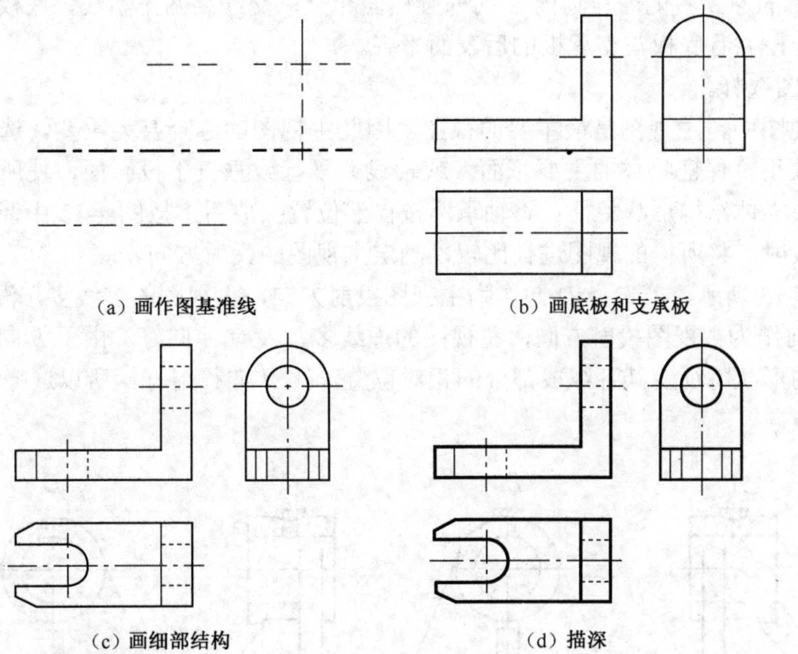

图 4-11　支架的作图步骤

- 合理确定各视图的布局，画出作图基准线。
- 画底板和支承板。
- 画底板和支承板上的细部结构。
- 校核、描深。

【例 4.2】画出图 4-12 所示轴承座的三视图。

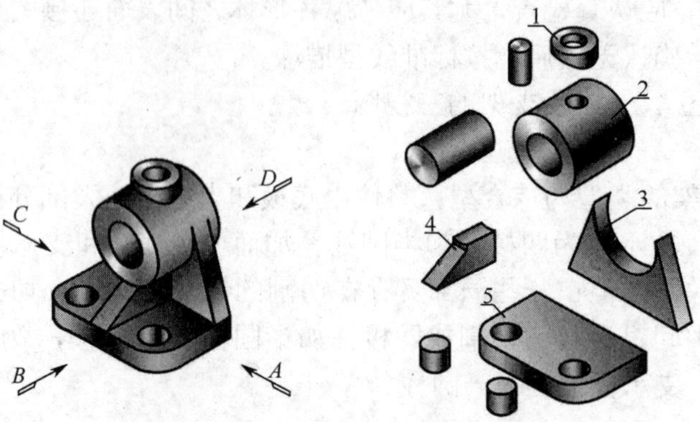

图 4-12 轴承座的形体分析

① 分析形体。

如图 4-12 所示，轴承座由注油用的凸台 1、支撑轴的圆筒 2、支撑圆筒的支承板 3、肋板 4 和底板 5 五个部分组成。其中，凸台 1 与圆筒 2 的轴线垂直正交，内、外圆柱面都有交线——相贯线；支承板 3 的两侧与圆筒 2 的外圆柱面相切，画图时应注意相切处无轮廓线；肋板 4 的左、右侧面与圆筒 2 的外圆柱面相交，交线为两条素线，底板、支承板、肋板相互叠合，并且底板与支承板的后表面平齐。

② 视图选择。

在三视图中，主视图是最主要的视图，因此主视图的选择甚为重要。选择主视图时通常将物体放正，保证物体的主要平面（或轴线）平行或垂直于投影面，使所选择的投射方向最能反映物体结构形状特征。将轴承座按自然位置安放后，按图 4-12 中箭头所示的四个方向进行投射，将所得的视图进行比较以确定主视图的投射方向。

如图 4-13 所示，若选择 *D* 向作为主视图投射方向，主视图的虚线多，没有 *B* 向清楚；若选择 *C* 向作为主视图投射方向，左视图的虚线多，没有 *A* 向好。由于 *B* 向最清楚地反映了轴承座的形状特征及其各组成部分的相对位置，比 *A* 向投射好，所以选择 *B* 向作为主视图的投射方向。

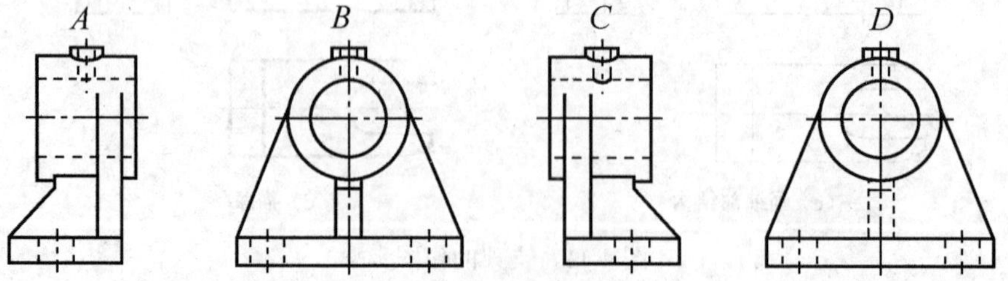

图 4-13 选择主视图

主视图一旦确定了，俯视图和左视图的投射方向也就相应确定了。

③ 画图步骤（图 4-14）。

● 根据物体的大小和组合的复杂程度，选择适当的比例和图纸幅面。

- 为了在图纸上均匀布置视图，根据实物的总长、总宽、总高，首先要确定好各视图的主要轴线、对称中心线或其他定位线。
- 按形体分析法，从主要形体入手，根据各基本形体的相对位置逐个画出每一个形体的投影。画图顺序是先画主要结构与大形体，再画次要结构与小形体；先实体，后虚体（挖去的形体）。画各个形体的视图时，应从反映形体形状特征的那个视图画起。如图 4-14（b）中的圆筒，通常先画其主视图，再画其他视图。

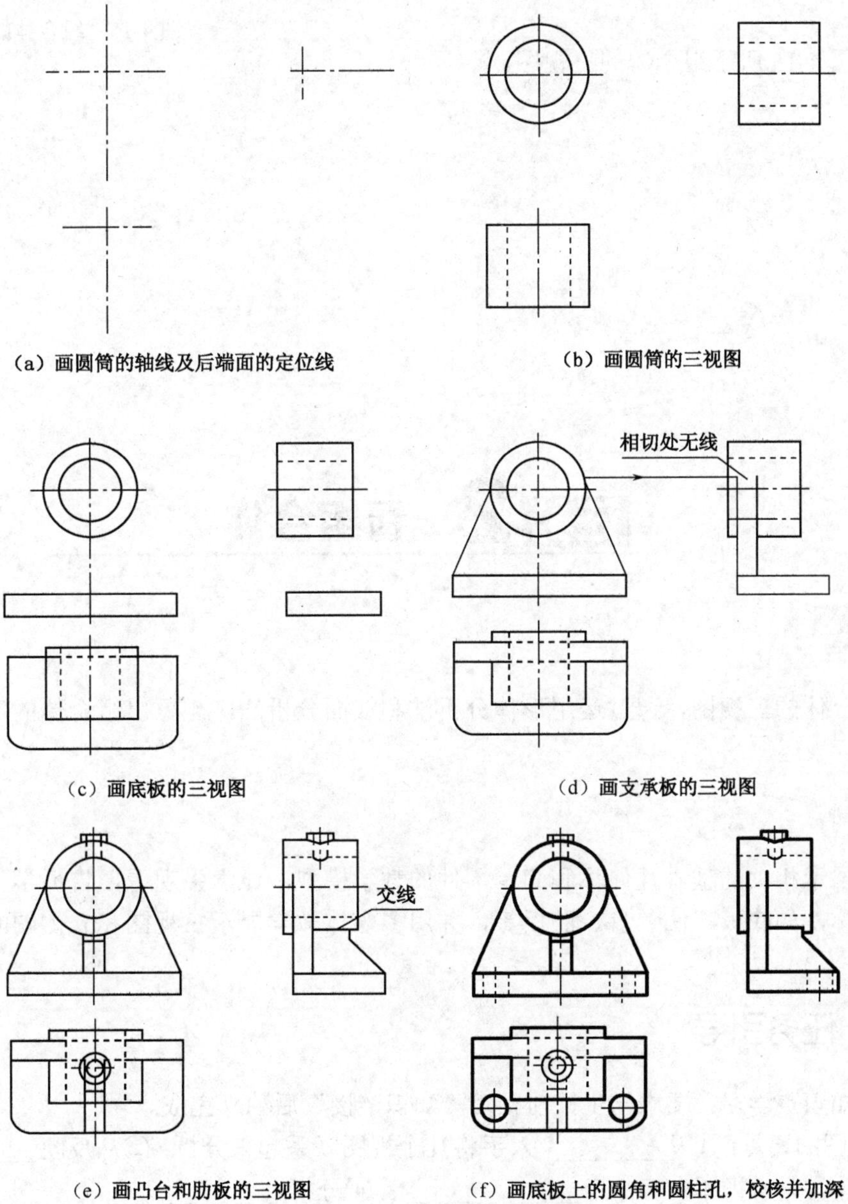

（a）画圆筒的轴线及后端面的定位线　（b）画圆筒的三视图

（c）画底板的三视图　（d）画支承板的三视图

（e）画凸台和肋板的三视图　（f）画底板上的圆角和圆柱孔，校核并加深

图 4-14　轴承座的画图步骤

- 检查、加深。完成底稿后，必须仔细检查，修改错误或不妥之处，擦去多余的图线，然后按规定线型加深。

【做一做 4.2】

组合体的分解方式不是唯一的，图 4-15 中的组合体可以看成是由一个长方体底板叠加两个小长方体而形成的。还有其他的分解方式吗？最好的分解方式是哪种？

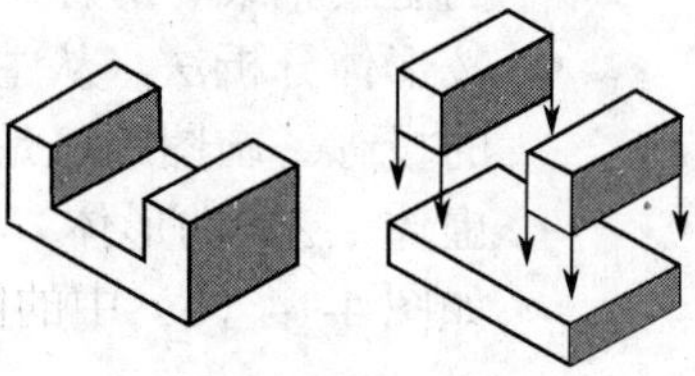

图 4-15　组合体的分解方式

【做一做 4.3】

画出图 4-15 所示组合体的三视图。

任务2　看组合体

任务要求

看组合体的三视图，通过运用形体分析法和线面分析法，想象出组合体的形状，并能用语言进行表述。

情境创设

教师展示相关的基本几何体和简单零件的教学模型，让学生观看，告诉学生常用基本形体的名称，如底板、法兰盘、肋板等，并用多媒体教学展示三视图和立体图的相互转化过程。

任务引导

相关知识点学习：要求学生课前预习“知识链接”后独立完成。

1. 看图的要点：①从__________入手将几个视图联系起来分析；②从反映__________的视图着手；③分析视图中每一个__________；④分析__________。

2. 视图中的封闭线框可以代表物体上的__________、__________、__________或__________的投影。

3. 看组合体视图的基本方法有__________和__________。

试一试

分析三视图，想象出组合体的形状，并用语言表述出来（图 4-16）。

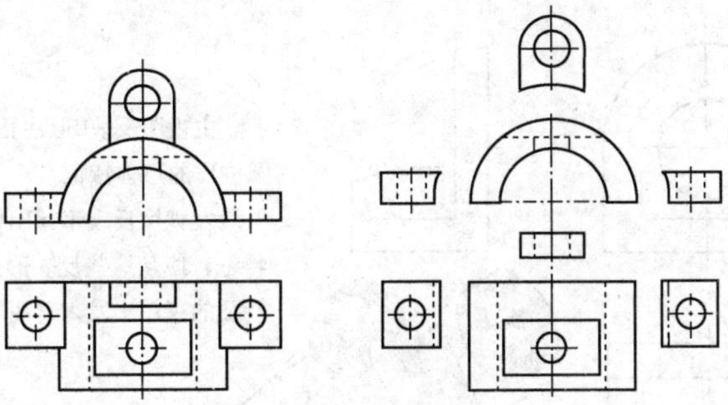

(a) (b)

图 4-16 分析三视图

知识链接

画图和读图是两项基本技能。画图立足于将三维形体向二维形体转换，培养图示、图解能力；而读图则立足于将二维形体向三维形体转换，是体现由平面的“图”到空间的“物”这种空间想象能力的重要过程。

一、看图的要点

1. 从主视图入手将几个视图联系起来分析

由一个或两个视图往往不能唯一地表达某一机件的形状，如图 4-17 所示的七组图形，虽然它们的主视图都相同，但实际上表示了七种不同形状的物体。因此，要把几个视图联系起来分析，才能确定物体的形状。

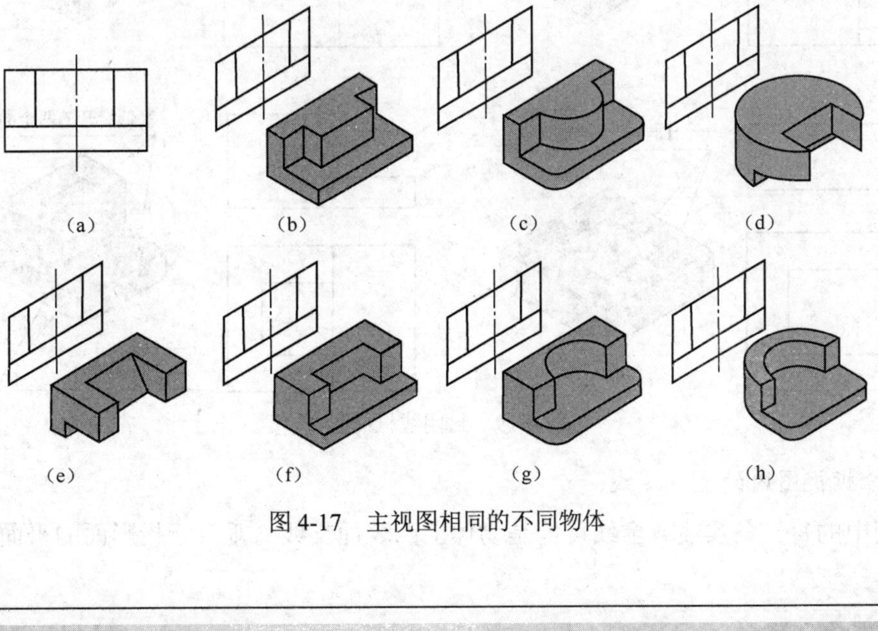

(a) (b) (c) (d)

(e) (f) (g) (h)

图 4-17 主视图相同的不同物体

2. 从反映形体特征的视图着手

读图时，首先要找出最能反映组合体形状特征的那个视图，如图 4-18 所示。由于主视图往往最能反映组合体的形状特征，故应从主视图入手，同时配合其他视图进行形体分析。

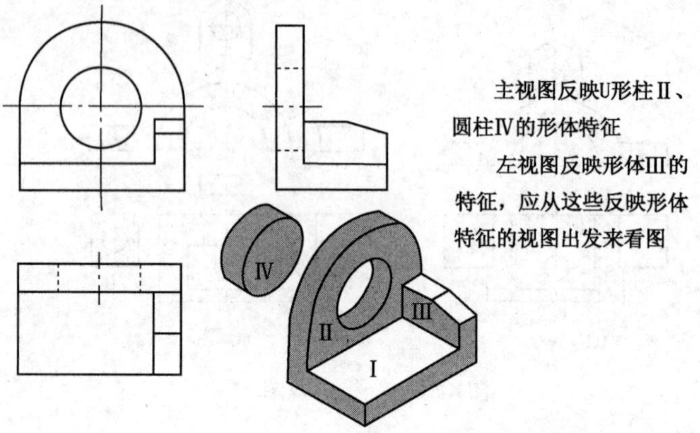

图 4-18　找出反映形体特征的视图

3. 分析视图中每一个封闭线框

视图中每一个封闭线框代表物体上某一基本形体或某一表面（平面或曲面），也可能是通孔的投影。视图中相邻或嵌套的两个线框可能表示相交的两个面，或高低错开的两个面，或一个面与一个孔洞（图 4-19）。

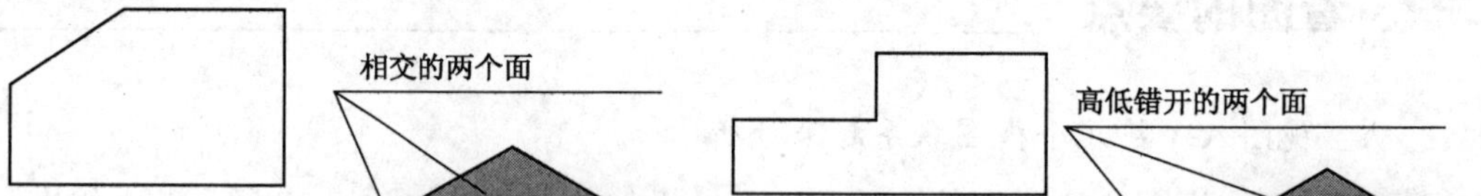

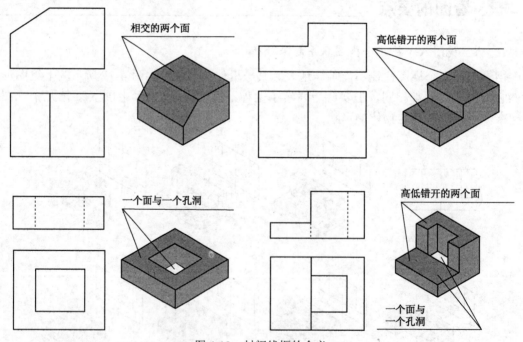

图 4-19　封闭线框的含义

4. 分析视图内的虚、实线

视图中的每一条实线或虚线可能是物体上两表面交线、垂直于投影面的平面或曲面转向线的投影。因此，根据视图内的虚、实线可以判断各形体之间的相对位置。

二、看组合体视图的基本方法

1. 形体分析法

形体分析法是将机件分解为若干个**基本体**的**叠加与切割**，并分析这些基本体的相对位置，从而产生对整个机件形状的完整认识。

组合体视图表达的形状通常较为复杂，而视图的表达形式缺乏立体感，因此可利用形体分析法来简化形体，将复杂立体分解成简单的基本体，再研究各个简单基本体的组合方式来加以综合，最终获得形体的整体信息。

根据图 4-20 中的主视图可以将形体想象成由 *A*、*B*、*C*、*D* 四个基本体组成，其中 *B* 所表示的基本体为长方体切去一个半圆柱凹槽；而 *A* 和 *C* 所表示的肋板结构为三棱柱；只有 *D* 所表示的基本体其特征信息在左视图中，同时结合底板中的两个孔构思出 *D* 基本体的形状，最终综合获得形体的形状。

对照图 4-21 中主、俯视图的投影，可将该形体分解为 *A*、*B*、*C* 三个主要部分：*A* 部分是长方体切去一个 U 形槽；*B* 部分是一个长方体；*C* 部分是两个凸环。

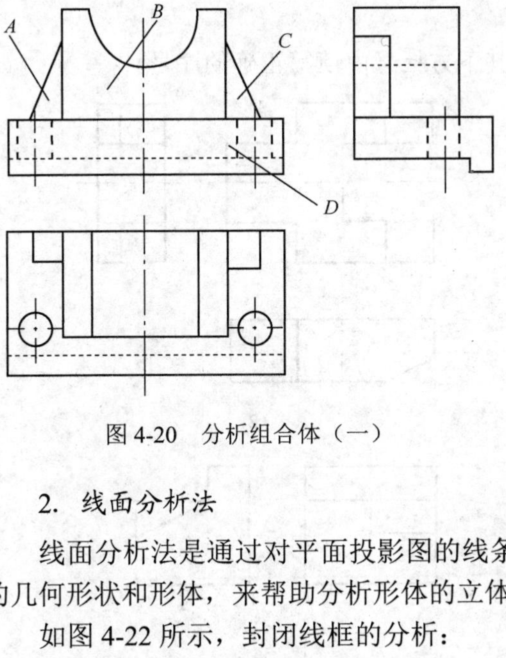

图 4-20　分析组合体（一）

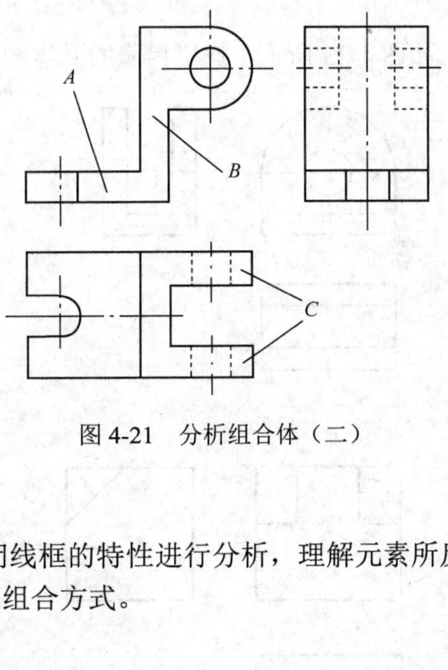

图 4-21　分析组合体（二）

2. 线面分析法

线面分析法是通过对平面投影图的线条和封闭线框的特性进行分析，理解元素所反映的几何形状和形体，来帮助分析形体的立体形状和组合方式。

如图 4-22 所示，封闭线框的分析：

$A(a, a', a'')$ 是一个锥面；

$B(b, b', b'')$ 是一个柱面；

$C(c, c', c'')$ 是一个水平面；

$D(d, d', d'')$ 是一个侧平面。

线条的分析：

1、*2* 线条是锥面 *A* 的两条俯视转向线；

(*3*，*3*'，*3*")线条是锥面 *A* 与水平面 *C* 的交线；

(*4*，*4*'，*4*")线条是锥面 *A* 与柱面 *B* 的交线；

(*5*，*5*'，*5*")，(*6*，*6*'，*6*")线条是柱面 *B* 与水平面的交线；

(*7*，*7*'，*7*")线条是水平面 *C* 与侧平面 *D* 的交线；

(*8*，*8*'，*8*")线条是柱面 *B* 与侧平面 *D* 的交线。

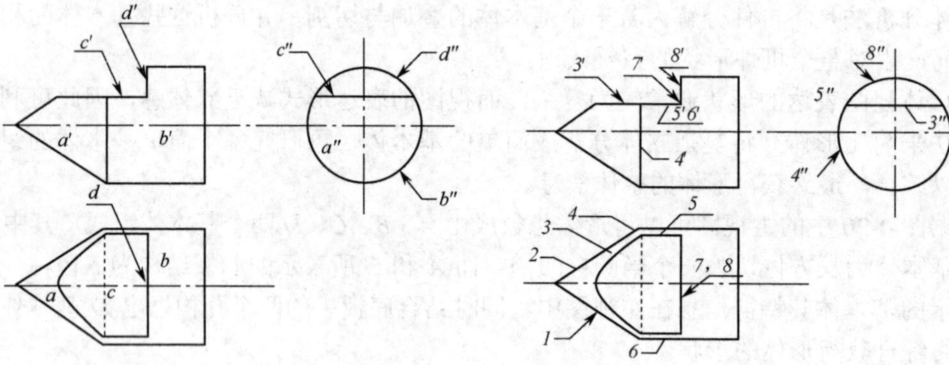

图 4-22　线面分析法

【做一做 4.4】

如图 4-23 所示，找出相应的立体图，并在其下方括号内填写正确的序号。

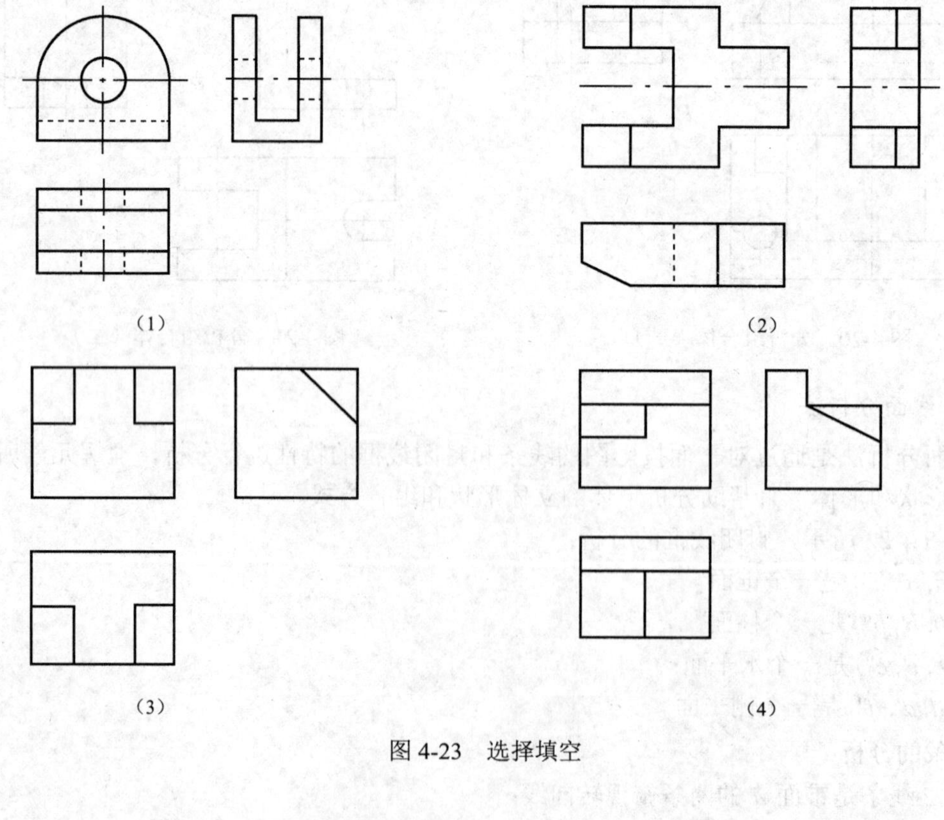

图 4-23　选择填空

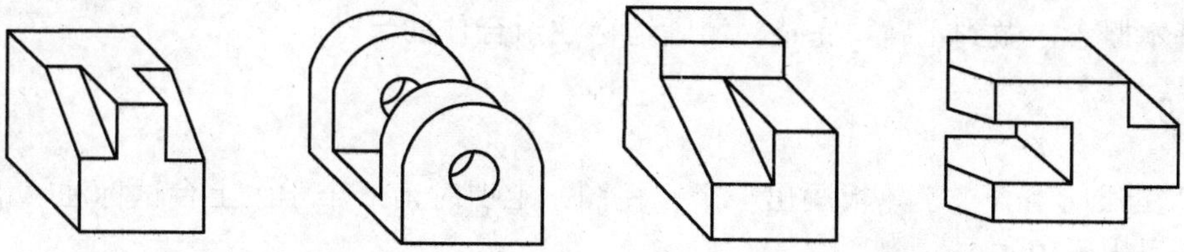

（　　）　　（　　）　　（　　）　　（　　）

图 4-23　选择填空（续）

【做一做 4.5】

看组合体（图 4-24），进行分析填空。

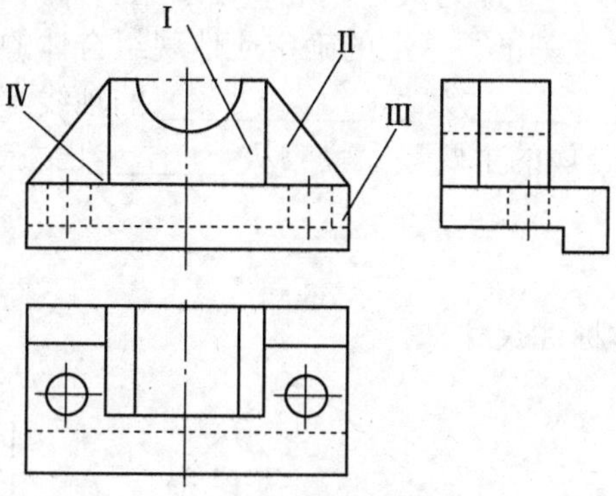

图 4-24　轴承座

分析步骤：

① 从______视图入手，将其分为Ⅰ、Ⅱ、Ⅲ、Ⅳ四部分，其中Ⅱ、Ⅳ为两__________形体。

② 形体Ⅰ：由反映特征轮廓的______视图对照_____、______视图，可想象出形体Ⅰ是上部挖去了一个_______的_______体。

③ 形体Ⅱ、Ⅳ：主视图为_______形，俯视图与左视图为______形线框，想象其为一个_______。

④ 形体Ⅲ：由左视图对照主、俯视图，可想象其为带弯边的有_______的_______柱。

⑤ 由三视图来看，形体Ⅰ在________的上面居______靠______，形体Ⅱ、Ⅳ在形体Ⅰ_______，形体Ⅰ、Ⅱ、Ⅳ的后面均________。

任务3　标注组合体的尺寸

任务要求

完成支架三视图的尺寸标注，学会三类尺寸的标注，理解尺寸基准、定形尺寸、定位尺寸等基本概念，做到正确、完整、清晰地标注组合体的尺寸。

情境创设

教师在课前用一个小黑板画出一个三视图，上课时请一个学生上台试标注，请其他学生评分，引出学习主题。

任务引导

相关知识点学习：要求学生课前预习“知识链接”后独立完成。

1．标注尺寸注意：__________、___________、___________和___________。

2．尺寸种类有_________、__________、_________。

3．____________________即为尺寸基准。由于组合体具有____________三个方向，每个方向至少应有_____尺寸基准。基准的确定应体现组合体的结构特点，一般选择组合体的________、 _______、________及 ______________的轴线等，同时还应考虑________的方便。基准一旦选定，组合体的主要尺寸就应从________出发进行标注。

试一试

给图 4-25 所示组合体标注尺寸。

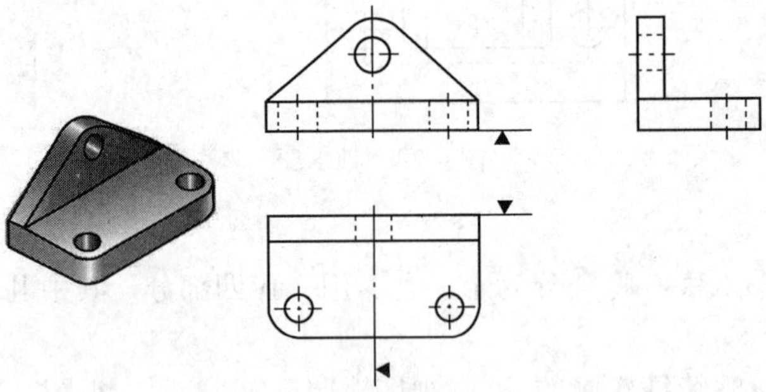

图 4-25　支架

知识链接

一、组合体尺寸标注的基本要求

视图只能表达组合体的形状，各种形体的真实大小及其相对位置要通过标注尺寸才能确定。

尺寸标注应做到以下几点。

① 正确：尺寸注写要符合国家标准《机械制图》中有关尺寸注法的规定。

② 完整：尺寸必须注写齐全，不遗漏，不重复。

③ 清晰：尺寸的注写布局要整齐、清晰、便于看图。

④ 合理：所注尺寸要既能保证设计要求，又能适应加工、检验、装配等生产工艺要求。

二、尺寸种类及基准

1. 尺寸基准

标注尺寸的起点即为尺寸基准。由于组合体具有长、宽、高三个方向，每个方向至少应有一个尺寸基准。基准的确定应体现组合体的结构特点，一般选择组合体的对称平面、底面、重要端面（图 4-26）及回转体的轴线（图 4-27）等，同时还应考虑测量的方便。基准一旦选定，组合体的主要尺寸就应从基准出发进行标注。

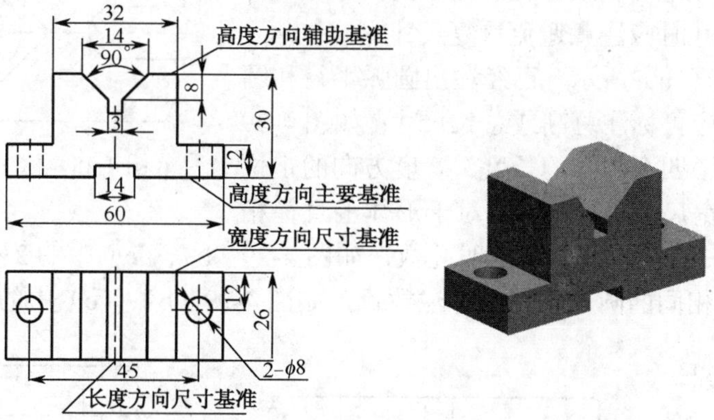

图 4-26 长、宽、高三个方向的尺寸基准

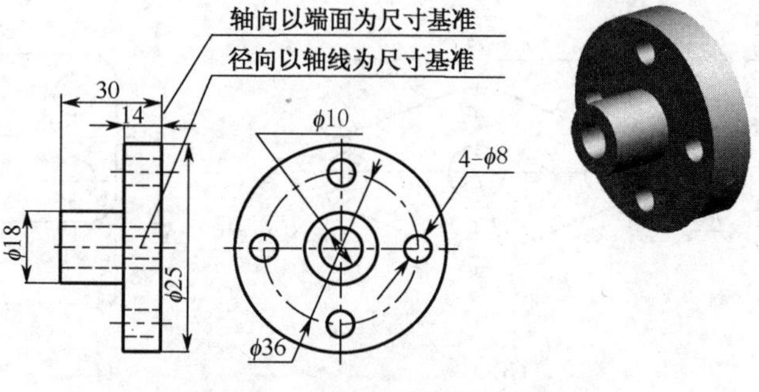

图 4-27 轴类零件的尺寸基准

2. 尺寸种类

（1）定形尺寸

确定组合体各组成部分大小的尺寸，称为定形尺寸。

（2）定位尺寸

确定组合体各组成部分之间相对位置的尺寸，称为定位尺寸。当对称形体处于对称平面上，或者形体之间接触或平齐时，其位置可直接确定，无须注出其定位尺寸。

（3）总体尺寸

确定组合体外形大小的总长、总宽、总高尺寸，称为总体尺寸。组合体的一端或两端为回转体时，为明确回转体的确切位置，常将总体尺寸注到回转体的轴线位置，而不直接注出总体尺寸，否则就会出现重复尺寸。

【做一做 4.6】

标注图 4-28 所示组合体的总长、总宽、总高尺寸，找出其长、宽、高（轴向）三个方向的尺寸基准（提示：长度和宽度方向尺寸基准的交线是圆柱的轴线）。

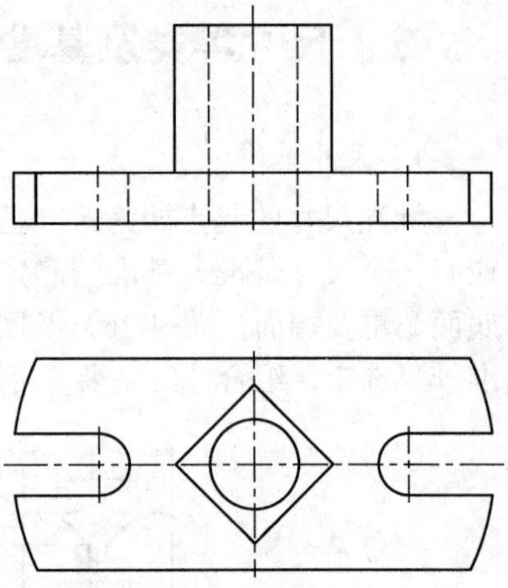

图 4-28 标注总体尺寸和基准

三、常见底板的尺寸标注

底板是基本体经过切割或穿孔后形成的简单形体，这类形体在标注尺寸时应注意避免重复尺寸。

如图 4-29（a）、（b）所示，已经注出圆弧半径和圆孔的定位尺寸，不应再标注总高或总长尺寸；如图 4-29（c）所示，当标注了四个圆孔的长度、宽度方向的定位尺寸时，总长和总宽尺寸仍应标注。对于形体上直径相同的圆孔，可在直径符号“ϕ”前注明孔数，如图 4-29（b）、（c）中的 $2\times\phi10$、$4\times\phi6$。但在同一平面上半径相同的圆角，不必标注数目，如图 4-29（b）、（c）中的 $R10$、$R5$。

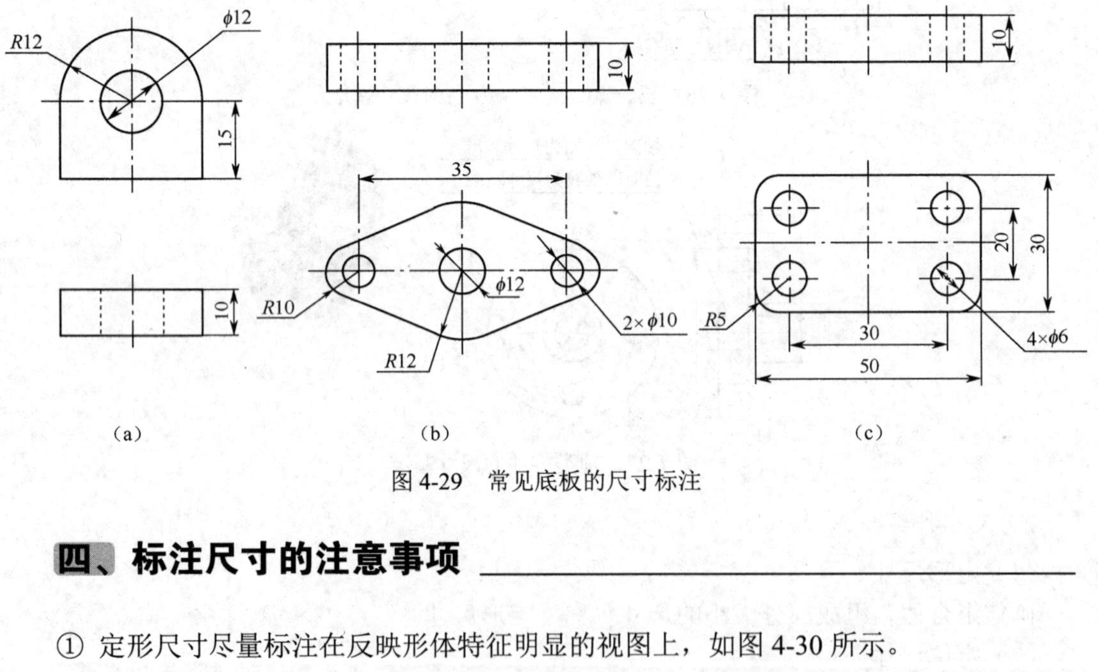

图 4-29 常见底板的尺寸标注

四、标注尺寸的注意事项

① 定形尺寸尽量标注在反映形体特征明显的视图上，如图 4-30 所示。

② 定位尺寸尽量注在反映位置特征明显的视图上，并尽量与定形尺寸集中在一起，如图 4-31 所示。

③ 尺寸尽量注在视图之外。

④ 同轴的圆柱、圆锥的径向尺寸，一般注在非圆视图上，如图 4-32 所示；圆弧半径应标注在投影为圆弧的视图上，如图 4-33 所示。

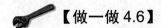

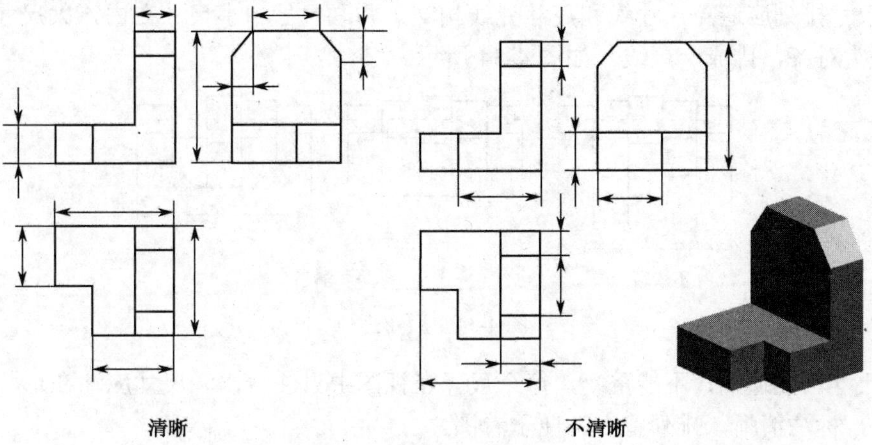

图 4-30　定形尺寸的标注

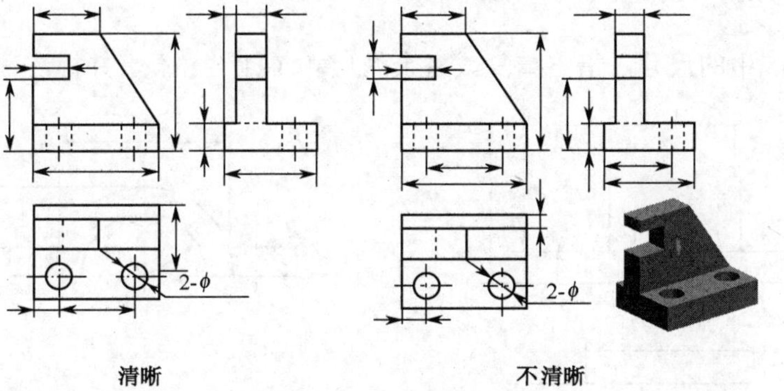

图 4-31　定位尺寸的标注

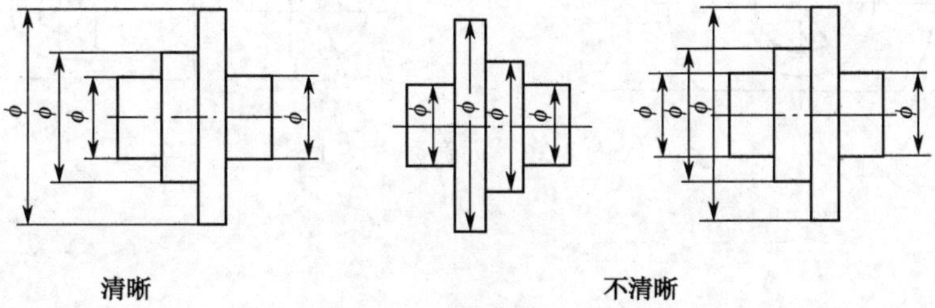

图 4-32　同轴圆柱直径的标注

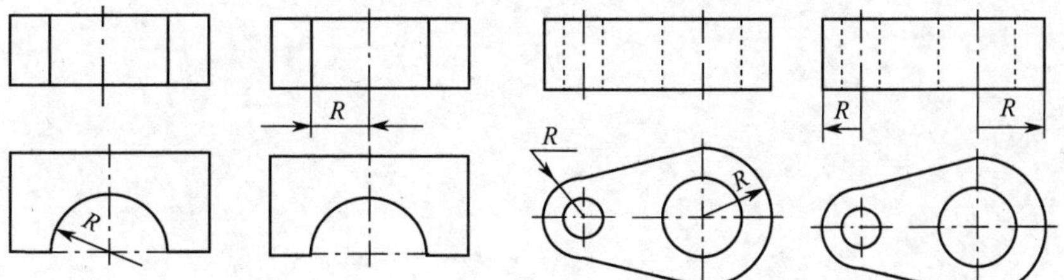

图 4-33　圆弧半径的标注

⑤ 尺寸排列应避免尺寸线和尺寸界线相交；并联尺寸中小尺寸在内，大尺寸在外；串联尺寸箭头对齐，排成一直线，如图 4-34 所示。

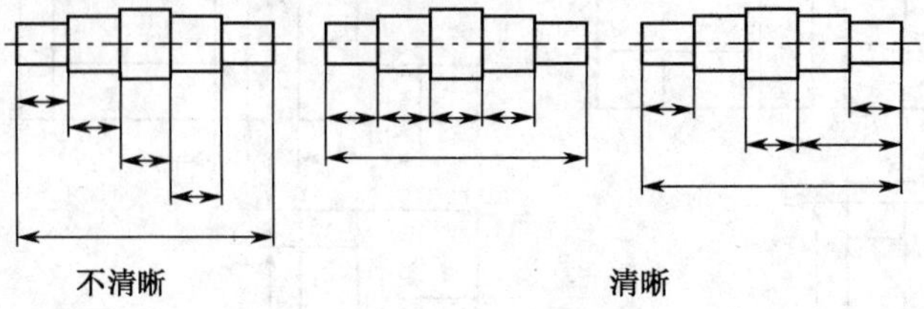

图 4-34 尺寸排列

⑥ 尺寸不能遗漏，不能重复，每个尺寸在视图中只注一次。尺寸应注在形状特征明显的视图上，标注清晰，排列整齐，便于看图。

【做一做 4.7】

分析图 4-35 中的尺寸，指出重复或多余的尺寸（打“×”），并标注遗漏的尺寸。

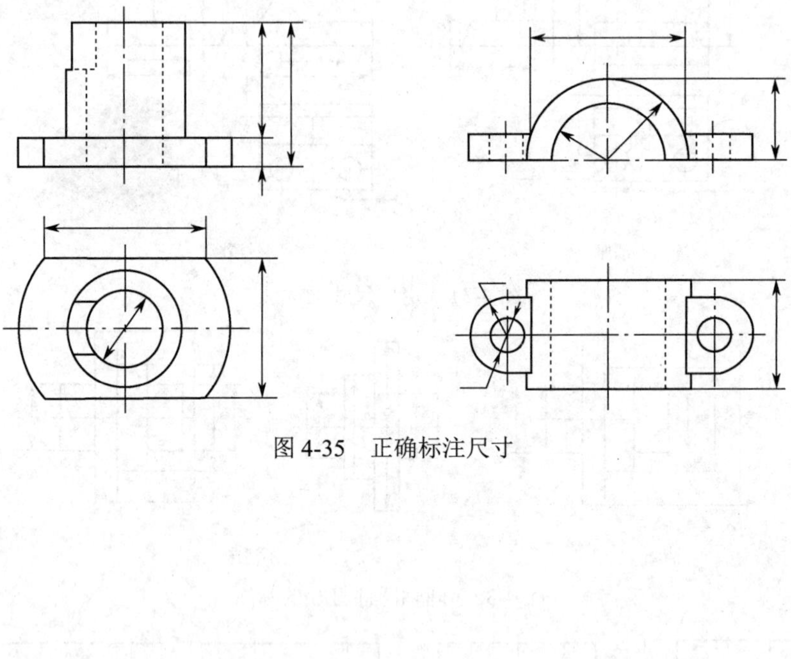

图 4-35 正确标注尺寸

项目五

识读视图、剖视图和断面图

知识目标

1. 了解各种视图、剖视图、断面图的画法及标注。

2. 熟悉各种表达方法之间的联系和各自的特性、适用场合；进一步提高空间想象能力和读多面正投影的能力，为读绘零件图、装配图奠定良好基础。

能力目标

1. 能识读视图、剖视图及断面图。
2. 能根据正投影图，画剖视图和断面图。
3. 能根据形体结构特点合理选用各种常用的表达方法。

情感目标

1. 在综合运用各种表达方法的同时培养良好的工程意识。
2. 在项目学习中逐步养成严谨细致的工作作风和认真负责的工作态度。

任务1 基本视图与其他视图

任务要求

要求学生看一幅图样后，能读懂图中采用的是哪些视图表达方式，明白其对应位置关系，并回答问题，完成基本视图、向视图、斜视图和局部视图等练习。

情境创设

教师拿出几个教学模型给学生观看，让学生以草图形式画出其三视图。教师给学生讲述三视图在表达机件形状时的局限性，由此引入新内容。

任务引导

相关知识点学习：要求学生课前预习“知识链接”后独立完成。

1. 视图主要用来表达机件的__________形状。

2．六个基本视图仍然保持________、________、________的“三等”投影关系。

3．向视图是可以________配置的基本视图。

4．将物体的某一部分单独向基本投影面投射所得的视图称为________视图。

5．斜视图适合表达机件上的________。

6．局部视图的范围用________表示。

7．________视图及________视图按投影关系配置时，中间若没有其他图形隔开，可不标注视图的名称，如果不能按投影关系配置，应在视图的上方中间位置标出名称。

试一试

看图5-1，回答问题。

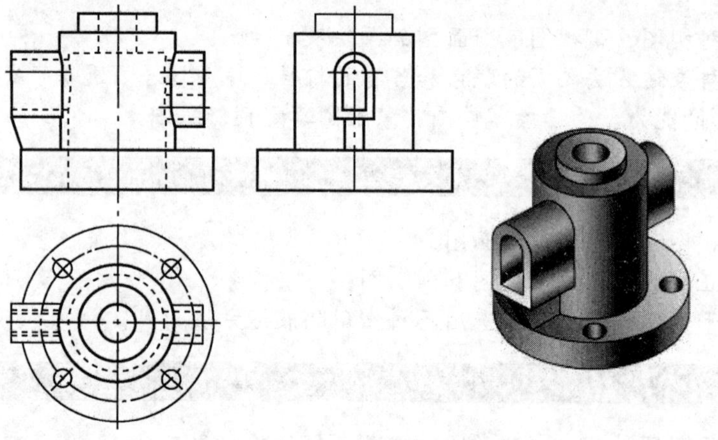

图5-1　机件的表达方式

1．图样中机件的外部结构表达清楚了吗？如果没表达清楚，还有哪几种表达方式可供选择？从以下备选答案中选择你认为能清楚表达机件结构的视图（可多选）。________

A．后视图　　B．仰视图　　C．右视图

D．向视图　　E．局部视图　　F．斜视图

2．在以上选择的答案中哪种表达方式最好？说出理由。

知识链接

视图分为基本视图、向视图、局部视图、斜视图和旋转视图，主要用于表达机件的外形。

一、基本视图

将机件放在正六面体内，分别向各基本投影面投射，所得的视图称为**基本视图**，即在三视图（主视图、俯视图、左视图）的基础上增加右视图、仰视图、后视图（图5-2和图5-3）。六个视图仍然保持长对正、高平齐、宽相等的投影关系。

实际画图时，无须将六个基本视图全部画出，应根据表达需要选用其中必要的几个基本视图。若无特殊情况，优先选用主、俯、左视图。

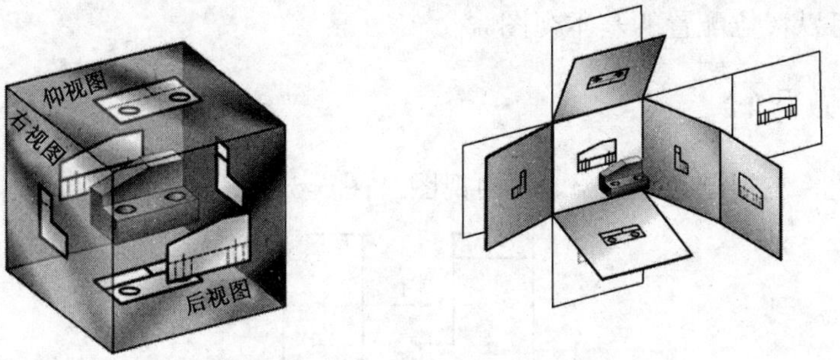

图 5-2　基本视图的形成

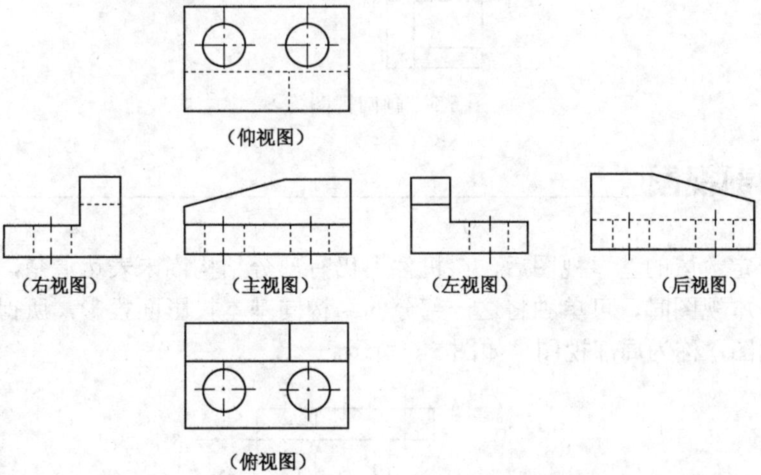

图 5-3　六个基本视图的配置

二、向视图

不按六个基本视图配置关系所画的基本视图，称为向视图。在同一张图纸内，六个基本视图按投影关系配置时，可不标注视图的名称；如果不能按投影关系配置，应在视图的上方中间位置标出名称（如“*A*”“*B*”等），并在相应的视图附近用箭头指明投射方向，注上同样的拉丁字母（大写），如图 5-4 所示。

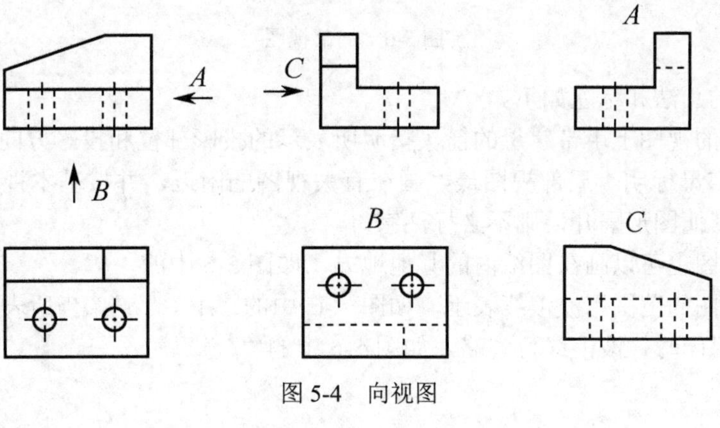

图 5-4　向视图

向视图是可以移位配置的基本视图。

【做一做 5.1】

根据主、俯、左视图，画出 *A*、*B* 向视图（图 5-5）。

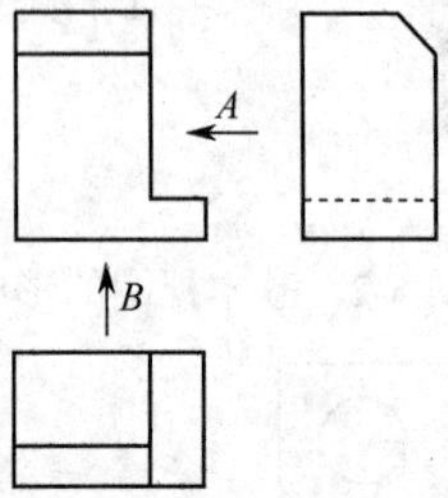

图 5-5　画向视图练习

三、局部视图

当采用一定数量的基本视图后，该机件上仍有部分结构尚未表达清楚，而又没有必要画出完整的基本视图时，可单独将这一部分的结构向基本投影面投影，所得的视图是一不完整的基本视图，称为**局部视图**，如图 5-6 所示。

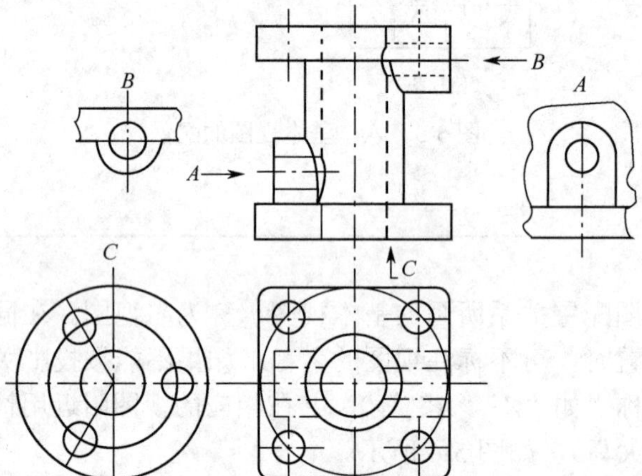

图 5-6　局部视图

局部视图的画法和标注如下。

① 在相应的视图上用带字母的箭头指明所表示的投影部位和投影方向，并在局部视图上方用相同的字母标明。局部视图最好画在有关视图的附近，并按基本视图位置配置，此时中间若没有其他图形隔开，则不必标注字母。

② 局部视图也可以画在图纸内的其他地方，如图 5-6 中的“*B*”。

③ 局部视图的范围用波浪线表示，如图 5-6 中的“*A*”、“*B*”。当所表示的图形结构完整且外轮廓线封闭时，波浪线可省略，如图 5-6 中的“*C*”。

【做一做 5.2】

根据机件的轴测图及其主、俯两视图，画出其局部视图（图 5-7）。

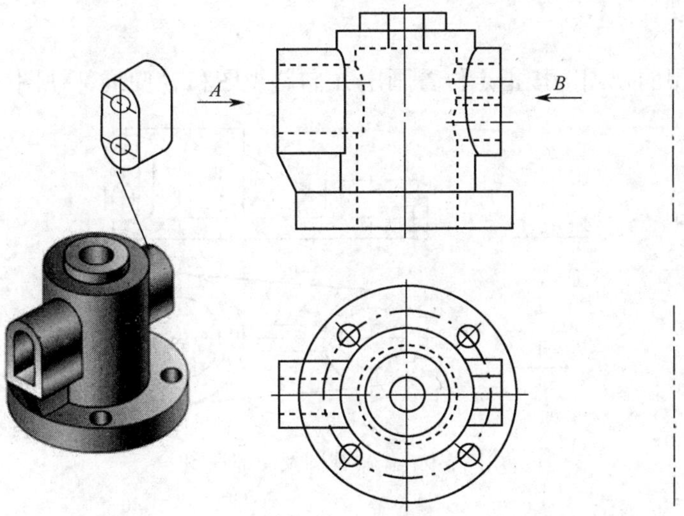

图 5-7　局部视图练习

四、斜视图

当机件上有倾斜于基本投影面的结构时，为了表达倾斜部分的实形，可设置一个与倾斜结构平行且垂直于一个基本投影面的辅助投影面，然后将该倾斜结构向辅助投影面投射并展平，即机件向不平行于基本投影面的平面投影所得的视图，称为**斜视图**。斜视图适合表达机件上的斜表面的实形。

如图 5-8 所示是一个弯板形机件，它的倾斜部分在俯视图和左视图上的投影都不是实形。此时就可以另外加一个平行于该倾斜部的投影面，在该投影面上则可以画出倾斜部分的实形投影，如图 5-8 中的 *A* 向所示。画出倾斜结构的实形后，机件的其余部分不必画出，此时可在适当位置用波浪线或双折线断开。

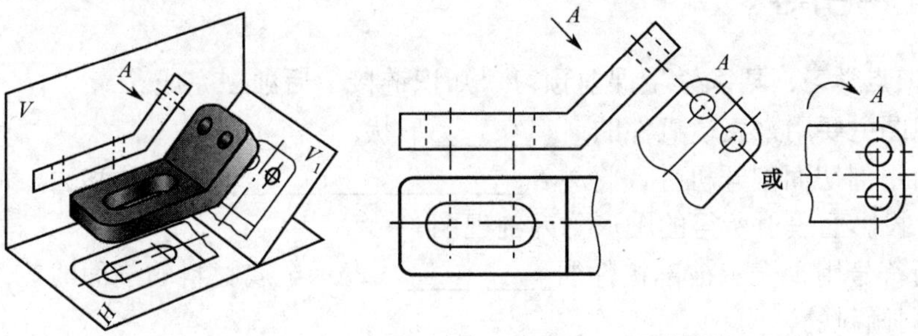

图 5-8　斜视图

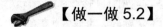

斜视图的标注方法与局部视图相似，并且应尽可能配置在与基本视图直接保持投影联系的位置，也可以平移到图纸内的适当地方。为了画图方便，也可以旋转，但必须在斜视图上方注明旋转标记或者写上“*A* 向旋转”字样。

【做一做 5.3】

根据图 5-9 中的视图，按指定位置画出 *A* 向斜视图和 *B* 向局部视图。

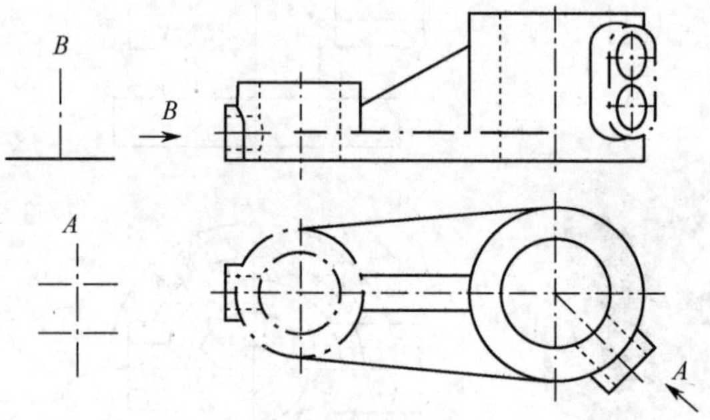

图 5-9　作斜视图及局部视图

任务2　识读剖视图

任务要求

要求能根据实际图例说出常见机件内形的表达方法及其应用特点，能识别全剖视图、半剖视图、局部剖视图，能运用正确的剖切面进行剖切。

情境创设

教师拿出一个内部结构比较复杂的机件模型给学生观看，然后展示用不同表达方案所绘的视图，让学生自己比较各种方案的优劣，以此引起学生学习本任务的兴趣。

任务引导

相关知识点学习：要求学生课前预习“知识链接”后独立完成。

1．剖视图主要用来表达机件的__________形状。

2．假想用剖切面剖开机件，将处在____________________的部分移去，而将其余部分全部向_____投影面投射所得的图形称为剖视图。

3．剖面符号用于表示被剖机件的_________。表示金属材料的剖面线应画成间隔均匀且向相同方向倾斜的__________。

4．完整的剖视图标注应包括____________、____________、____________。

5．根据剖切范围的大小，剖视图可分为____________、___________、___________。

6．________________用于表达外形比较简单，而内部结构比较复杂，图形又不对称的机件。______________常用于表达内、外形状都比较复杂的对称机件。

7．半剖视图分界线用________线，局部剖视图可用__________分界。

8．剖切面的种类有__________________、__________________、__________________三种。

9．在用阶梯剖和旋转剖作图时，一定要在剖切面起讫、转折处画上__________并加注__________。

10．画旋转剖视图时，将其被倾斜剖切面剖开的结构及有关部分绕剖切面交线______到与选定的基本投影面________时再进行投射。

试一试

看图 5-10，回答问题。

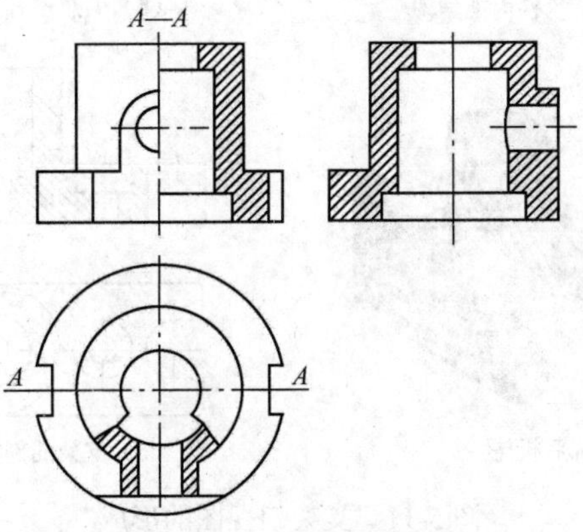

图 5-10　剖视综合练习

1．请指出在主、俯、左视图中分别使用了哪种剖视图。

主视图：______________

俯视图：______________

左视图：______________

2．图 5-10 中运用了哪种类型的剖切面？____________________

3．对比之前所学，说出在图 5-10 中所采用的剖视图表达方案的优点。

知识链接

在用视图表达机件时，机件的内部结构都用虚线来表示，如图 5-11（a）所示。如果机件的内部结构形状比较复杂，则在视图中就会出现许多虚线，有些甚至与外形轮廓重叠，这样既影响图面清晰度，给画图和标注尺寸带来不便，又给读图造成不少困难。为了减少视图中的虚线，使图面清晰，可以采用剖视的方法来表达机件的内部结构形状。

一、剖视图的形成

假想用剖切面剖开机件，将处在观察者和剖切面之间的部分移去，而将其余部分全部向投影面投射所得的图形称为**剖视图**，简称剖视，如图 5-11 所示。

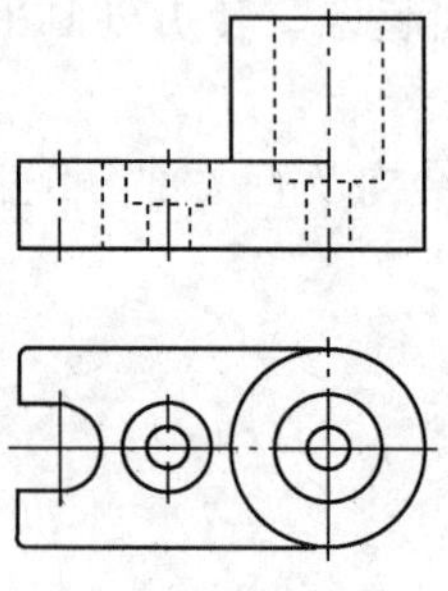

(a) 用虚线表达机件内部结构

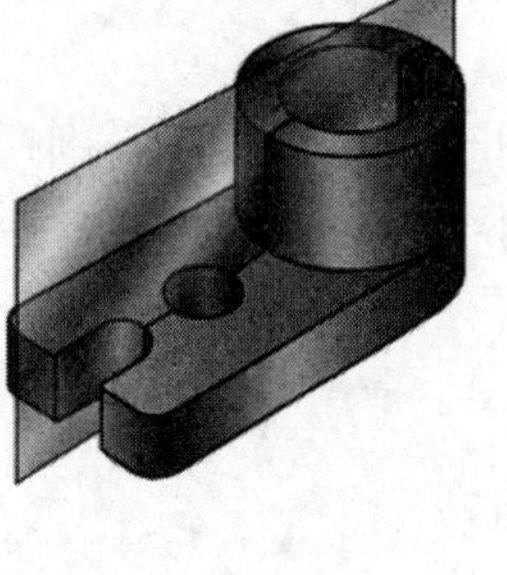

(b) 假想剖开支架

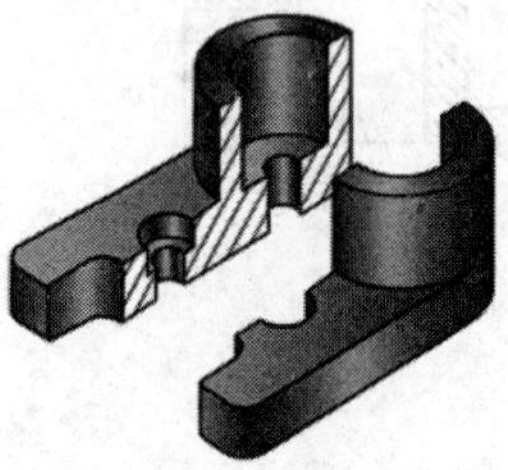

(c) 移去前部后投影

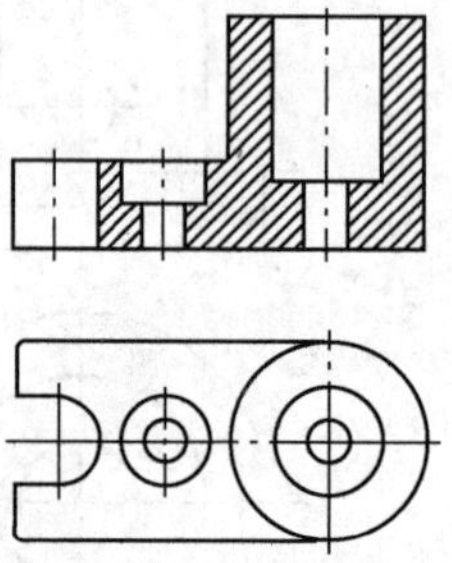

(d) 支架的剖视图

图 5-11　支架剖视图的形成

二、剖视图的画法

剖视图的画法如图 5-12 所示。

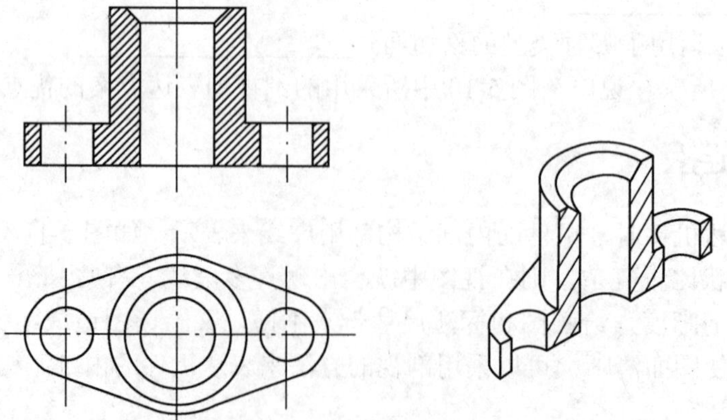

图 5-12　剖视图的画法

① 确定剖切面的位置。

② 将处在观察者和剖切面之间的部分移去，留在剖切面之后之下或之右的部分，应全部向投影面投射，用粗实线画出所有可见部分的投影。图 5-13 中箭头所指的图线是画剖视图时容易漏画的图线，画图时应特别注意。

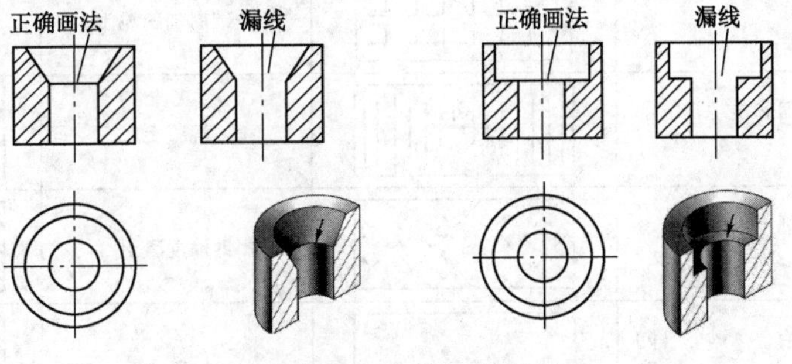

图 5-13　画剖视图时易漏的图线

③ 在实体的切断面即剖面区域内画上剖面符号，剖视图中的虚线一般可省略。

④ 剖开机件是假想的，并不是真把机件切掉一部分，因此，对每一次剖切而言，只对一个视图起作用，不同的视图可以同时采用剖视，机件的一个视图画成剖视后，其他视图的完整性不受其影响。

⑤ 不同的材料有不同的剖面符号，常用材料的剖面符号见表 5-1。在绘制机械图样时，金属材料的剖面符号，即剖面线，应画成间隔均匀且向相同方向倾斜的平行细实线。

三、剖视图的配置与标注

剖视图应优先配置在基本视图的方位。当难以按基本视图的方位配置时，也可配置在其他适当的位置。为了看图时了解剖切位置和剖视图的投影方向，有时要对剖视图进行标注。根据国家标准的规定，剖视图的标注方法如下。

1. 完整标注

一般应在剖视图的上方用大写字母标注剖视图的名称，如“$A-A$”。在相应的视图上，用剖切符号表示剖切位置，在剖切符号的外端画出垂直于剖切符号的箭头，表示投影方向，在剖切符号和箭头的外侧注出同样的大写字母。

2. 省略箭头

当剖视图按投影关系配置，且中间没有其他图形隔开时，可以省略箭头。

3. 完全省略标注

当单一剖切面通过机件的对称面或基本对称的平面，且剖视图按投影关系配置，而中间又没有其他图形隔开时，可以省略标注。例如，图 5-11 和图 5-12 中的剖视图就属于完全省略标注。

表 5-1　常用材料的剖面符号

金属材料（已有规定剖面符号者除外）		胶合板（不分层数）	
线圈绕组元件	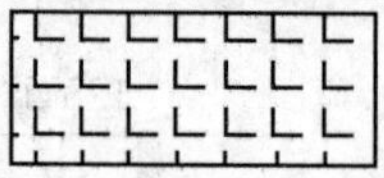	基础周围的泥土	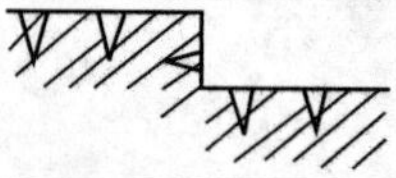
转子、电枢、变压器和电抗器等的迭钢片		混凝土	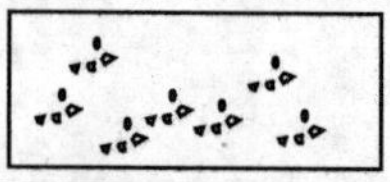
非金属材料（已有规定剖面符号者除外）		钢筋混凝土	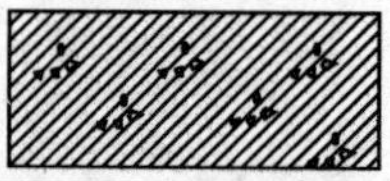
型砂、填砂、粉末冶金、砂轮、陶瓷刀片、硬质合金刀片等	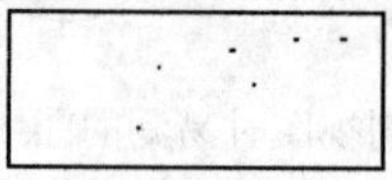	砖	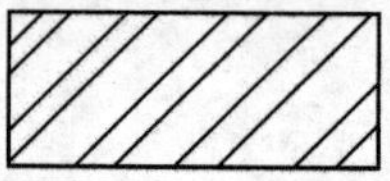
玻璃及供观察用的其他透明材料		格网（筛网、过滤网等）	
木材　纵剖面	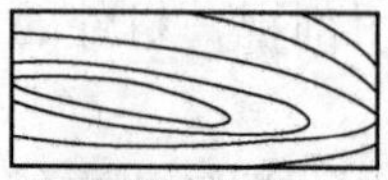	液体	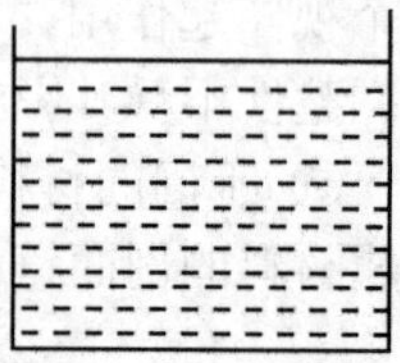
木材　横剖面			

【做一做 5.4】

补画剖视图中遗漏的线（图 5-14）。

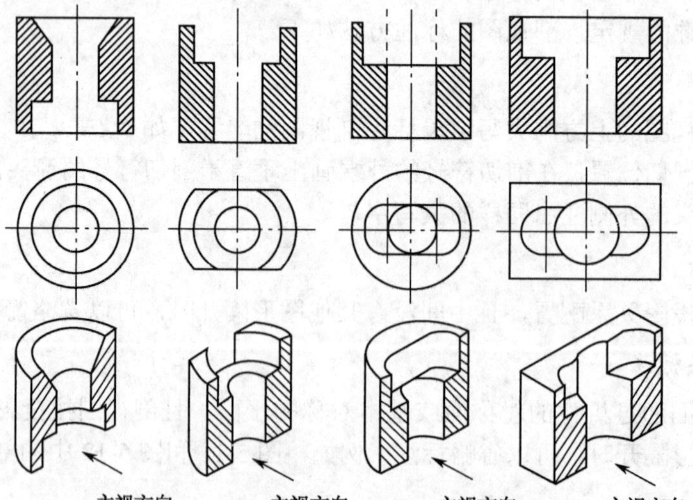

图 5-14　补缺线练习

四、剖视图的种类

根据剖切范围的大小，剖视图可分为全剖视图、半剖视图和局部剖视图。

1. 全剖视图

用剖切平面完全剖开机件所得的剖视图称为**全剖视图**。全剖视图一般适用于表达外形比较简单，而内部结构比较复杂，图形又不对称的机件，如图 5-15 所示。对于一些具有空心回转体的机件，即使结构对称，但由于外形简单，亦常采用全剖视图，如图 5-16 所示。

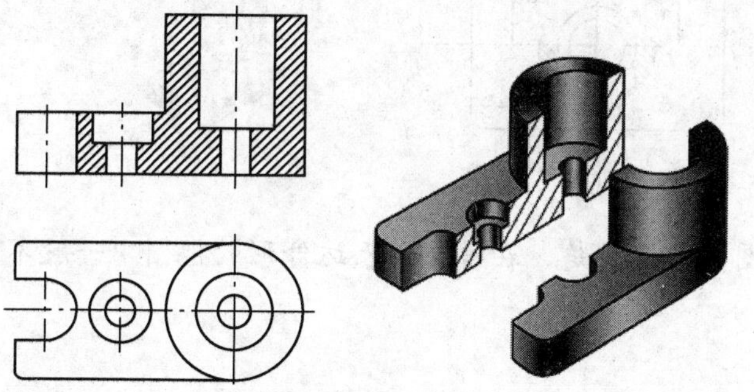

图 5-15 全剖视图

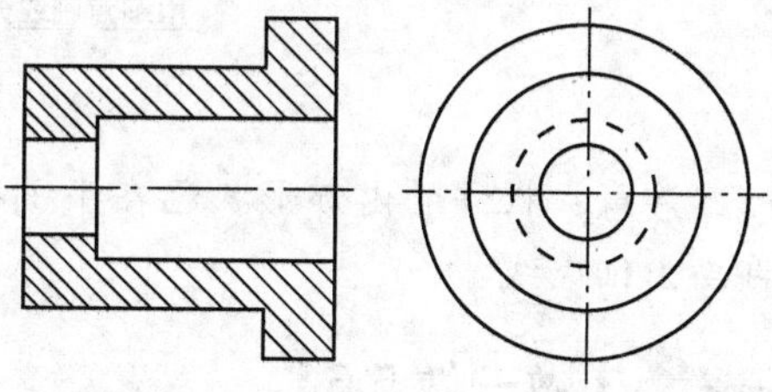

图 5-16 回转体全剖视图

【做一做 5.5】

将主视图改画成全剖视图（图 5-17）。

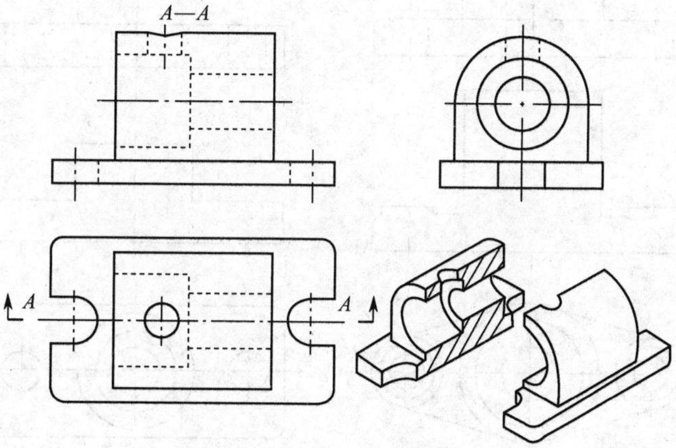

图 5-17 作全剖视图练习

2. 半剖视图

当机件具有对称平面时，在垂直于对称平面的投影面上投影所得的图形，如果既要表达内部结构又要表达外部结构，可以以对称中心线为界，一半画成剖视图（表达内部结构），另一半画成视图（表达外部结构），这种组合的图形称为**半剖视图**，如图 5-18 所示。半剖视图常用于表达内、外形状都比较复杂的对称机件。

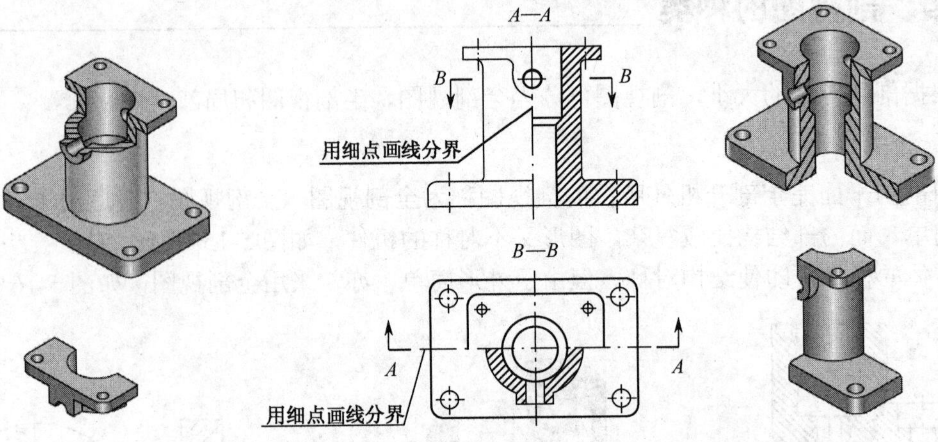

图 5-18　半剖视图

注意：机件的内部形状已在半剖视图中表达清楚，在另一半表达外形的视图中一般不再画出细虚线。

【做一做 5.6】

将主视图变成半剖视图（图 5-19）。

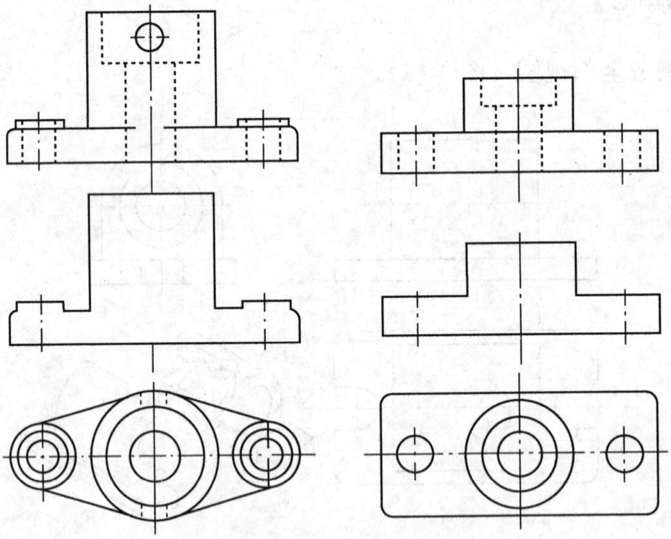

图 5-19　作半剖视图练习

3. 局部剖视图

用剖切平面局部剖开机件所得的剖视图称为**局部剖视图**。局部剖视图应用比较灵活，适用范围较广。须同时表达不对称机件的内外形状，或表达机件底板、凸缘上的小孔等结构时，均可以采用局部剖视图，如图 5-20 和图 5-21 所示。

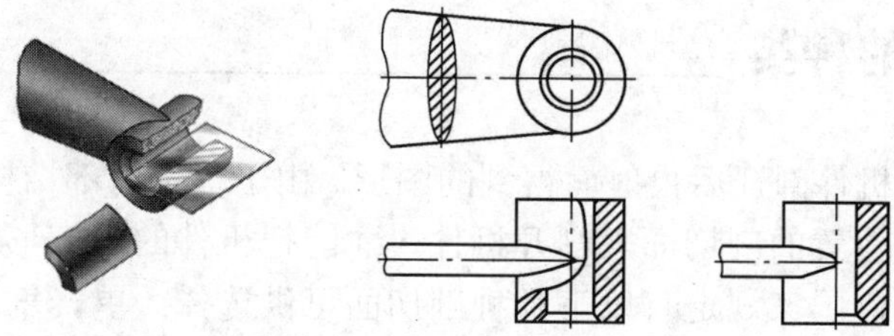

图 5-20 局部剖视图（一）

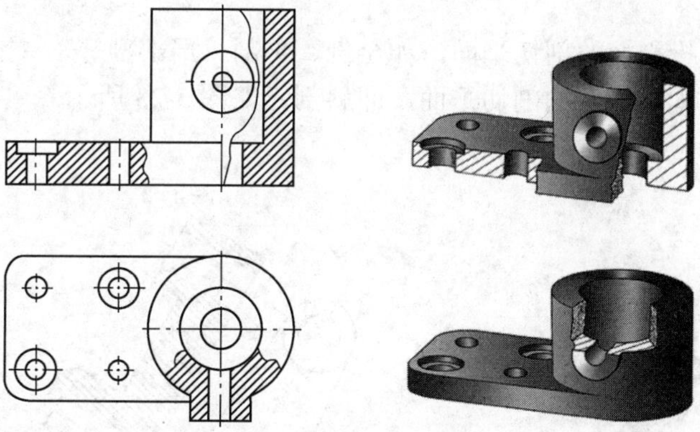

图 5-21 局部剖视图（二）

局部剖视图中视图与剖视部分的分界线为波浪线；当被剖切的局部结构为回转体时，允许将回转中心线作为局部剖视与视图的分界线，如图 5-20 所示。波浪线表示机件断裂痕迹，因而波浪线应画在机件的实体部分，不能超出视图之外，不允许用轮廓线来代替，也不允许和图样上的其他图线重合。

【做一做 5.7】

根据轴测图补画局部剖视图（图 5-22）。

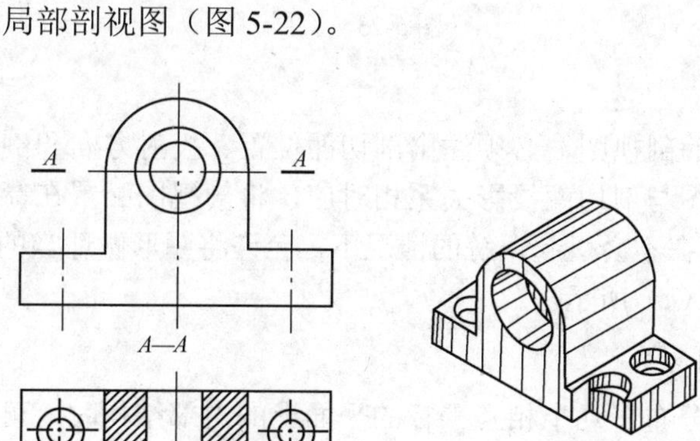

图 5-22 作局部剖视图练习

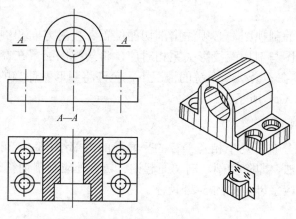

五、剖切面的种类

剖视图是假想将机件剖开后投射而得到的图形。由于机件内部结构的多样性和复杂性，常须选用不同数量和位置的剖切面来剖开机件，才能把机件的内部形状表达清楚。为此，根据机件的结构特点，国家规定有以下几种剖切面可供选择：**单一剖切面、几个平行的剖切面、几个相交的剖切面**。

1. 单一剖切面

① 平行于基本投影面的剖切平面，如全剖、半剖、局部剖等。

② 不平行于基本投影面的剖切平面，即**斜剖**，如图 5-23 所示。

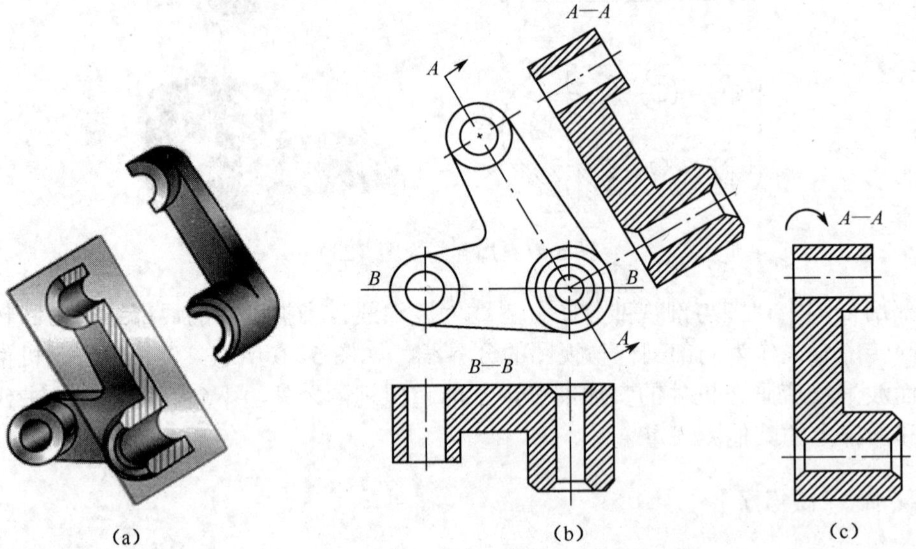

图 5-23　斜剖

用这种方法获得的剖视图，必须注出剖切面位置、投射方向和剖视图名称。为了看图方便，应尽量使剖视图与剖切面投影关系相对应，将剖视图配置在箭头所指方向的一侧，如图 5-23（b）所示。在不会引起误解的情况下，允许将图形做适当的旋转，此时必须加注旋转符号，如图 5-23（c）所示。

2. 几个平行的剖切面

当要表达机件上分布在几个相互平行的平面上的内部结构时，可采用几个平行的剖切面剖开机件的表达方法，即**阶梯剖**。剖切面起讫、转折处应画剖切符号并加注相同的字母，剖视图上方应注明相应字母，如图 5-24 所示。

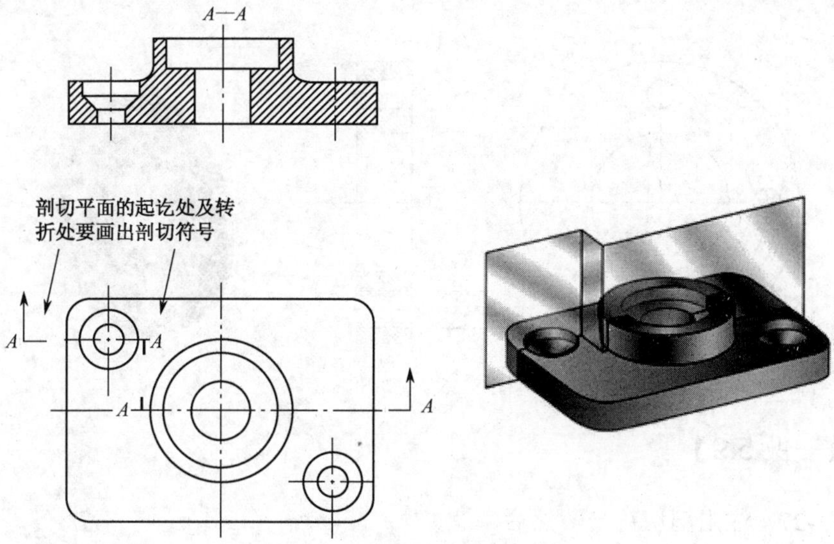

图 5-24　阶梯剖

【做一做 5.8】

用阶梯剖将主视图画成全剖视图（图 5-25）。

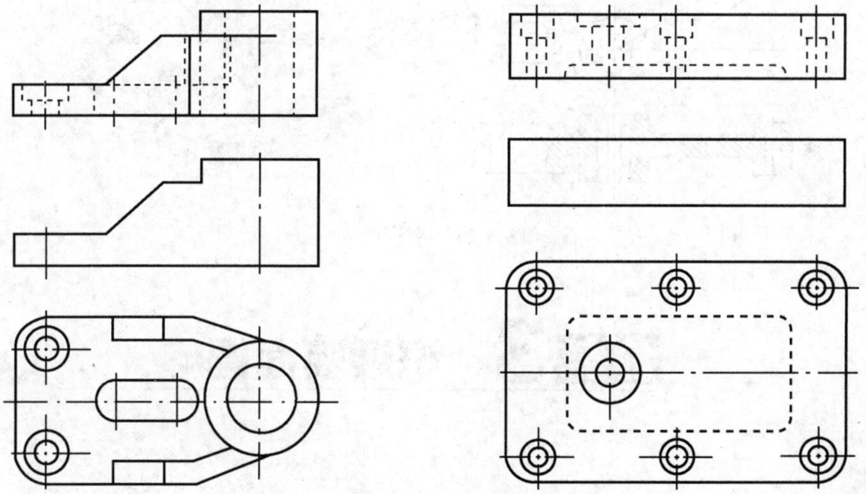

图 5-25　阶梯剖练习

3. 几个相交的剖切面

当要表达由公共回转轴形成的机件，如轮、盘、盖等机件上的孔、槽等内部结构时，可采用两个相交且交线垂直于某一基本投影面的剖切平面剖开机件的表达方法，即**旋转剖**。画图时，将机件被倾斜剖切面剖开的结构及有关部分绕剖切面交线旋转到与选定的基本投影面平行后，再进行投射。在剖切平面起讫、转折处应画上剖切符号并注写字母，在剖视图上方应注明相应字母，如图 5-26 所示。

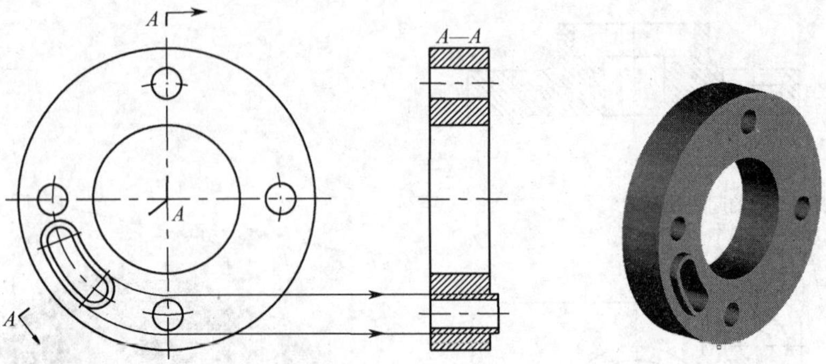

图 5-26　旋转剖

【做一做 5.9】

读懂图 5-27，注出剖切符号，然后填空。

① 图中 A—A 是采用了__________剖和__________剖相结合所作的剖视图，把这种剖视称为__________。

② 在俯视图中，左端凸缘中心通孔的圆心是如何定位的？

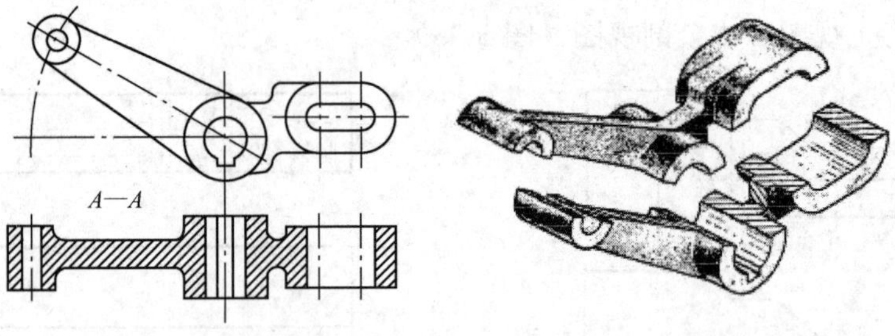

图 5-27　剖视练习

任务 3　识读断面图

任务要求

要求学生看一幅图样后，能读懂图中断面的结构，明白其对应关系，并回答问题，完成断面图的相关练习。

情境创设

教师拿出实物或模型给学生观看，如轴的实物，让学生认识轴的一般结构及这些结构的作用，然后教师再给学生讲解这些结构的表示方法，给学生营造一个学习与实践相结合的环境。

任务引导

相关知识点学习：要求学生课前预习“知识链接”后独立完成。

1．假想用剖切平面将机件的某处切断，仅画出断面的图形，这样的图形称为_______________图。

2．根据配置位置的不同，断面图可分为__________和__________两种。

3．画在____________的断面图称为移出断面图，画在____________的断面图称为重合断面图。

4．重合断面图的轮廓线用__________绘制。

5．__________断面图不必标注。

试一试

看图 5-28，回答问题。

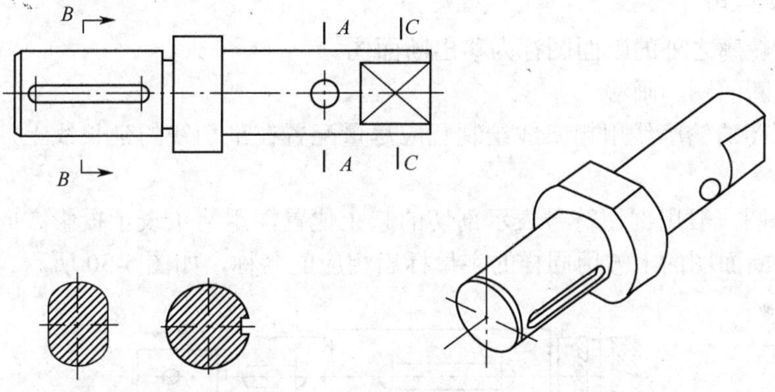

图 5-28　断面图判断及作图

1．图上一共进行了三次断面剖切，可是只画了两个断面图，请在两个断面图上方写出对应的名称。然后在两个断面图旁边的空白处将缺少的那个断面图画出，并标出相应的名称。

2．*A—A* 断面处的结构是__________，*B—B* 断面处的结构是__________，*C—C* 断面处的结构是__________。

知识链接

一、断面图的形成

假想用剖切平面将机件的某处切断，仅画出断面的图形，这样的图形称为**断面图**，如图 5-29 所示。

画断面图时应特别注意断面图和剖视图的区别，断面图仅画出机件被切断处的断面形状，而剖视图除了画出断面形状外，还必须画出断面后面的可见轮廓线，如图 5-29 所示。

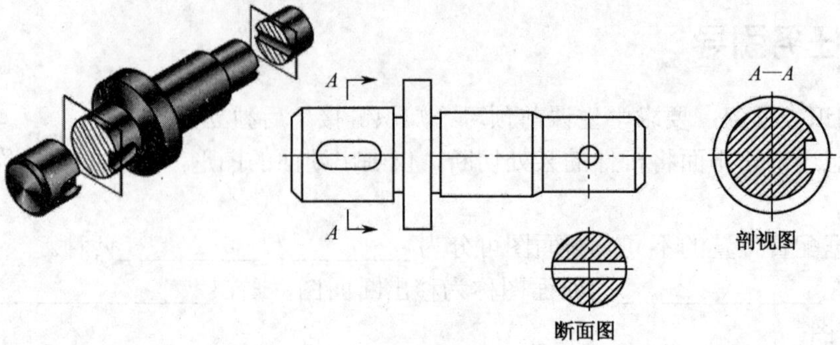

图 5-29　断面图的形成

二、断面图的分类

根据断面图配置位置的不同，可分为**移出断面图**和**重合断面图**两种。

1. 移出断面图

画在视图轮廓之外的断面图称为**移出断面图**。

（1）移出断面图的画法

移出断面图的轮廓线用粗实线绘制且应尽量配置在剖切线的延长线上，也可画在其他适当的位置。

移出断面图一般用剖切符号表示剖切的起止位置，用箭头表示投影方向，并注上大写拉丁字母，在断面图的上方用同样的字母标出相应的名称，如图 5-30 所示。

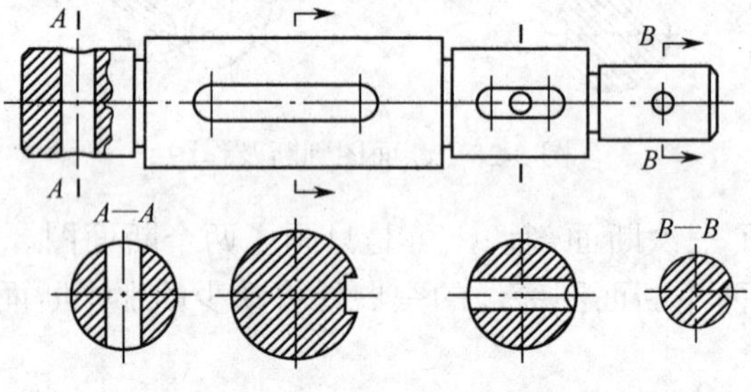

图 5-30　移出断面图的画法及标注（一）

① 剖切平面通过回转面形成的孔或凹坑的轴线时，应按剖视画，如图 5-30 中的 *A*—*A* 断面、*B*—*B* 断面。

② 当剖切平面通过非圆孔，会导致完全分离的两个断面时，这些结构也应按剖视画。

③ 断面图形状对称时，也可以画在视图的中断处，如图 5-31（a）所示。

④ 由两个或多个相交的剖切平面剖切得出的移出断面图，中间一般应断开，如图 5-31（b）所示。

（2）移出断面图的标注方法

① 配置在剖切符号的延长线上的不对称移出断面图，可省略名称（字母），若对称可不加任何标注。

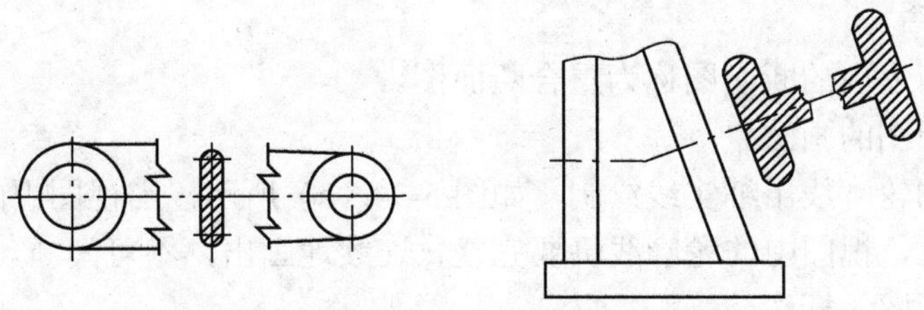

（a）　　　　（b）

图 5-31　移出断面图的画法及标注（二）

② 不配置在剖切符号的延长线上的对称移出断面图，可省略箭头。

③ 其余情况必须全部标注。

【做一做 5.10】

选择正确的断面图，如图 5-32 所示。

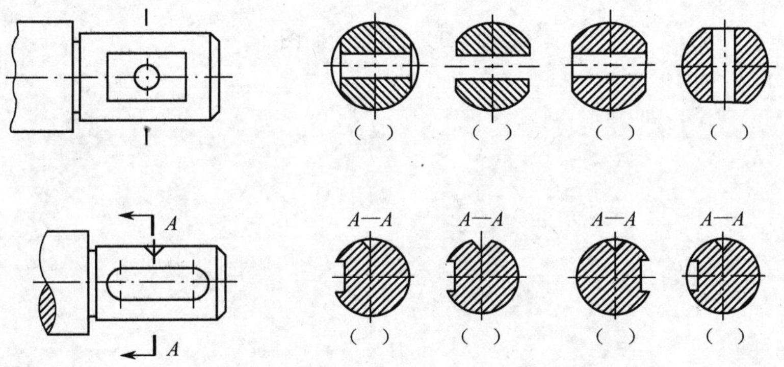

图 5-32　选择正确的断面图

【做一做 5.11】

指出图 5-33 中断面图的错误，将正确的断面图画在指定位置。

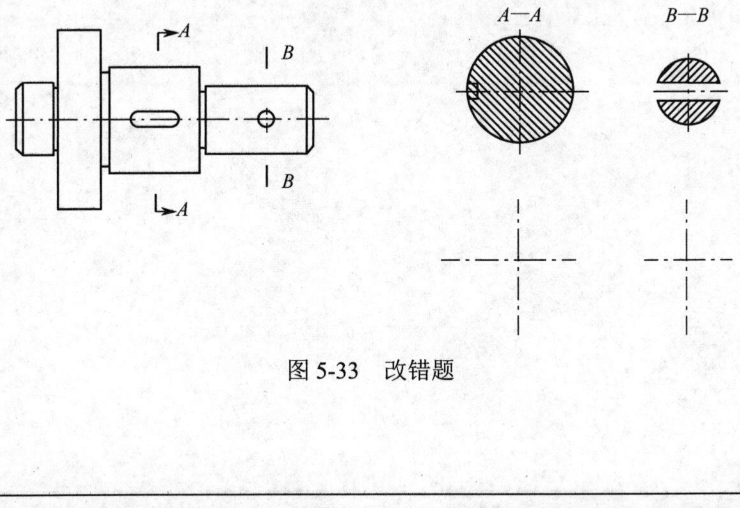

图 5-33　改错题

2. 重合断面图

画在视图轮廓之内的断面图称为**重合断面图**。

（1）重合断面图的画法

重合断面图的轮廓线用细实线绘制，如图 5-34（a）所示，当视图中的轮廓线与重合断面图的图形重叠时，视图中的轮廓线仍要完整、连续地画出，不可间断。

（2）重合断面图的标注

不对称重合断面图须画出剖切面位置符号和箭头，可省略字母，如图 5-34（a）所示。对称的重合断面图可省略全部标注，如图 5-34（c）所示。

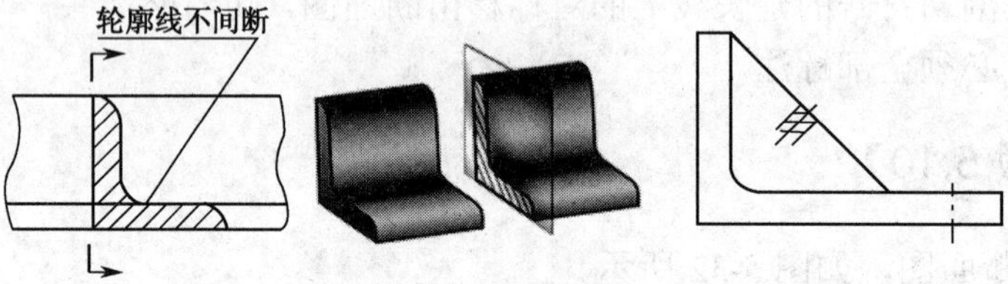

（a）　（b）　（c）

图 5-34　重合断面图

项目六

零件图

知识目标

1. 掌握选择零件视图的原则和方法。
2. 掌握零件尺寸的标注形式及合理标注尺寸的注意事项。
3. 会识读零件的技术要求项目，掌握尺寸公差、形位公差、粗糙度的意义和标注方法。
4. 掌握零件图的读图步骤和方法。

能力目标

1. 经过分析能选用合适的方式表达不同类型的机件。
2. 能对尺寸进行合理标注。
3. 能读懂零件图技术要求，了解尺寸公差、形位公差、粗糙度的意义。
4. 能看懂零件图的形状结构，结合尺寸在脑海中想象出零件的实际大小和形状。

情感目标

1. 培养认真、细心读图的态度，以及勇于发现问题的精神。
2. 培养综合所学知识、融会贯通的协调能力。

任务1 常见零件的表达分析

任务要求

要求学生在观察任何一幅零件图时，能迅速分析出其属于轴套类、轮盘类、叉架类还是箱体类，并结合四类零件的特点及所学知识进行读图。

情境创设

教师展示四类典型零件的教学模型，让学生观看，请学生进行判断并口述各类零件的形状特征，进一步培养学生分析问题、解决问题的能力，激发学生的发散性、创造性思维。

任务引导

相关知识点学习：要求学生课前预习“知识链接”后独立完成。

1. ________是组成机器或部件的基本单位。

2. 零件图的内容包括：__________、__________、__________和__________。

3. 零件的工艺结构主要有__________、__________、__________和__________。

4. 常把零件分成四大类：__________、__________、__________和__________。

试一试

看图 6-1 和图 6-2，并填空。

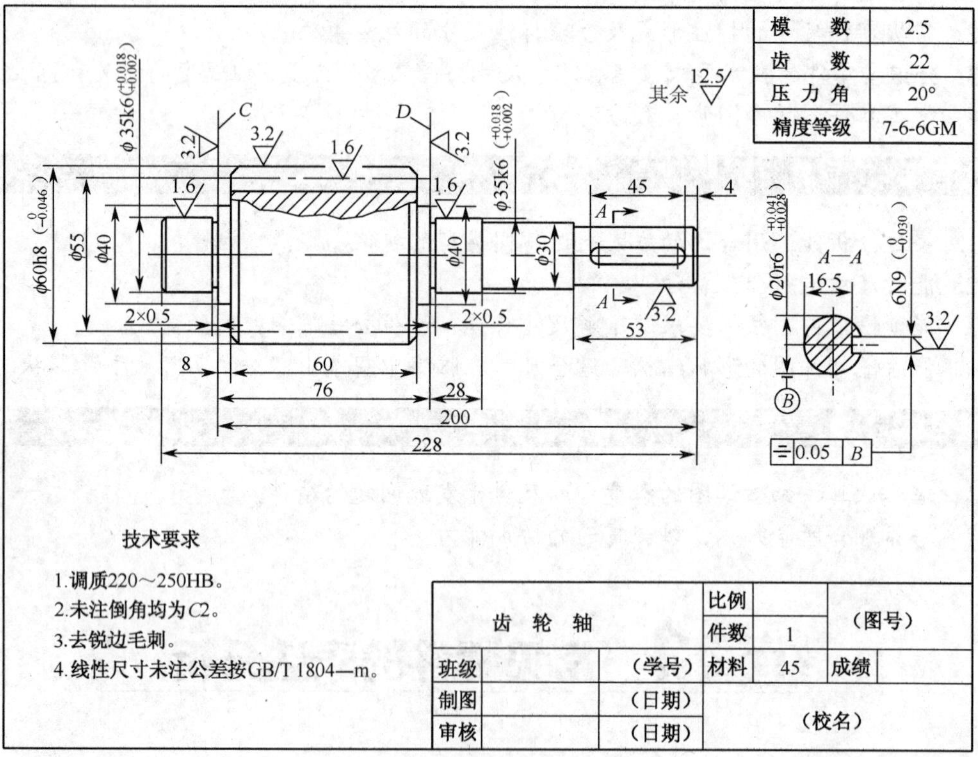

图 6-1 齿轮轴零件图

1. 观察图 6-1 所示的齿轮轴，根据学过的知识写出它的结构特点：____。(提示：基本体类型、叠加、切割、键槽、作用等)

2. 图 6-1 所示的齿轮轴零件图中包含的内容有：________个视图，表达齿轮轴长度方向

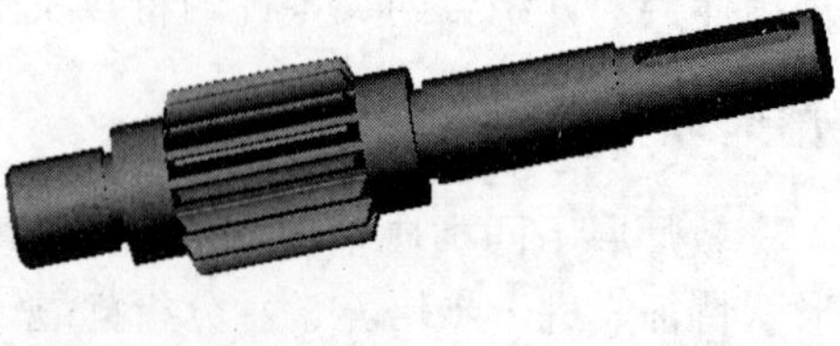

图 6-2 齿轮轴立体图

及长度相对位置的尺寸共有________个，它们分别是____________________________。

3. 看图选择填空，齿轮轴属___________类零件，图 6-1 所示齿轮轴零件图中轴上的结构为____，该零件图采用的表达方法有________________________________。

A. 轴套	B. 键槽	C. 轮齿	D. 销孔
E. 螺纹	F. 退刀槽	G. 越程槽	H. 中心孔
I. 油槽	J. 倒角	K. 圆角	L. 锥度
M. 主视图	N. 局部视图	O. 局部剖视图	P. 断面图
Q. 局部放大图	R. 全剖	S. 半剖	T. 局部剖

知识链接

一、零件图

1. 零件图的作用

零件是组成机器或部件的基本单位。**零件图**是用来表示零件的结构形状、大小及技术要求的图样，是直接指导零件制造和检验的重要技术文件。

2. 零件图的内容

一组视图：用于正确、完整、清晰和简便地表达零件内外形状的图形信息，其中包括机件的各种表达方法，如视图、剖视图、剖面图、局部放大图和简化画法等。

完整尺寸：表达零件各部分的大小和各部分之间的相对位置关系。

技术要求：零件图中必须用规定的代号、数字、字母和文字注解说明制造和检验零件时在技术指标上应达到的要求，如表面粗糙度、尺寸公差、形位公差、材料和热处理、检验方法及其他特殊要求等。

标题栏：填写零件名称、材料、比例、图号、单位名称，以及设计、审核、批准等有关人员的签字。每张图纸都应有标题栏。标题栏的方向一般为看图的方向。

二、零件加工面的工艺结构

1. 倒角和圆角

如图 6-3 所示，为了去除零件的毛刺、锐边和便于装配，在轴、孔的端部一般都加工成**倒角**；为了避免因应力集中而产生裂纹，在轴肩处往往加工成圆角。

2. 螺纹退刀槽和砂轮越程槽

在切削加工中，特别是在车螺纹和磨削时，为了便于退出刀具或使砂轮可以稍稍越过加工面，通常在零件待加工面的末端，先车出螺纹退刀槽或砂轮越程槽，如图 6-4 和图 6-5 所示。

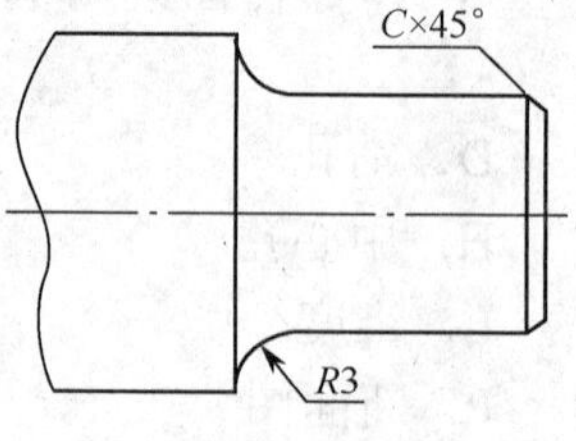

图 6-3　倒角和圆角

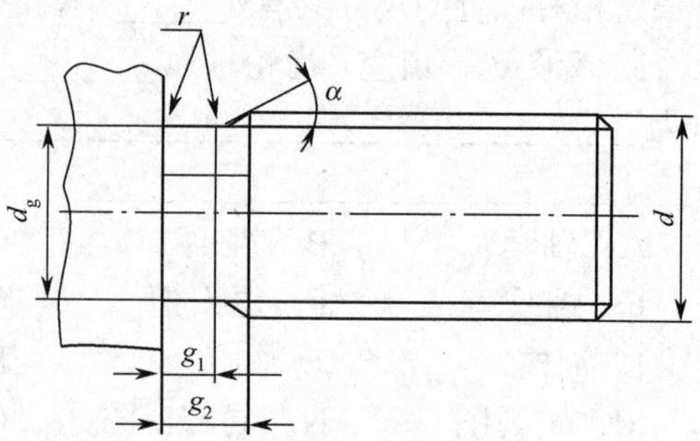

图 6-4　螺纹退刀槽

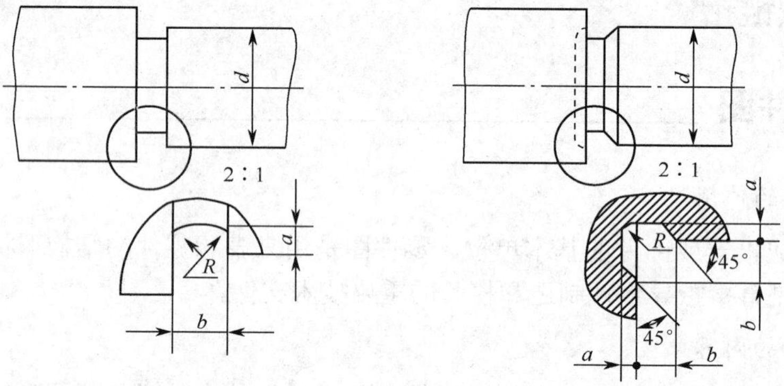

图 6-5　砂轮越程槽

3. 钻孔结构

用钻头钻出的盲孔，在底部有一个 120° 的锥角，钻孔深度指圆柱部分的深度，不包括锥坑，如图 6-6（a）所示。在阶梯钻孔的过渡处，有 120° 的锥角圆台，其画法及尺寸标注如图 6-6（b）所示。

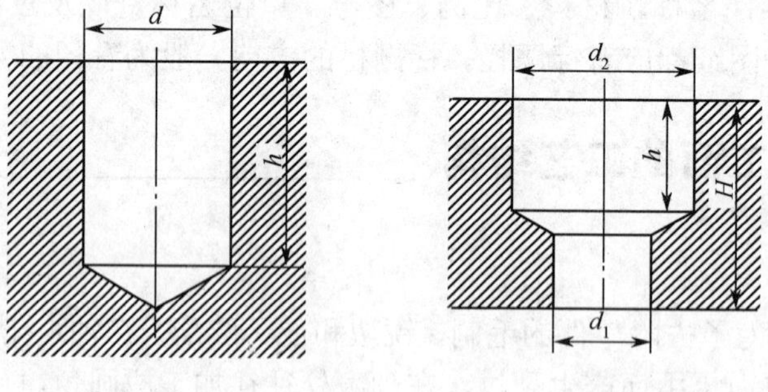

（a）盲孔　　（b）通孔

图 6-6　钻孔结构

4. 凸台和凹坑

为了减少加工面积，并保证零件表面之间接触，通常在铸件上设计出凸台或加工成凹坑，如图 6-7 所示。

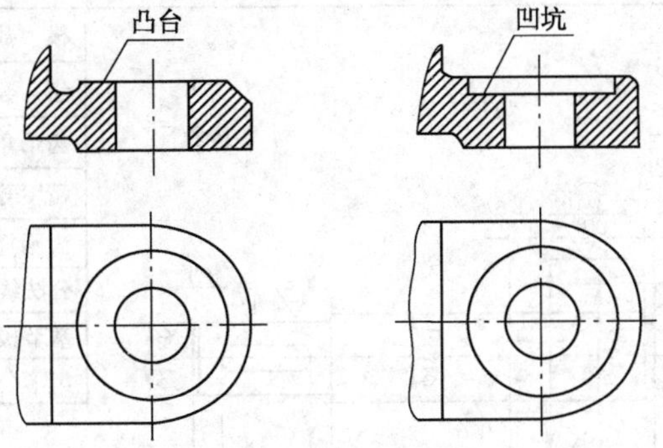

(a) 凸台　　(b) 凹坑

图 6-7　凸台和凹坑

三、典型零件的表达方法

根据零件的结构形状，可将其分为四类，即轴套类零件、轮盘类零件、叉架类零件和箱体类零件。每一类零件应根据自身结构特点来确定表达方法。

1. 轴套类零件

如图 6-8、图 6-9 所示，轴套类零件主要包括各种轴、丝杠、套筒、衬套等。

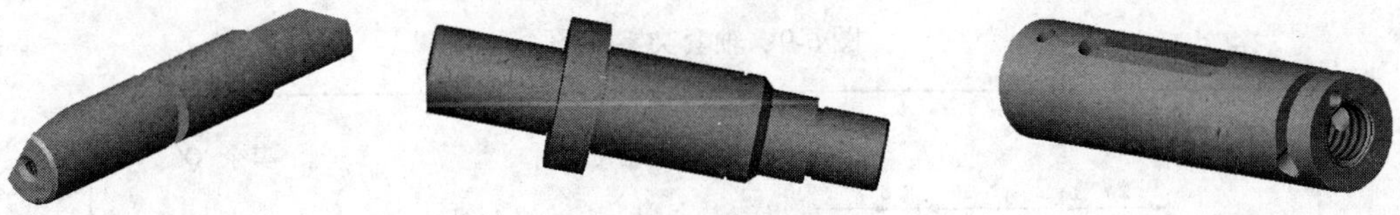

图 6-8　轴套类零件

结构特点：大多数由位于同一轴线上数段直径不同的回转体组成，轴向尺寸一般比径向尺寸大，常带有键槽、轴肩、螺纹退刀槽或砂轮越程槽等结构。

采用的表达方法：

① 一个非圆视图水平摆放作为主视图。

② 用局部视图、局部剖视图、断面图、局部放大图等作为补充。

③ 对于形状简单而轴向尺寸较大的部分常断开后缩短绘制。

④ 空心套类零件中由于多存在内部结构，一般采用全剖、半剖或局部剖绘制。

2. 轮盘类零件

如图 6-10 所示，轮盘类零件包括齿轮、手轮、皮带轮、飞轮、法兰盘、端盖等。其主体一般也由直径不同的回转体组成，径向尺寸比轴向尺寸大。

结构特点：轮盘类零件常带有各种形状的凸缘、均布的圆孔和肋等结构。

采用的表达方法：

① 按加工位置轴向横放。非圆视图水平摆放作为主视图（常剖开绘制）。

② 用左视图或右视图来表达轮盘上连接孔或轮辐、筋板等的数目和分布情况。

③ 用局部视图、局部剖视图、断面图、局部放大图等作为补充。

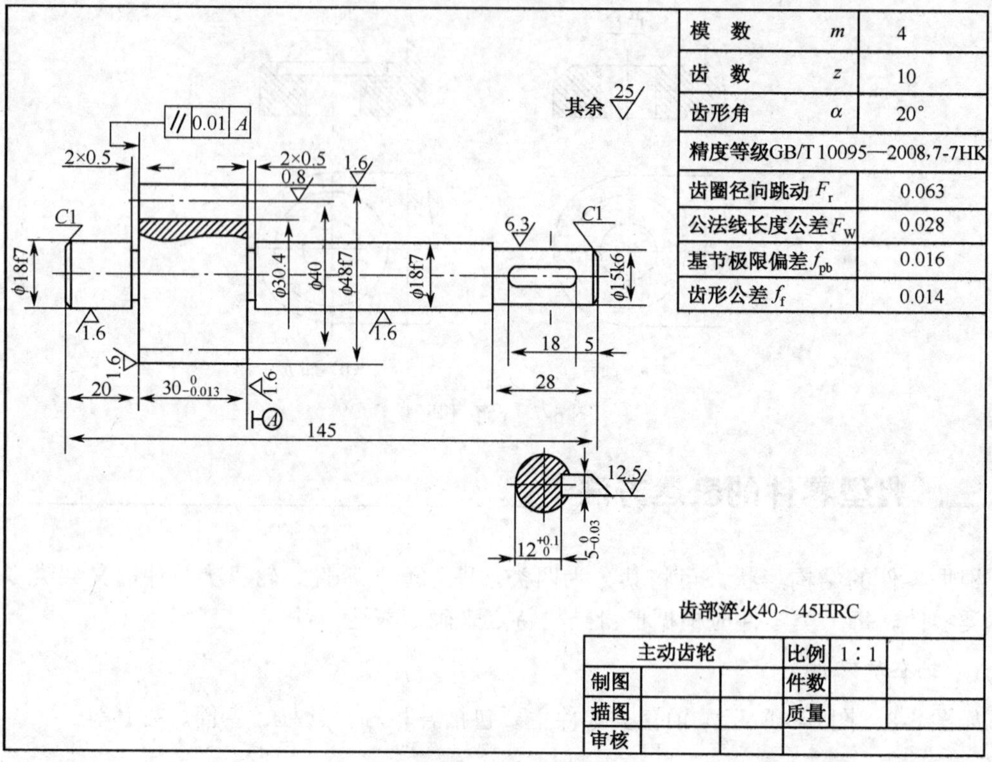

图 6-9　轴套类零件图

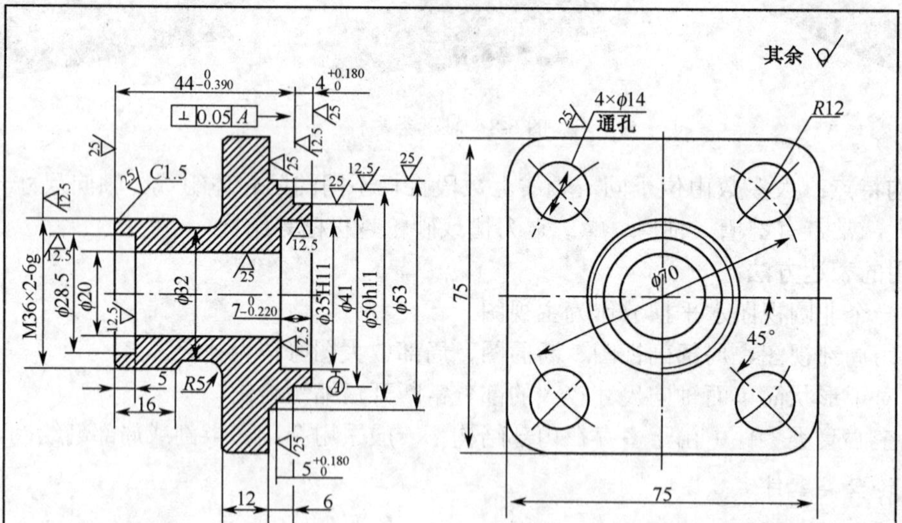

图 6-10　轮盘类零件图

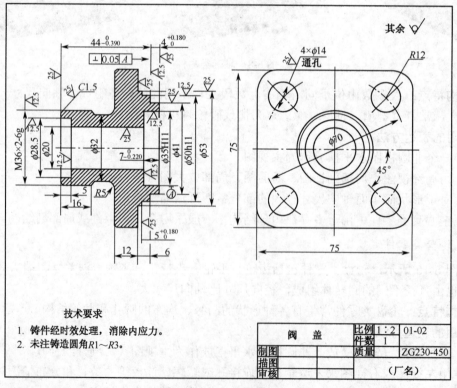

3. 叉架类零件

如图 6-11 所示，叉架类零件主要包括各种拨叉、连杆、摇杆、支架、支座等。

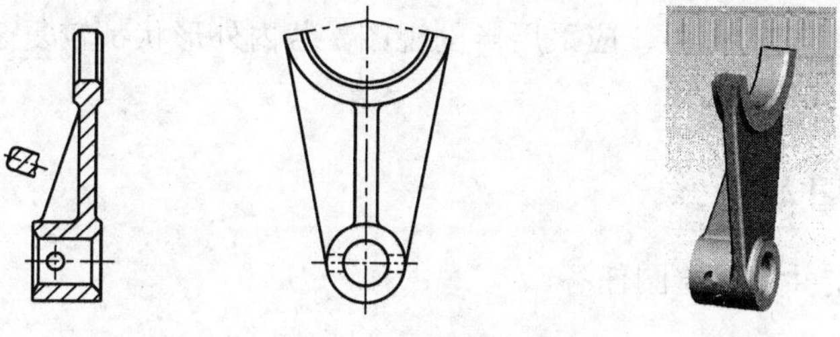

图 6-11　叉架类零件图

结构特点：多数由铸造或模锻制成毛坯，经机械加工而成。结构大都比较复杂，其上常有凸台、凹坑、销孔、螺纹孔、螺栓过孔和成形孔等结构。

采用的表达方法：

① 零件一般水平放置，选择零件形状特征明显的方向作为主视图的投影方向。主视图还可按形状特征或主要加工位置来表达，但其主要轴线或平面应平行或垂直于投影面。

② 除主视图外，一般还需 1 或 2 个基本视图才能将零件的主要结构表达清楚。

③ 常用局部视图、局部剖视图表达零件上的凹坑、凸台等。筋板、杆体常用断面图表示其断面形状。用斜视图表示零件上的倾斜结构。

4. 箱体类零件

如图 6-12 所示，箱体类零件主要包括各种箱体、外壳、座体等。

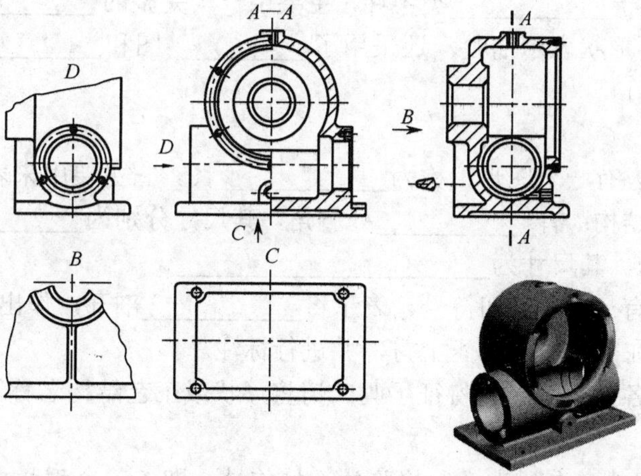

图 6-12　箱体类零件图

结构特点：容纳运动零件和贮存润滑液的内腔，由厚薄较均匀的壁部组成；其上有支承和安装运动零件的孔及安装端盖的凸台（或凹坑）、螺孔等；还有将箱体固定在机座上的安装底板及安装孔，以及加强筋、润滑油孔、油槽、放油螺孔等。

采用的表达方式：

① 通常以最能反映其形状特征及结构间相对位置的一面作为主视图的投影方向，以符

合形状特征原则并按工作位置放置。

② 一般需要两个或两个以上基本视图才能将其主要结构形状表示清楚。

③ 常用局部视图、局部剖视图和局部放大图等来表达尚未表达清楚的局部结构。

④ 若内外形状具有对称性，应采用半剖视图。若内外形状都较复杂且不对称，可采用局部视图，且保留一定虚线。

【做一做 6.1】

读图 6-13，填空并完成绘图任务。

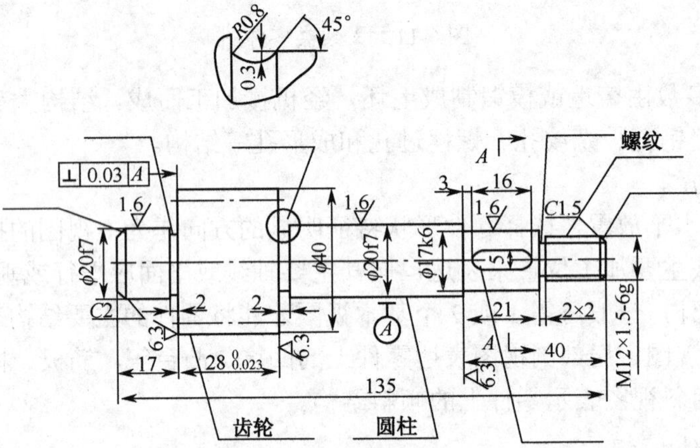

图 6-13　零件图

分析：该机件属于__________类零件，主要用一个完整的________视图把轴上各回转体的相对位置和主要形状表示清楚，还采用了__________图和__________图补充尚未表达清楚的部分。

看图填空：

① 在主视图上方有一个图形，称为____________图，它主要用来表达____________。

② 图中的工艺结构：有__________处倒角，其尺寸分别为__________和__________；有________处退刀槽，其尺寸为______________________。

③ 在主视图上有 *A—A* 剖切符号，表示将__________剖开，作出_________图。请将 *A—A* 移出断面图画在剖切符号的正上方，并进行标注。

④ 你看懂图上各部分的形状特征了吗？请将形状或工艺结构名称写在图中的横线上。

小知识：轴类零件考虑到生产和检验的可操作性，即工艺合理性，常采用退刀槽和越程槽。为了加工时便于退刀，且在装配时与相邻零件保证靠紧，在台肩处应加工出退刀槽。退刀槽和越程槽是在轴的根部和孔的底部做出的环形沟槽。沟槽的作用一是保证加工到位，二是保证装配时相邻零件的端面靠紧。一般用于车削加工的（如车外圆、镗孔等）叫退刀槽，用于磨削加工的叫砂轮越程槽。

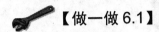

任务2　对零件图进行尺寸标注

任务要求

通过读零件图，了解基准的选择原则，能正确判断主要基准，合理运用标注原则对零件的主要尺寸进行标注，识读常见结构的尺寸注法。

情境创设

教师先让学生独立完成套筒尺寸标注，然后请两名学生进行标注示范，请其他学生进行点评，提高学生的参与度，引入尺寸标注的学习内容。

任务引导

相关知识点学习：要求学生课前参考“知识链接”独立完成。

1．零件图上的尺寸是______和______零件的重要依据，是零件图的重要内容之一。在零件图上标注尺寸，必须做到：__________，__________，__________，__________。尺寸标注合理性是指标注的尺寸要符合________要求和________要求。

2．从________角度考虑，为满足零件在机器或部件中对其__________、________的特定要求而选定的一些基准，称为设计基准。

3．从________的角度考虑，为便于零件的________、________和________而选定的一些基准，称为工艺基准。

4．选择尺寸基准时应尽量使设计基准与工艺基准____________，以减少尺寸__________，保证产品质量。

5. 零件上凡是影响产品__________、工作__________和__________的重要尺寸（规格性能尺寸、配合尺寸、安装尺寸、定位尺寸），都必须从设计基准__________注出。一组首尾相连的链状尺寸称为__________，在标注尺寸时，应避免注成__________。

试一试

给图6-14所示的套筒标注尺寸。

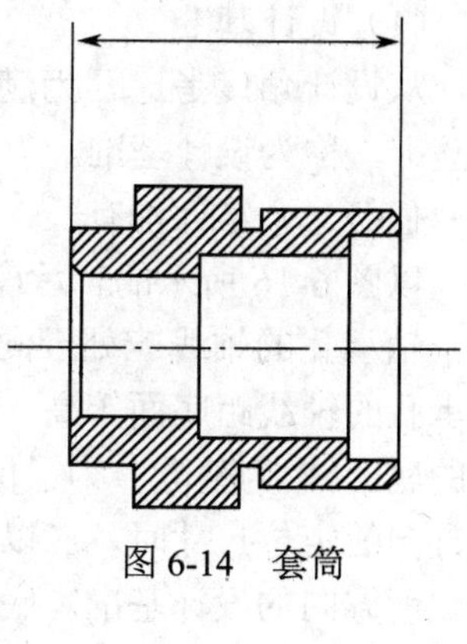

图6-14　套筒

知识链接

一、标注尺寸的原则

零件图上的尺寸是加工和检验零件的重要依据，是零件图的重要内容之一。在零件图上标注尺寸，必须做到：**正确、完整、清晰、合理**。尺寸标注合理性是指标注的尺寸要符合**设计要求**和**工艺要求**。要把尺寸标注合理，需要有一定的实践经验和专业知识，要对零件进行形体分析、结构分析和工艺分析，才能恰当地选择尺寸基准，合理地选择尺寸标注形式。

要想达到上述要求，标注尺寸时必须遵循下列原则。

① 正确选择标注尺寸的起点，即尺寸基准。

② 正确使用标注尺寸的形式。

二、正确选择尺寸基准

标注尺寸的起点，称为**尺寸基准**（简称基准）。

零件上的面、线、点，均可作为尺寸基准，如图 6-15 所示。

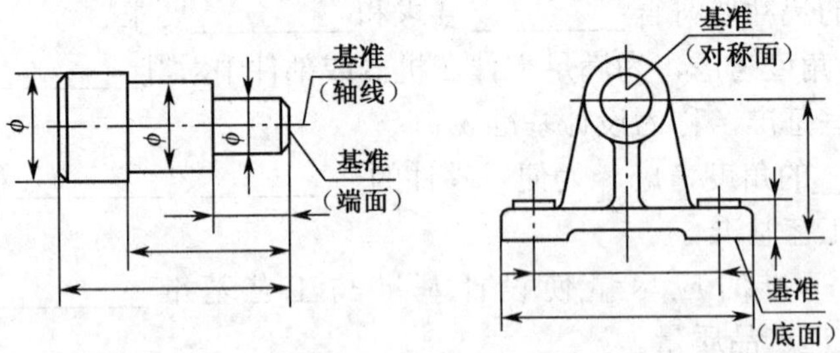

图 6-15　尺寸基准的几何形式

1. 尺寸基准的种类

从设计和工艺角度可把基准分成**设计基准**和**工艺基准**两类。

（1）设计基准

从设计角度考虑，为满足零件在机器或部件中对其结构、性能的特定要求而选定的一些基准，称为**设计基准**。

任何一个零件都有长、宽、高三个方向的尺寸，也应有三个方向的尺寸基准。

以图 6-16 所示的轴承座为例，从设计的角度来研究，通常一根轴需要两个轴承来支承，两个轴承孔的轴线应处于同一条线上，且一般应与基面平行，也就是要保证两个轴承座的轴承孔的轴线距底面等高。因此，在标注轴承支承孔ϕ16 高度方向的定位尺寸时，应以轴承座的底面 *B* 为基准。为了保证底板上两个螺栓过孔相对轴承孔的对称关系，在标注两孔长度方向的定位尺寸时，应以轴承座的对称面 *C* 为基准。*D* 面是轴承座宽度方向的定位面，是宽度方向的设计基准。底面 *B*、对称面 *C* 和 *D* 面就是该轴承座的设计基准。

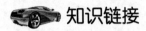

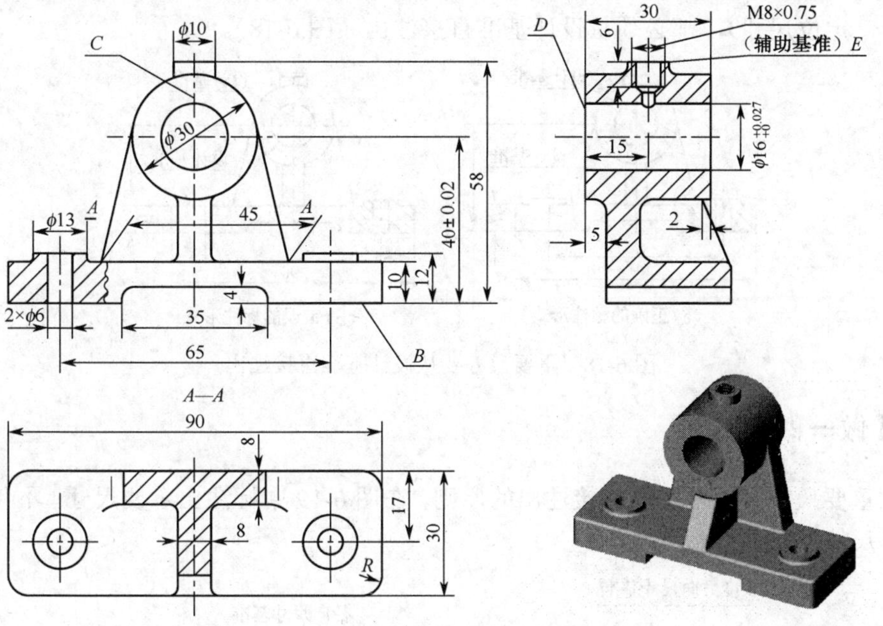

图 6-16　轴承座

（2）工艺基准

从加工工艺的角度考虑，为便于零件的加工、测量和装配而选定的一些基准，称为**工艺基准**。

以图 6-17 所示的小轴为例，在车床上车削外圆时，车刀的最终位置是以小轴的右端面 *F* 为基准来确定的，这样工人加工时测量方便，所以在标注尺寸时，轴向以端面 *F* 为其工艺基准。

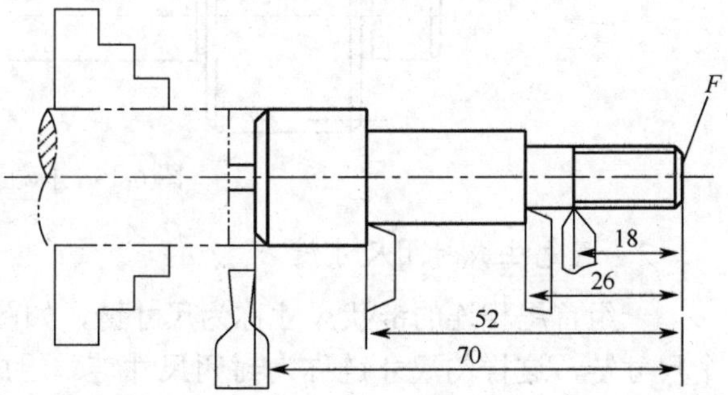

图 6-17　小轴

2. 尺寸基准的选择

（1）选择原则

应尽量使设计基准与工艺基准重合，以减少尺寸误差，保证产品质量。

（2）三方基准

任何一个零件都有长、宽、高三个方向的尺寸。因此，每一个零件应有三个方向的尺寸基准（轴类零件一般有轴向和径向基准）。

（3）主辅基准

零件的某个方向可能会有两个或两个以上基准。一般只有一个是主要基准，其他为次要基准，或称辅助基准。应选择零件上重要的几何要素作为主要基准。

三、合理标注尺寸的原则

1. 重要尺寸必须从设计基准直接注出

零件上凡是影响产品性能、工作精度和互换性的重要尺寸（规格性能尺寸、配合尺寸、安装尺寸、定位尺寸），都必须从设计基准直接注出（图 6-18）。

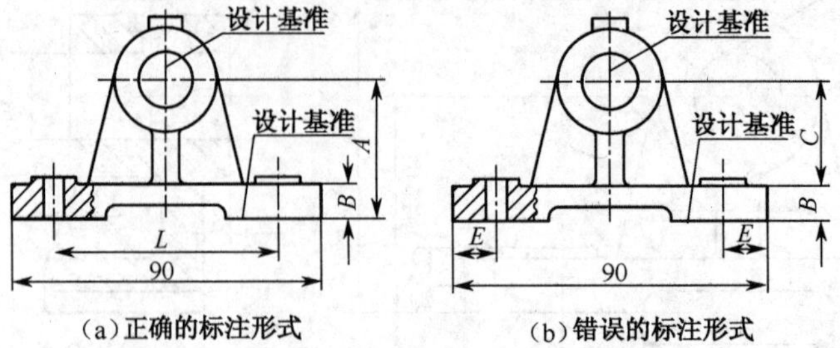

图 6-18　重要尺寸要从设计基准直接注出

【做一做 6.2】

根据重要尺寸必须从基准直接注出的原则，在图 6-19 中标注出主要尺寸（不包括倒角、退刀槽等尺寸）。

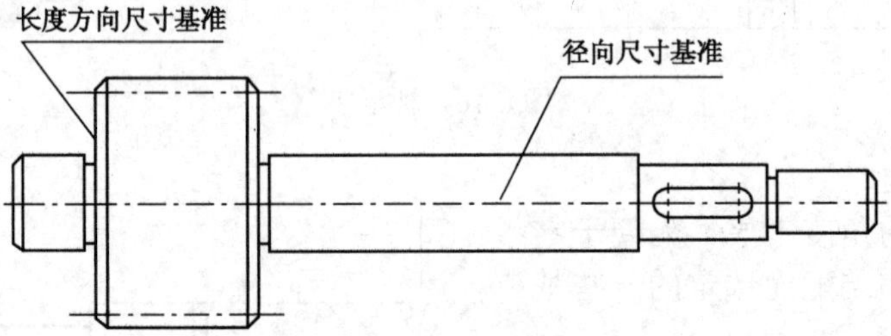

图 6-19　标注尺寸练习

2. 避免注成封闭尺寸链

一组首尾相连的链状尺寸称为**尺寸链**，如图 6-20（a）中尺寸 *A*、*B*、*C*、*D* 就组成了一个尺寸链，这样的尺寸链称为**封闭尺寸链**。组成尺寸链的每一个尺寸称为尺寸链的环。在标注尺寸时，应避免注成封闭尺寸链。通常将尺寸链中最不重要的那个尺寸作为**开口环**，不注写尺寸，如图 6-20（b）所示。这样可以使该尺寸链中其他尺寸的制造误差都集中到这个开口环上来，从而保证主要尺寸的精度。

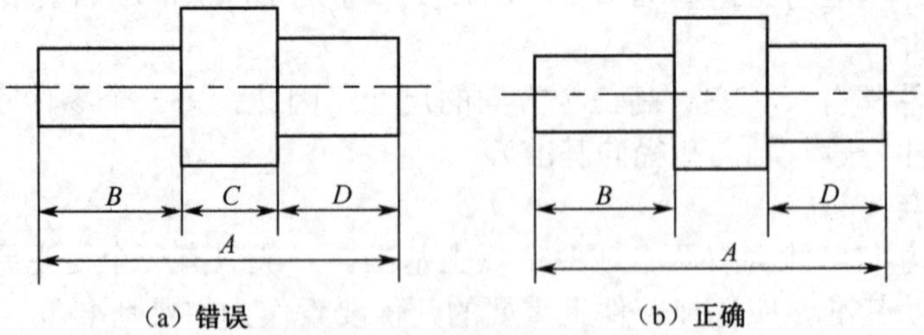

图 6-20　避免注成封闭尺寸链

3. 标注尺寸要考虑工艺要求

零件上主要尺寸应从设计基准直接注出，其他尺寸应按加工顺序从工艺基准标注，便于工人看图、加工和测量，如图 6-21 所示。

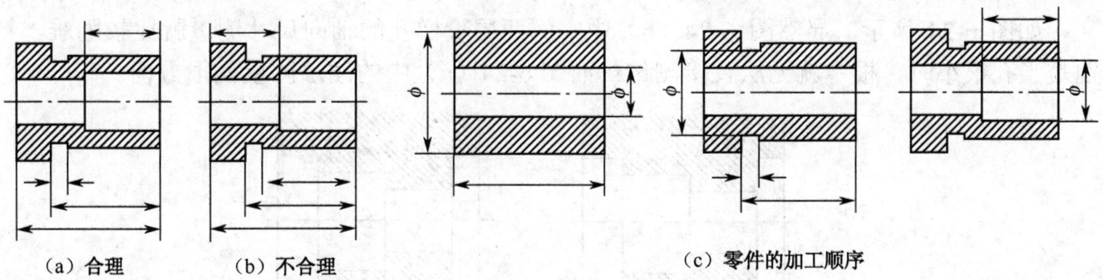

图 6-21 尺寸标注应符合加工顺序

【做一做 6.3】

观察图 6-22 所示的传动轴尺寸标注，并回答问题。

① 哪些径向尺寸是直接从设计基准注出的？________________

② 哪些轴向尺寸是直接从长度方向设计基准注出的？________________

③ 哪些尺寸是从工艺基准（辅助基准）注出的？________________

④ 图中有______处是退刀槽的尺寸标注，分别为________________。

⑤ 长度尺寸 67 范围内共有______组尺寸链，分别为____________、____________和____________。是否有封闭尺寸链？______

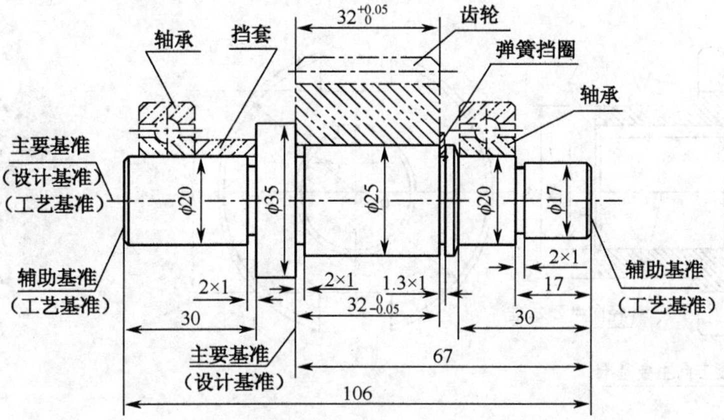

图 6-22 传动轴尺寸标注

4. 考虑测量的方便性与可能性

如图 6-23 所示，显然图 6-23（a）中所注各尺寸测量不方便，不能直接测量；而图 6-23（b）中的注法测量方便，能直接测量。

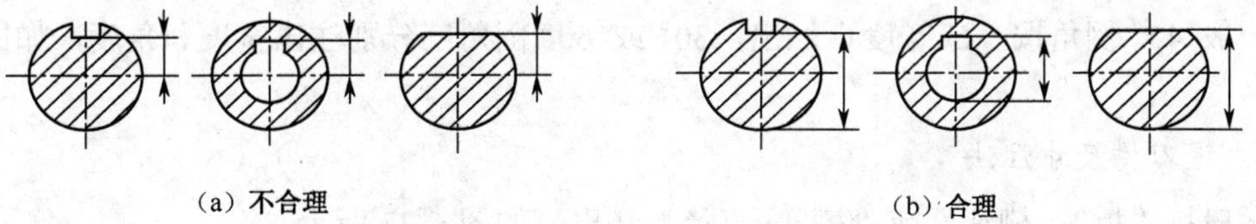

图 6-23 尺寸标注要便于测量

如图 6-24 所示，显然图 6-24（b）中中间两层阶梯孔的轴向尺寸测量就比较困难，特别是当孔很小时，根本就无法直接测量；而图 6-24（a）中的注法测量就很方便。

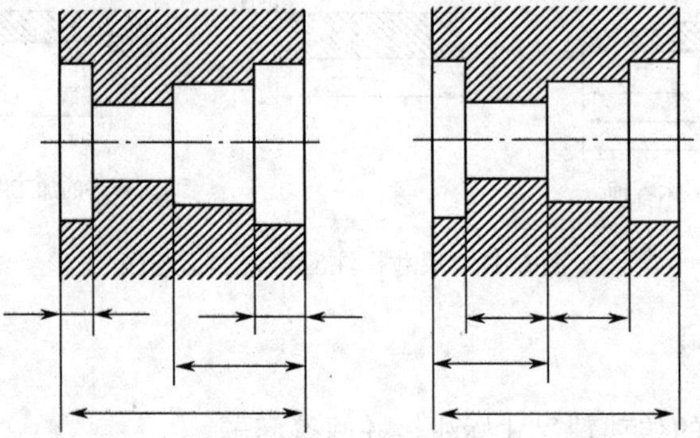

图 6-24　阶梯孔尺寸的标注

【做一做 6.4】

观察图 6-25 所示的法兰盘，填写尺寸数字，并补齐所缺的主要尺寸（倒角、圆角尺寸省略）。

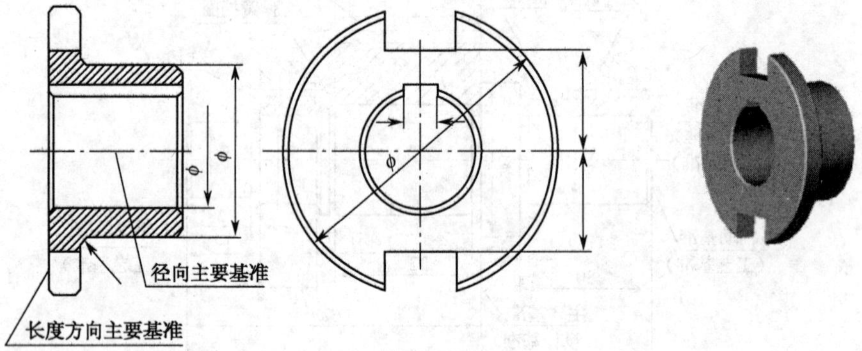

图 6-25　法兰盘

四、零件常见典型结构的尺寸注法

1. 倒角尺寸注法

一般 45° 倒角按“*C* 宽度”注出，30° 或 60° 倒角应分别注出宽度和角度，如图 6-26 所示。

2. 退刀槽尺寸注法

一般按“槽宽×槽深”或“槽宽×直径”注出，如图 6-27 所示。

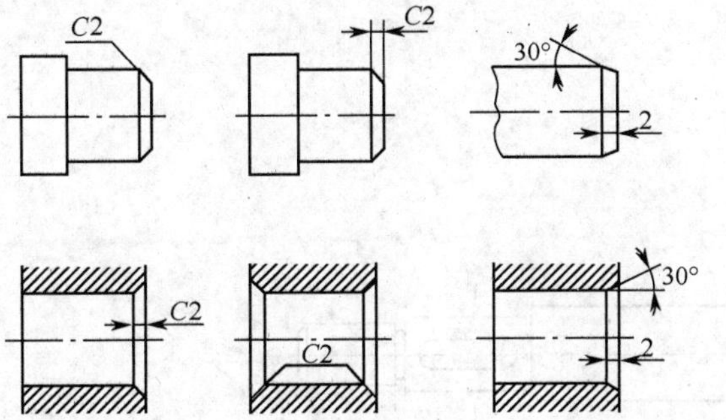

图 6-26　倒角的标注

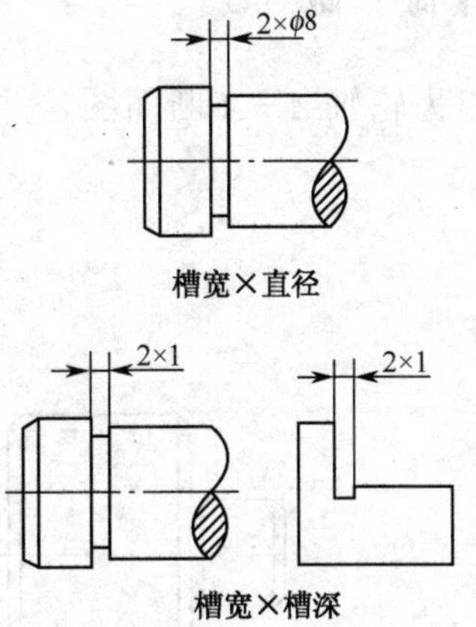

图 6-27　退刀槽的标注

3. 键槽的标注

键槽的标注如图 6-28 所示。

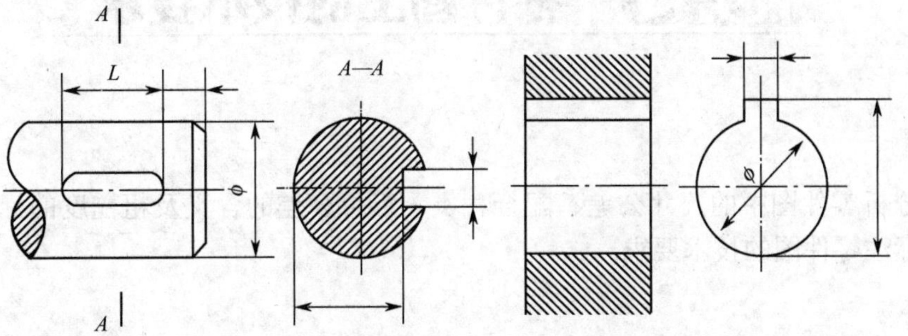

图 6-28　键槽的标注

4. 螺纹孔的标注

螺纹孔的标注如图 6-29 所示。

5. 沉孔的标注

沉孔的标注如图 6-30 所示。

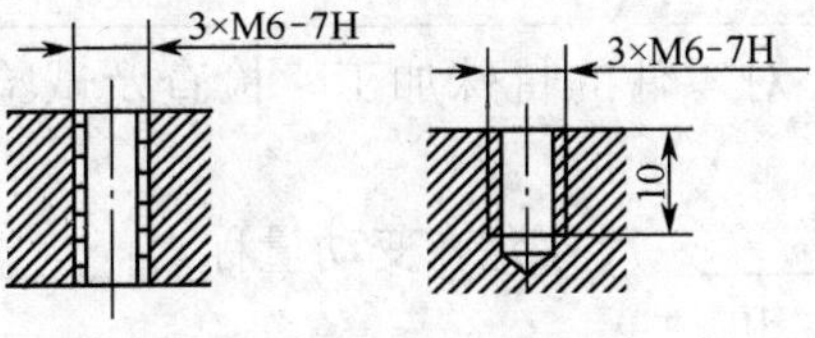

图 6-29　螺纹孔的标注

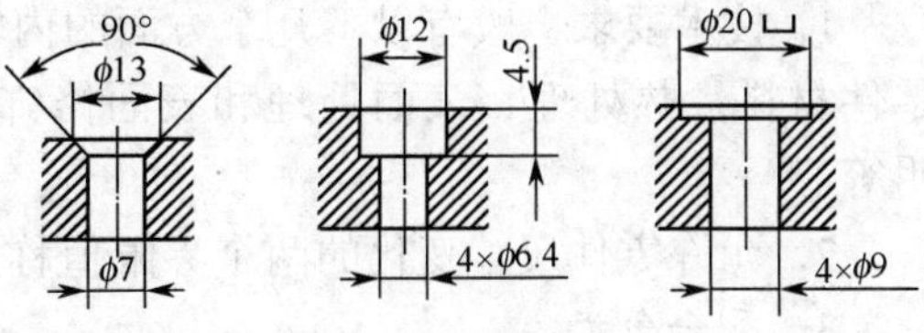

图 6-30　沉孔的标注

【做一做 6.5】

画出齿轮轴 *A—A* 断面图，并给图 6-31 中的倒角、退刀槽、键槽、键槽断面图标注尺寸。

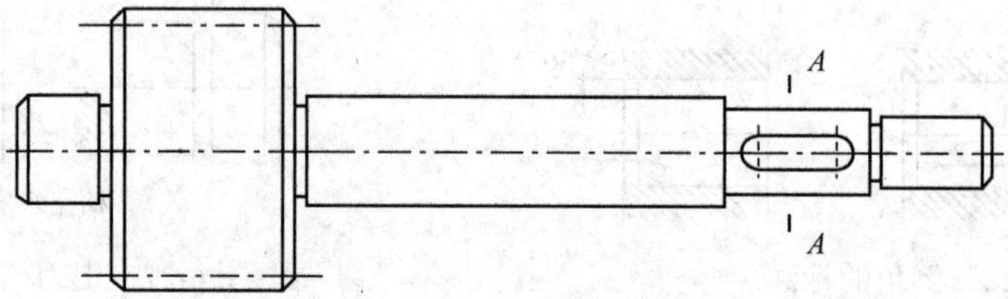

图 6-31　齿轮轴

任务3　零件图上的技术要求

任务要求

通过分析零件图中的尺寸公差、配合种类、形位公差的含义及粗糙度的标注要点，学会识别及标注零件图的技术要求。

情境创设

教师从某生产厂拿回几根齿轮轴的样品，让学生扮演质检员，检查齿轮轴是否合格，学生可用游标卡尺进行测量并进行判断，请学生回答判断的依据是什么，由此引入尺寸公差的学习内容。

任务引导

相关知识点学习：要求学生课前参考“知识链接”独立完成。

1．技术要求一般有以下几个方面的内容：__________，__________，__________，零件材料、热处理、表面处理和表面修饰的说明，对零件的特殊加工、检查及试验的说明等。

2．允许零件尺寸变化的两个界限值称为__________。尺寸允许变动量称为__________。

3．配合分为__________、__________和__________。

4．零件要素（点、线、面）的实际形状和实际位置对理想形状和理想位置的允许变动量，称为__________。

5．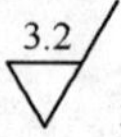 表示用__________的方法获得的表面，*Ra* 的上限值为__________。

试一试

根据图 6-32（a）中的尺寸，在图 6-32（b）中标出基本尺寸和配合代号，并填写表 6-1。

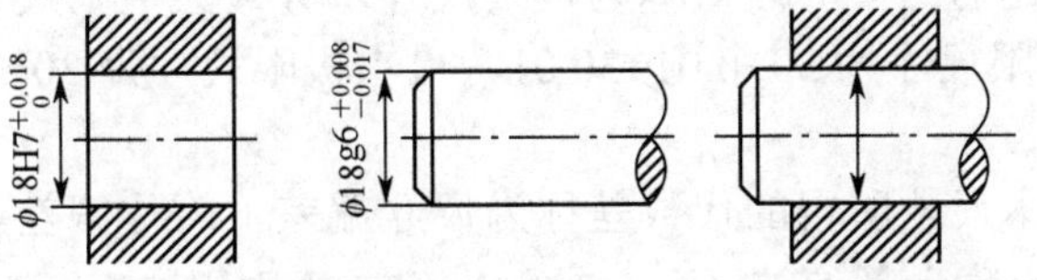

（a）零件图　　（b）装配图

图 6-32　标注尺寸与代号

表 6-1　零件尺寸表

<table>
<tr><td colspan="2">尺寸
名称</td><td>基本
尺寸</td><td>最大极限
尺寸</td><td>最小极限
尺寸</td><td>上偏差</td><td>下偏差</td><td>公差</td><td>配合
基准制</td><td>配合
种类</td></tr>
<tr><td rowspan="2">数值
（mm）</td><td>孔</td><td></td><td></td><td></td><td></td><td></td><td></td><td rowspan="2"></td><td rowspan="2"></td></tr>
<tr><td>轴</td><td></td><td></td><td></td><td></td><td></td><td></td></tr>
</table>

知识链接

一、零件图技术要求的内容

零件图上，除了用视图表达零件的结构形状和用尺寸表达零件各组成部分的大小及位置关系外，通常还标注有关的技术要求。技术要求一般有以下几个方面的内容。

① 零件的极限与配合要求。

② 零件的形状和位置公差。

③ 零件上各表面的粗糙度。

④ 零件材料、热处理、表面处理和表面修饰的说明。

⑤ 对零件的特殊加工、检查及试验的说明，有关结构的统一要求，如圆角、倒角尺寸等。

⑥ 其他必要的说明。

二、极限与配合

从一批规格相同的零（部）件中任取一件，不经修配，就能装到机器上去，并能保证使用要求，零（部）件具有的这种性质称为**互换性**。

1. 尺寸公差

（1）基本尺寸

基本尺寸是由设计确定的尺寸，如图 6-33 中的 $\phi30$。

（2）实际尺寸

工人生产出的零件，经过测量获得的尺寸称为实际尺寸。

（3）极限尺寸

允许零件尺寸变化的两个界限值称为极限尺寸，分最大极限尺寸和最小极限尺寸，如图 6-33 中孔的最大极限尺寸为 30+0.01=30.01，最小极限尺寸为 30−0.01=29.99。

（4）尺寸偏差

某一尺寸减其基本尺寸所得的代数差称为**尺寸偏差**，简称**偏差**。最大极限尺寸减其基本尺寸所得的代数差，称为**上偏差**，孔、轴的上偏差分别用 **ES** 和 **es** 表示。最小极限尺寸减其基本尺寸所得的代数差，称为**下偏差**，孔、轴的下偏差分别用 EI 和 ei 表示。如图 6-33 中孔的上、下偏差分别为：上偏差 ES=30.01−30=+0.01，下偏差 EI=29.99−30=−0.01。

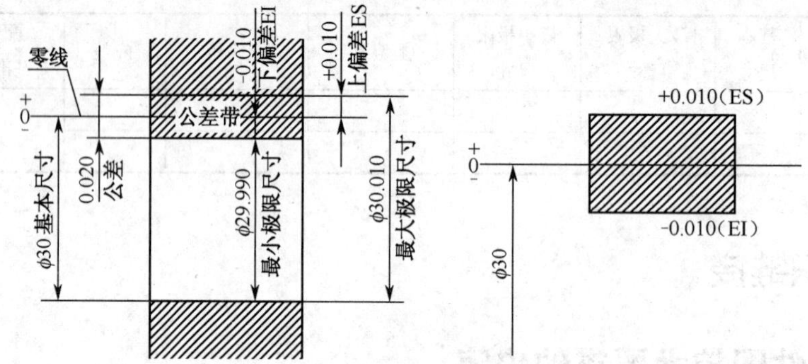

（a）　　　　　　　　　　（b）

图 6-33　尺寸公差名词解释及公差带图

（5）尺寸公差

尺寸允许变动量称为尺寸公差，简称公差。

公差=最大极限尺寸−最小极限尺寸=上偏差−下偏差

公差是一个没有正负号的绝对值。例如，图 6-33 中公差计算如下：

公差=最大极限尺寸−最小极限尺寸

=30.01−29.99

=0.02

公差=上偏差−下偏差

=0.01−(−0.01)

=0.02

（6）零线

零线是公差带图（极限与配合图解）中确定偏差的一条基准直线。通常以零线表示基本尺寸。

（7）公差带

在公差带图中，由代表上、下偏差的两条直线所限定的区域称为公差带。图 6-33（b）就是图 6-33（a）的公差带图。

公差带图中以放大形式画出方框，注出零线，方框的宽度表示公差值的大小，方框的长度可根据需要任意确定。如图 6-34 所示是 $\phi35^{-0.025}_{-0.050}$ 的轴和 $\phi35^{+0.025}_{0}$ 的孔的公差带图。

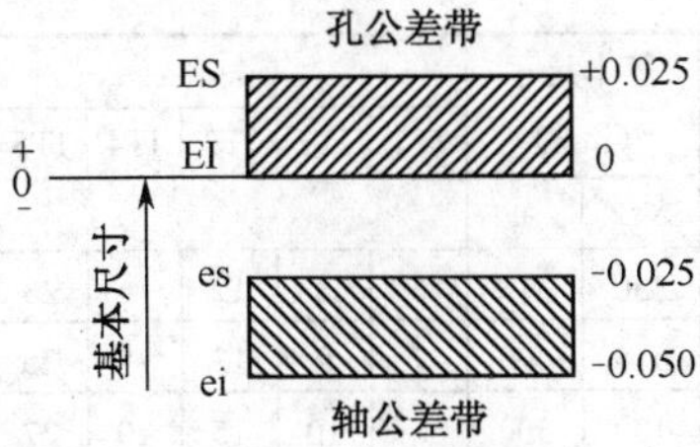

图 6-34 公差带图

【做一做 6.6】

如图 6-35 所示，已知直径为 $\phi35^{-0.025}_{-0.050}$ 的轴和直径为 $\phi35^{+0.025}_{0}$ 的孔，请在括号内填上正确的数字。

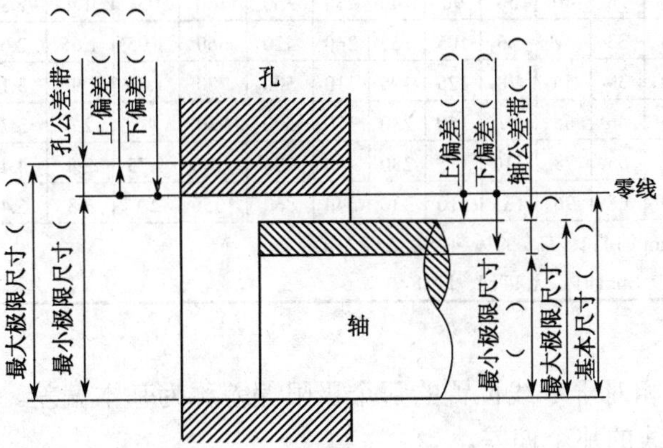

图 6-35 孔、轴公差带图

（8）标准公差

由国家标准所列的，用以确定公差带大小的公差称为标准公差，共分 20 个等级，用标准公差等级代号 IT01、IT0、IT1～IT18 表示。“IT”为“国际公差”的符号，阿拉伯数字 01、0、1～18 表示公差等级。如 IT8 的含义为 8 级标准公差。在同一尺寸段内，从 IT01 至 IT18，精度依次降低，而相应的标准公差数值依次增大，见表 6-2。

例如：一根直径为ϕ100 的轴，它的标准公差是 IT9，那么查表 6-2 可知，轴的公差为 0.087。

表 6-2 标准公差数值（GB/T 1800.2—2009）

基本尺寸（mm）		标准公差等级																	
		IT1	IT2	IT3	IT4	IT5	IT6	IT7	IT8	IT9	IT10	IT11	IT12	IT13	IT14	IT15	IT16	IT17	IT18
大于	至	μm											mm						
—	3	0.8	1.2	2	3	4	6	10	14	25	40	60	0.1	0.14	0.25	0.4	0.6	1	1.4
3	6	1	1.5	2.5	4	5	8	12	18	30	48	75	0.12	0.18	0.3	0.48	0.75	1.2	1.8
6	10	1	1.5	2.5	4	6	9	15	22	36	58	90	0.15	0.22	0.36	0.58	0.9	1.5	2.2
10	18	1.2	2	3	5	8	11	18	27	43	70	110	0.18	0.27	0.43	0.7	1.1	1.8	2.7
18	30	1.5	2.5	4	6	9	13	21	33	52	84	130	0.21	0.33	0.52	0.84	1.3	2.1	3.3
30	50	1.5	2.5	4	7	11	16	25	39	62	100	160	0.25	0.39	0.62	1	1.6	2.5	3.9
50	80	2	3	5	8	13	19	30	46	74	120	190	0.3	0.46	0.74	1.2	1.9	3	4.6
80	120	2.5	4	6	10	15	22	35	54	87	140	220	0.35	0.54	0.87	1.4	2.2	3.5	5.4
120	180	3.5	5	8	12	18	25	40	63	100	160	250	0.4	0.63	1	1.6	2.5	4	6.3
180	250	4.5	7	10	14	20	29	46	72	115	185	290	0.46	0.72	1.15	1.85	2.9	4.6	7.2

续表

基本尺寸（mm）		标准公差等级																	
		IT1	IT2	IT3	IT4	IT5	IT6	IT7	IT8	IT9	IT10	IT11	IT12	IT13	IT14	IT15	IT16	IT17	IT18
大于	至	μm											mm						
250	315	6	8	12	16	23	32	52	81	130	210	320	0.52	0.81	1.3	2.1	3.2	5.2	8.1
315	400	7	9	13	18	25	36	57	89	140	230	360	0.57	0.89	1.4	2.3	3.6	5.7	8.9
400	500	8	10	15	20	27	40	63	97	155	250	400	0.63	0.97	1.55	2.5	4	6.3	9.7
500	630	9	11	16	22	32	44	70	110	175	280	440	0.7	1.1	1.75	2.8	4.4	7	11
630	800	10	13	18	25	36	50	80	125	200	320	500	0.8	1.25	2	3.2	5	8	12.5
800	1000	11	15	21	28	40	56	90	140	230	360	560	0.9	1.4	2.3	3.6	5.6	9	14
1000	1250	13	18	24	33	47	66	105	165	260	420	660	1.05	1.65	2.6	4.2	6.6	10.5	16.5
1250	1600	15	21	29	39	55	78	125	195	310	500	780	1.25	1.95	3.1	5	7.8	12.5	19.5
1600	2000	18	25	35	46	65	92	150	230	370	600	920	1.5	2.3	3.7	6	9.2	15	23
2000	2500	22	30	41	55	78	110	175	280	440	700	1100	1.75	2.8	4.4	7	11	17.5	28
2500	3150	26	36	50	68	96	135	210	330	540	860	1350	2.1	3.3	5.4	8.6	13.5	21	33

注 1：公称尺寸大于 500mm 的 IT1～IT5 的标准公差数值为试行。

注 2：公称尺寸小于或等于 1mm 时，无 IT14～IT18。

（9）基本偏差

用以确定公差带相对于零线位置的那个极限偏差称为基本偏差。它可以是上偏差或下偏差，一般指靠近零线的那个偏差。

国家标准对孔和轴分别规定了 28 个基本偏差，并规定：大写字母表示孔的基本偏差，小写字母表示轴的基本偏差，如图 6-36 所示。

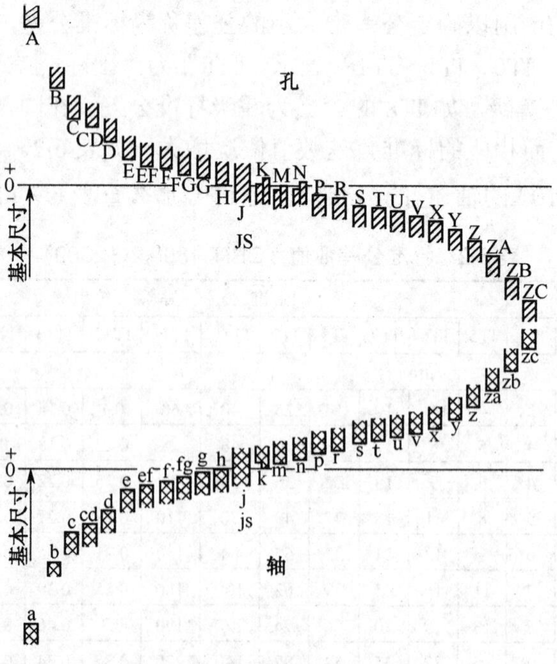

图 6-36　基本偏差系列

在基本偏差系列图中，仅给出了公差带的一端，而另一端则取决于公差等级和这个基本偏差的组合。

孔和轴的基本偏差见表 6-3 和表 6-4。

表 6-3　基本尺寸至 500mm 轴的基本偏差表

基本偏差		上偏差（es）											js	下偏差（ei）				
		a①	b①	c	cd	d	e	ef	f	fg	g	h		j			k	
基本尺寸（mm）		公差等级																
大于	至	所有的级												5、6	7	8	4～7	≤3 >7
—	3	-270	-140	-60	-34	-20	-14	-10	-6	-4	-2	0	偏差=±IT/2	-2	-4	-6	0	0
3	6	-270	-140	-70	-46	-30	-20	-14	-10	-6	-4	0		-2	-4	—	+1	0
6	10	-280	-150	-80	-56	-40	-25	-18	-13	-8	-5	0		-2	-5	—	+1	0
10	18	-290	-150	-95	—	-50	-32	—	-16	—	-6	0		-3	-6	—	+1	0
18	30	-300	-160	-110	—	-65	-40	—	-20	—	-7	0		-4	-8	—	+2	0
30	40	-310	-170	-120	—	-80	-50	—	-25	—	-9	0		-5	-10	—	+2	0
40	50	-320	-180	-130														
50	65	-340	-190	-140	—	-100	-60	—	-30	—	-10	0		-7	-12	—	+2	0
65	80	-360	-200	-150														
80	100	-380	-220	-170	—	-120	-72	—	-36	—	-12	0		-9	-15	—	+3	0
100	120	-410	-240	-180														
120	140	-460	-260	-200	—	-145	-85	—	-43	—	-14	0		-11	-18	—	+3	0
140	160	-520	280	-210														
160	180	-580	-310	-230														
180	200	-660	-340	-240	—	-170	-100	—	-50	—	-15	0		-13	-21	—	+4	0
200	225	-740	-380	-260														
225	250	-820	-420	-280														
250	280	-920	-480	-300	—	-190	-110	—	-56	—	-17	0		-16	-26	—	+4	0
280	315	-1050	-540	-330														
315	355	-1200	-600	-360	—	-210	-125	—	-62	—	-18	0		-18	-28	—	+4	0
355	400	-1350	-680	-400														
400	450	-1500	-760	-440	—	-230	-135	—	-68	—	-20	0		-20	-32	—	+5	0
450	500	-1650	-840	-480														

基本偏差		下偏差（ei）													
		m	n	P	r	s	t	u	v	x	y	z	za	zb	zc
基本尺寸（mm）		公差等级													
大于	至	所有的级													
—	3	+2	+4	+6	+10	+14	—	+18	—	+20	—	+26	+32	+40	+60
3	6	+4	+8	+12	+15	+19	—	+23	—	+28	—	+35	+42	+50	+80
6	10	+6	+10	+15	+19	+23	—	+28	—	+34	—	+42	+52	+67	+97
10	14	+7	+12	+18	+23	+28	—	+33	—	+40	—	+50	+64	+90	+130
14	18								+39	+45	—	+60	+77	+108	+150

续表

基本偏差		下偏差（ei）													
		m	n	P	r	s	t	u	v	x	y	z	za	zb	zc
基本尺寸（mm）		公差等级													
大于	至	所有的级													
18	24	+8	+15	+22	+28	+35	—	+41	+47	+54	+63	+73	+98	+136	+183
24	30						+41	+48	+55	+64	+75	+88	+118	+160	+218
30	40	+9	+17	+26	+34	+43	+48	+60	+68	+80	+94	+112	+148	+200	+274
40	50						+54	+70	+81	+97	+114	+136	+180	+242	+325
50	65	+11	+20	+32	+41	+53	+66	+87	+102	+122	+144	+172	+226	+300	+405
65	80				+43	+59	+75	+102	+120	+146	+174	+210	+274	+360	+480
80	100	+13	+23	+37	+51	+71	+91	+124	+146	+178	+214	+258	+335	+445	+585
100	120				+54	+79	+104	+144	+172	+210	+254	+310	+400	+525	+690
120	140	+15	+27	+43	+63	+92	+122	+170	+202	+248	+300	+365	+470	+620	+800
140	160				+65	+100	+134	+190	+228	+280	+340	+415	+535	+700	+900
160	180				+68	+108	+146	+210	252	+310	+380	+465	+600	+780	+1 000
180	200	+17	+31	+50	+77	+122	+166	+236	+284	+350	+425	+520	+670	+880	+1 150
200	225				+80	+130	+180	+258	+310	+385	+470	+575	+740	+960	+1 250
225	250				+84	+140	+196	+284	+340	+425	+520	+640	+820	+1 050	+1 350
250	280	+20	+34	+56	+94	+158	+218	+315	+385	+475	+580	+710	+920	+1 200	+1 550
280	315				+98	+170	+240	+350	+425	+525	+650	+790	+1 000	+1 300	+1 700
315	355	+21	+37	+62	+108	+190	+268	+390	+475	+590	+730	+900	+1 150	+1 500	+1 900
355	400				+114	+208	+294	+435	+530	+660	+820	+1 000	+1 300	+1 650	+2 100
400	450	+23	+40	+68	+126	+232	+330	+490	+595	+740	+920	+1 100	+1 450	1 850	2 400
450	500				+132	+252	+360	+540	+660	+820	+1 000	+1 250	+1 600	+2 100	+2 600

表 6-4　基本尺寸至 500mm 孔的基本偏差表

基本偏差		下偏差（EI）											JS	上偏差（ES）								
		A①	B②	C	CD	D	E	EF	F	FG	G	H		J			K		M		N	
基本尺寸（mm）		公差等级																				
大于	至	所有的级												6	7	8	≤8	>8	≤8	>8	≤8	>8
—	3	+270	+140	+60	+34	+20	+14	+10	+6	+4	+2	0	偏差=±IT/2	+2	+4	+6	0	0	-2	-2	-4	-4
3	6	+270	+140	+70	+46	+30	+20	+14	+10	+6	+4	0		+5	+6	+10	-1+Δ	—	-4+Δ	-4	-8+Δ	0
6	10	+280	+150	+80	+56	+40	+25	+18	+13	+8	+5	0		+5	+8	+12	-1+Δ	—	-6+Δ	-6	-10+Δ	0
10	14	+290	+150	+95	—	+50	+32	—	+16	—	+6	0		+6	+10	+15	-1+Δ	—	-7+Δ	-7	-12+Δ	0
14	18																					
18	24	+300	+160	+110	—	+65	+40	—	+20	—	+7	0		+8	+12	+20	-2+Δ	—	-8+Δ	-8	-15+Δ	0
24	30																					
30	40	+310	+170	+120	—	+80	+50	—	+25	—	+9	0		+10	+14	+24	-2+Δ	—	-9+Δ	-9	-17+Δ	0
40	50	+320	+180	130																		
50	65	+340	+190	+140	—	+100	+60	—	+30	—	+10	0		+13	+18	+28	-2+Δ	—	-11+Δ	-11	-20+Δ	0
65	80	+360	+200	+150																		

续表

基本偏差		下偏差（EI）											JS	上偏差（ES）								
		A[1]	B[2]	C	CD	D	E	EF	F	FG	G	H		J			K		M		N	
基本尺寸（mm）		公差等级																				
大于	至	所有的级												6	7	8	≤8	>8	≤8	>8	≤8	>8
80	100	+380	+220	+170	—	+120	+72	—	+36	—	+12	0		+16	+22	+34	-3+Δ	—	-13+Δ	-13	-23+Δ	0
100	120	+410	+240	+180																		
120	140	+460	+260	+200	—	+145	+85	—	+43	—	+14	0		+18	+26	+41	-3+Δ	—	-15+Δ	-15	-27+Δ	0
140	160	+520	+280	+210																		
160	180	+580	+310	+230																		
180	200	+660	+340	+240	—	+170	+100	—	+50	—	+15	0		+22	+30	+47	-4+Δ	—	-17+Δ	-17	-31+Δ	0
200	225	+740	+380	+260																		
225	250	+820	+420	+280																		
250	280	+920	+480	+300	—	+190	+110	—	+56	—	+17	0		+25	+36	+55	-4+Δ	—	-20+Δ	-20	-34+Δ	0
280	315	+1 050	+540	+330																		
315	355	+1 200	+600	+360	—	+210	+125	—	+62	—	+18	0		+29	+39	+60	-4+Δ	—	-21+Δ	-21	-37+Δ	0
355	400	+1 350	+680	+400																		
400	450	+1 500	+760	+440	—	+230	+135	—	+68	—	+20	0		+33	+43	+66	-5+Δ	—	-23+Δ	-23	-40+Δ	0
450	500	+1650	+840	+480																		

基本偏差		上偏差（ES）													②Δ（μm）					
		P到ZC	P	R	S	T	U	V	X	Y	Z	ZA	ZB	ZC						
基本尺寸（mm）		公差等级																		
大于	至	≤7	>7级												3	4	5	6	7	8
—	3	在>7级的相应数值上增加一个Δ值	-6	-10	-14	—	-18	—	-20	—	-26	-32	-40	-60	0					
3	6		-12	-15	-19	—	-23	—	-28	—	-35	-42	-50	-80	1	1.5	1	3	4	6
6	10		-15	-19	-23	—	-28	—	-34	—	-42	-52	-67	-97	1	1.5	2	3	6	7
10	14		-18	-23	-28	—	-33	—	-40	—	-50	-64	-90	-130	1	2	3	3	7	9
14	18							-39	-45	—	-60	-77	-108	-150						
18	24		-22	-28	-35	—	-41	-47	-54	-63	-73	-98	-136	-188	1.5	2	3	4	8	12
24	30					-41	-48	-55	-64	-75	-88	-118	-160	-218						
30	40		-26	-34	-43	-48	-60	-68	-80	-94	-112	-148	-200	-274	1.5	3	4	5	9	14
40	50					-54	-70	-81	-97	-114	-136	-180	-242	-325						
50	65		-32	-41	-53	-66	-87	-102	-122	-144	-172	-226	-300	-405	2	3	5	6	11	16
65	80			-43	-59	-75	-102	-120	-146	-174	-210	-274	-360	-480						
80	100		-37	-51	-71	-91	-124	-146	-178	-214	-258	-335	-445	-585	2	4	5	7	13	19
100	120			-54	-79	-104	-144	-172	-210	-254	-310	-400	-525	-690						
120	140		-43	-63	-92	-122	-170	-202	-248	-300	-365	-470	-620	-800	3	4	6	7	15	23
140	160			-65	-100	-134	-190	-228	-280	-340	-415	-535	-700	-900						
160	180			-68	-108	-146	-210	-252	-310	-380	-465	-600	-780	-1000						
180	200		-50	-77	-122	-166	-236	-284	-350	-425	-520	-670	-880	-1150	3	4	6	9	17	26
200	225			-80	-130	-180	-258	-310	-385	-470	-575	-740	-960	-1250						
225	250			-84	-140	-196	-284	-340	-425	-520	-640	-820	-1050	-1350						

续表

基本偏差		上偏差（ES）													②Δ（μm）					
		P 到 ZC	P	R	S	T	U	V	X	Y	Z	ZA	ZB	ZC						
基本尺寸（mm）		公差等级																		
大于	至	≤7	>7 级												3	4	5	6	7	8
250	280		−56	−94	−158	−218	−315	−385	−475	−580	−710	−920	−1200	−1550	4	4	7	9	20	29
280	315			−98	−170	−240	−350	−425	−525	−650	−790	−1000	−1300	−1700						
315	355		−62	−108	−190	−268	−390	−475	−590	−730	−900	−1150	−1500	−1900	4	5	7	11	21	32
355	400			−114	−208	−294	−435	−530	−660	−820	−1000	−1300	1650	−2100						
400	450		−68	−126	−232	−330	−490	−595	−740	−920	−1100	−1450	−1850	−2400	5	5	7	13	23	34
450	500			−132	−252	−360	−540	−660	−820	−1000	−1250	−1600	−2100	−2600						

【做一做 6.7】

已知轴ϕ50 的标准公差等级为 IT8，它的上偏差为+0.018，请完成以下练习（请写计算过程）。

① 查表得知轴 ϕ50 的公差值为________________________。

② 下偏差为____________________________________。

③ 最大极限尺寸为________________________________。

④ 最小极限尺寸为________________________________。

⑤ 请画出公差带图。

2. 配合

（1）配合及其种类

基本尺寸相同且相互结合的孔和轴公差带之间的关系称为**配合**。配合分为以下三种。

① **间隙配合**：孔与轴装配时，具有间隙（包括最小间隙等于零）的配合。此时孔的公差带在轴的公差带之上，如图 6-37（a）所示。

② **过盈配合**：孔与轴装配时，具有过盈（包括最小过盈等于零）的配合。此时孔的公差带在轴的公差带之下，如图 6-37（c）所示。

③ **过渡配合**：孔与轴装配时，可能具有间隙或过盈的配合。此时孔、轴的公差带重叠，如图 6-37（b）所示。

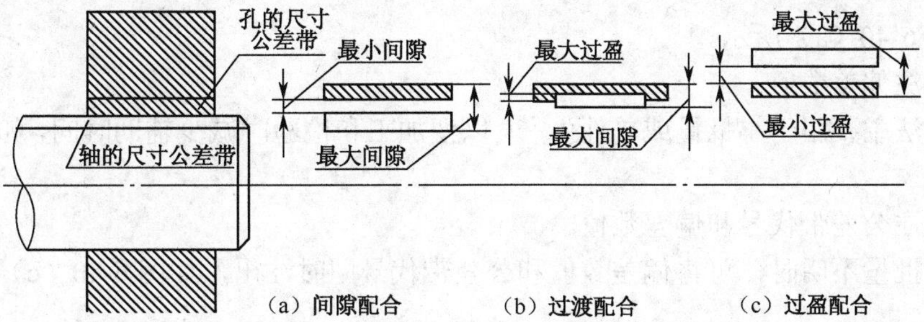

图 6-37 三种配合

（2）基准制

① **基孔制**：基本偏差为一定的孔的公差带与不同基本偏差的轴的公差形成各种配合的一种制度。基孔制配合中的孔称为基准孔，其基本偏差代号为 H，下偏差 EI=0。在基孔制配合中，基本偏差 a～h 一般为间隙配合，基本偏差 j～n 一般为过渡配合，基本偏差 p～zc 一般为过盈配合，如图 6-38（a）所示。

② **基轴制**：基本偏差为一定的轴的公差带与不同基本偏差的孔的公差形成各种配合的一种制度。基轴制配合中的轴称为基准轴，其基本偏差代号为 h，上偏差 es=0。由于孔难加工，一般应优先采用基孔制配合。在基轴制配合中，基本偏差 A～H 一般为间隙配合，基本偏差 J～N 一般为过渡配合，基本偏差 P～ZC 一般为过盈配合，如图 6-38（b）所示。

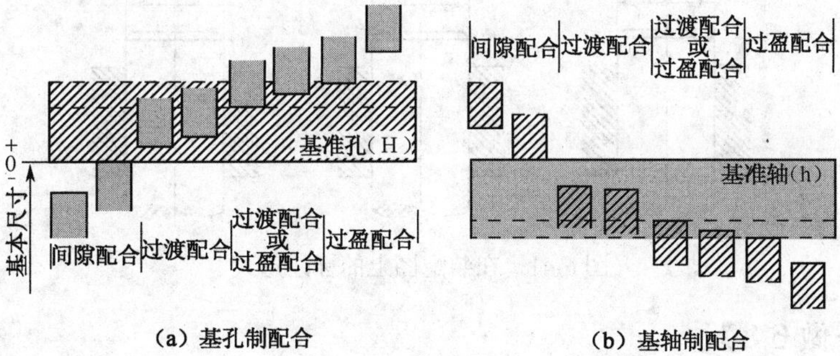

图 6-38 基准制

3. 公差与配合的标注

零件图上，一些重要的尺寸，一般应标注出偏差或公差带代号，如图 6-39 所示。

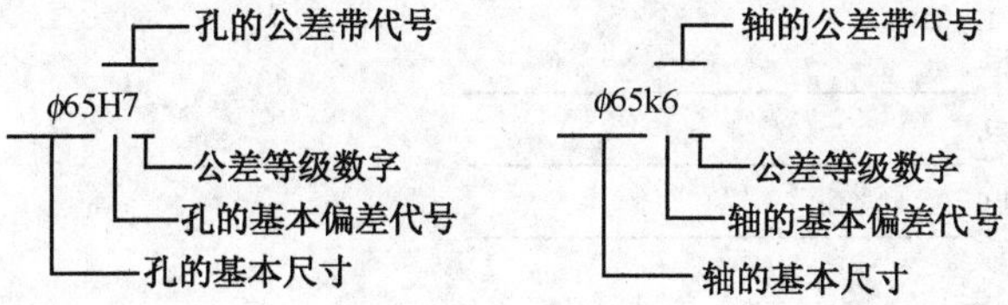

图 6-39 公差的标注

标注公差有三种形式。

（1）标注公差带代号

这种注法和采用专用量具检验零件统一起来，适应大批量生产的需要，无须标注偏差数值，如图 6-40（a）所示。

（2）标注偏差数值

这种注法主要用于小批量或单件生产，以便加工和检验时减少辅助时间，如图 6-40（b）所示。

（3）标注公差带代号和偏差数值

在生产批量不明时，可将偏差数值和公差带代号同时注出，如图 6-40（c）所示。

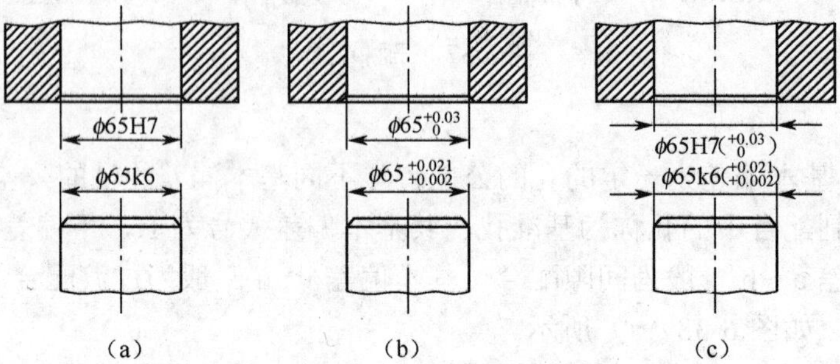

图 6-40　公差标注形式

在装配图上的标注形式如图 6-41 所示。

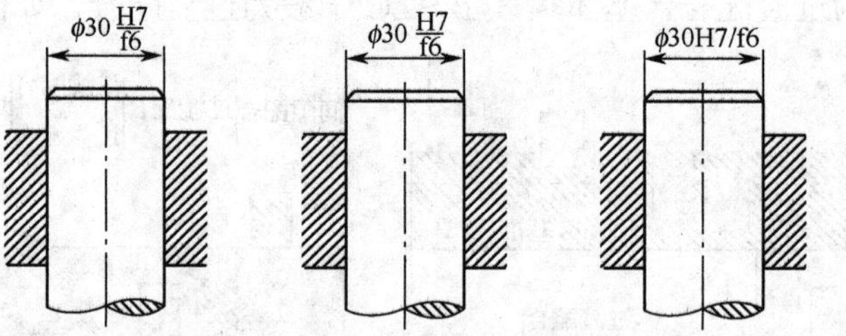

图 6-41　在装配图上的标注形式

【做一做 6.8】

请判断以下配合属于间隙配合、过渡配合还是过盈配合。

$$\frac{H8}{f7} \quad \frac{H7}{m6} \quad \frac{H8}{p7} \quad \frac{N8}{h7} \quad \frac{T7}{h6} \quad \frac{D8}{h8} \quad \frac{F9}{h9}$$

属于间隙配合的是______________________

属于过渡配合的是______________________

属于过盈配合的是______________________

【做一做 6.9】

如图 6-42 所示，根据装配图中所标注的配合代号，说明配合的基准制和种类，并在相应的零件图上注写基本尺寸和公差带代号。

$\phi 18\frac{H7}{p6}$ 基准制：__________

配合种类：__________

$\phi 14\frac{F8}{h7}$ 基准制：__________

配合种类：__________

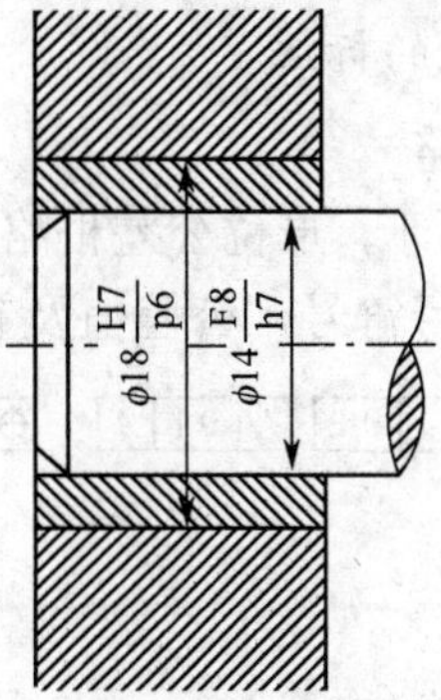

(a)

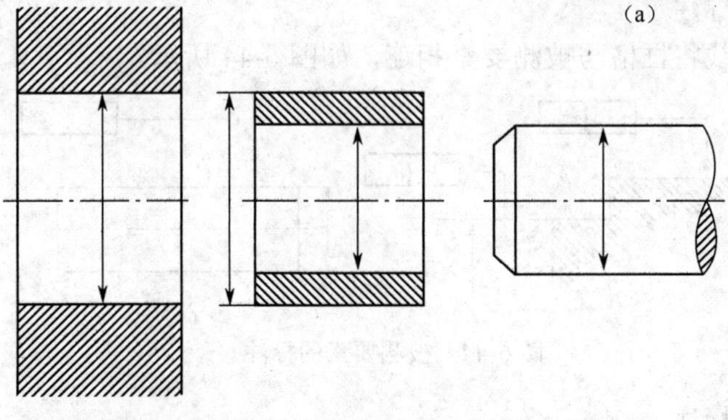

(b) (c) (d)

图 6-42 装配图、零件图的标注转换

三、形状与位置公差

形状和位置公差简称形位公差，是零件要素（点、线、面）的实际形状和实际位置对理想形状和理想位置的允许变动量。

1. 形位公差特征项目及符号

形位公差特征项目及符号见表 6-5。

表 6-5 形位公差特征项目及符号

分 类	特 征 项 目	符 号	分 类		特 征 项 目	符 号
形状公差	直线度	—	位置公差	定向	平行度	//
	平面度	▱			垂直度	⊥
	圆度	○			倾斜度	∠
	圆柱度	⌭		定位	同轴度	◎
形状或位置公差	线轮廓度	⌒			对称度	⌯
					位置度	⌖
	面轮廓度	⌓		跳动	圆跳动	↗
					全跳动	⌰

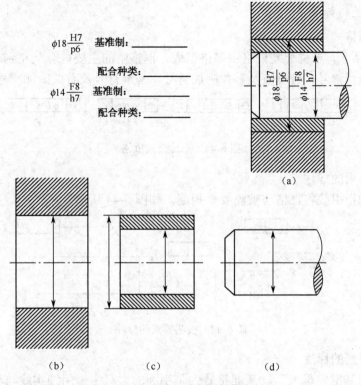

2. 形位公差的标注

（1）公差框格

如图 6-43 所示，形位公差框格由多格组成，框格中的主要内容从左到右按以下次序填写：公差特征项目符号，公差值及有关附加符号，基准符号及有关附加符号。

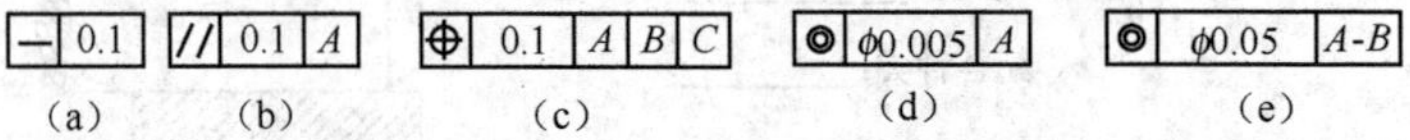

图 6-43　形位公差框格

（2）被测要素的标注

用带箭头的指引线将框格与被测要素相连，如图 6-44 所示。

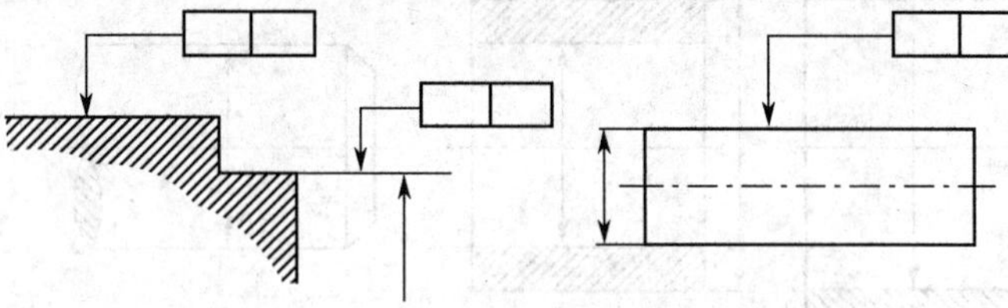

图 6-44　被测要素的标注

（3）基准要素的标注

基准要素用基准字母表示，基准符号为带小圆的大写字母用细实线与粗的短横线相连（图 6-45）。

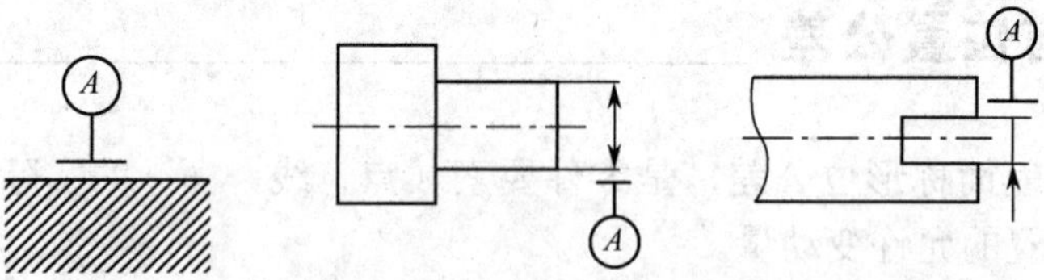

图 6-45　基准要素的标注

3. 形位公差的含义

如图 6-46（a）所示，为了保证滚柱工作质量，除了注出直径的尺寸公差外，还要标注滚柱轴线的形状公差，[— | φ0.006]表示滚柱实际轴线的直线度误差，轴线必须控制在直径 ϕ0.006 的圆柱面内。如图 6-46（b）所示，箱体上的两个孔是安装锥齿轮轴的孔，如果两孔轴线歪斜太大，就会影响锥齿轮的啮合传动。为了保证正常啮合，应该使两孔轴线保持一定的垂直位置，所以要注上垂直度要求，图中[⊥ | 0.05]说明一个孔的轴线，必须位于距离为 0.05 且垂直于另一个孔的轴线的两平行平面之间。如图 6-47 所示是一根气门阀杆，从图中可以看到，当被测要素为线或表面时，从框格引出的指引线箭头，应指在该要素的轮廓线或其延长线上。当被测要素是轴线时，应将箭头与该要素的尺寸线对齐，如 M8×1 轴线的同轴度注法。当基准要素是轴线时，应将基准符号与该要素的尺寸线对齐，如基准 *A*。形位公差的含义如图 6-47 中文字所示。

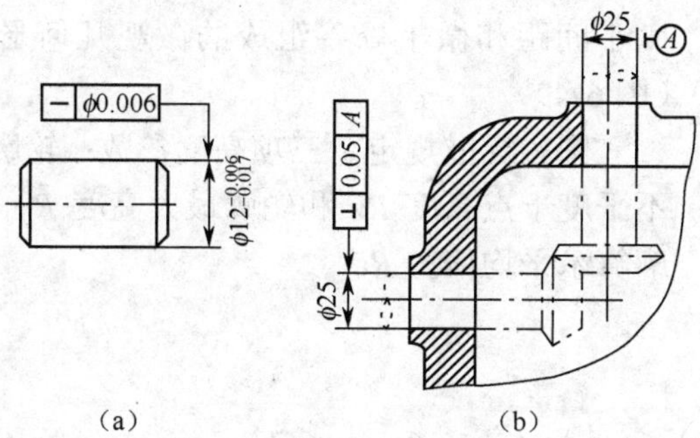

图 6-46　形位公差的标注示例（一）

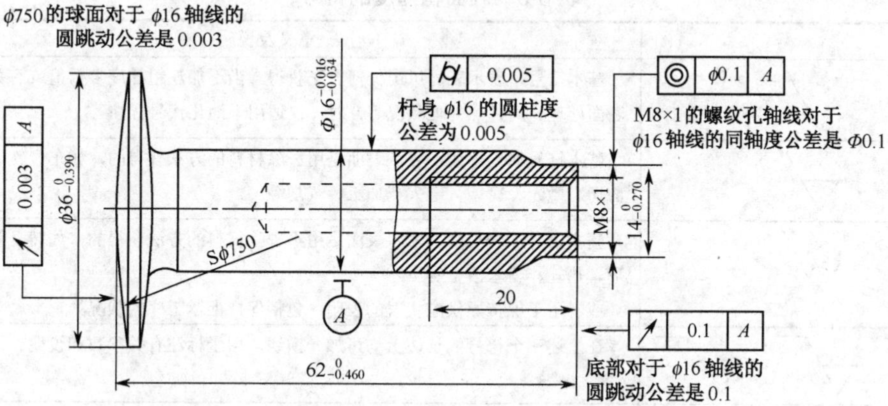

图 6-47　形位公差的标注示例（二）

【做一做 6.10】

分析图 6-48（a）中形位公差标注的错误，并在图 6-48（b）中正确标注。

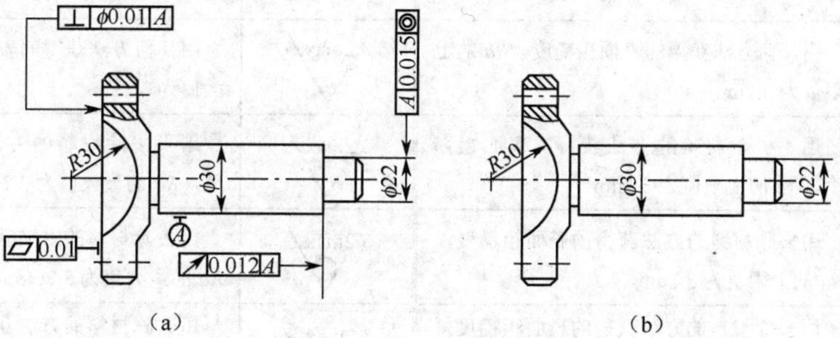

图 6-48　形位公差标注改错练习

四、表面粗糙度

1．表面粗糙度的概念

经过加工后的机器零件，其表面状态是比较复杂的。若将其截面放大来看，零件的表面总是凹凸不平的，是由一些微小间距和微小峰谷组成的，将这种零件加工表面上具有的

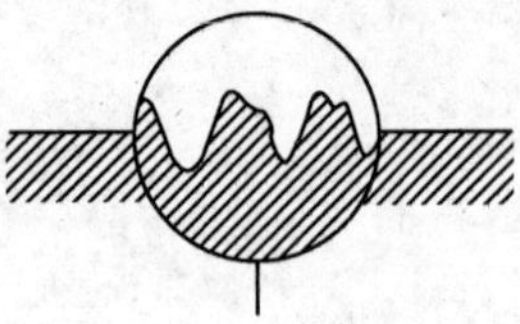

图 6-49　表面粗糙度

微小间距和微小峰谷组成的微观几何形状特征称为**表面粗糙度**（图 6-49）。

国家标准规定了三项高度参数：轮廓算术平均偏差 *R*a、微观不平度十点高度 *R*z 和轮廓最大高度 *R*y。这里只介绍最常用的轮廓算术平均偏差 *R*a。

2. 表面粗糙度的符号和代号（表 6-6、表 6-7）

表 6-6　表面粗糙度的符号

符　号	意义及说明
	基本符号，表示表面可用任何方法获得。当不加注粗糙度参数值或有关说明（如表面处理、局部热处理状况等）时，仅适用于简化代号标注
	基本符号加一短线，表示表面是用去除材料的方法获得的，如车、铣、钻、磨、剪切、抛光、腐蚀、电火花加工、气割等
	基本符号加一小圆，表示表面是用不去除材料的方法获得的，如铸、锻、冲压变形、热轧、粉末冶金等 或者用于保持原供应状况的表明（包括保持上道工序的状况）
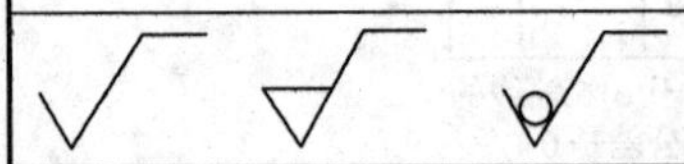	在上述三个符号的长边上均可加一横线，用于标注有关参数和说明
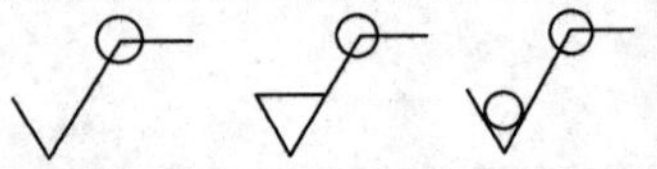	在上述三个符号上均可加一小圆，表示所有表面具有相同的表面粗糙度要求

表 6-7　表面粗糙度代号的意义

代　号	意　义	代　号	意　义
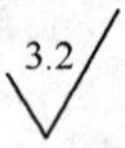	用任何方法获得的表面粗糙度，*Ra* 的上限值为 3.2μm	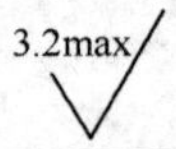	用任何方法获得的表面粗糙度 *Ra* 的最大值为 3.2μm
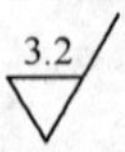	用不去除材料的方法获得的表面粗糙度，*Ra* 的上限值为 3.2μm	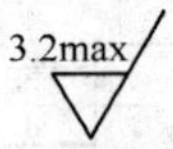	用不去除材料的方法获得的表面粗糙度，*Ra* 的最大值为 3.2μm
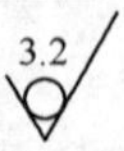	用去除材料的方法获得的表面粗糙度，*Ra* 的上限值为 3.2μm，	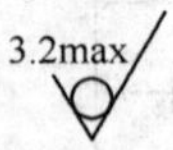	用去除材料的方法获得的表面粗糙度，*Ra* 的最大值为 3.2μm
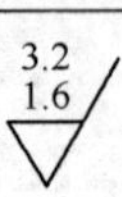	用去除材料的方法获得的表面粗糙度，*Ra* 的上限值为 3.2μm，*Ra* 的下限值为 1.6μm	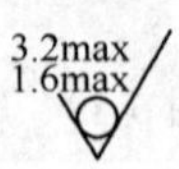	用去除材料的方法获得的表面粗糙度，*Ra* 的最大值为 3.2μm，*Ra* 的最小值为 1.6μm

3. 表面粗糙度代号、符号在图样上的标注

表面粗糙度符号、代号一般注在可见轮廓线、尺寸界线、引出线或它们的延长线上（图 6-50）。符号的尖端必须**从材料外指向表面**。在同一图样上，每一表面一般只标注一次代（符）号，并尽可能靠近有关尺寸线。当不便标注时，代（符）号可以引出标注。

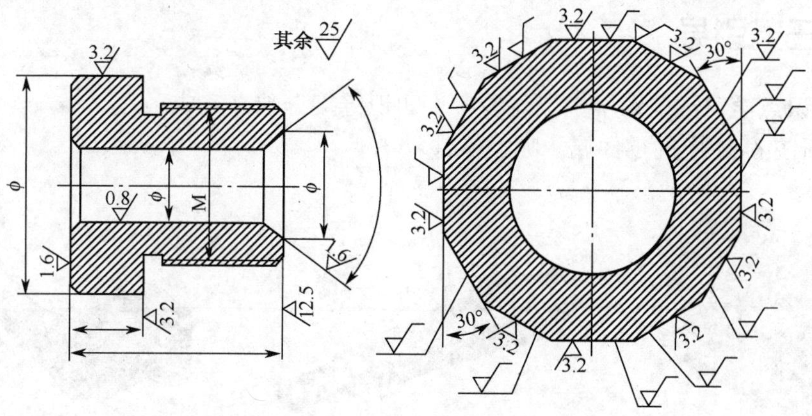

图 6-50　标注形式及标注方向

【做一做 6.11】

如图 6-51 所示为轴承套（该零件为旋转体的组合），找出左图中表面粗糙度代号标注方面的错误，在右图中正确标注。

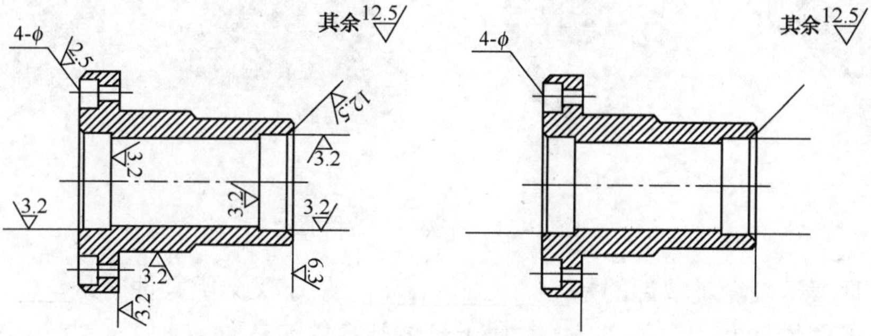

图 6-51　轴承套

任务4　读零件图

任务要求

通过识读零件图，了解零件图的读图步骤，学会对零件图进行分析，读懂零件的形状和内部结构特征及尺寸要求。

情境创设

教师发放作业单给学生，作业内容为一张零件图及分析填空题，要求学生在教师讲解前完成大部分练习。教师讲解完知识链接的相关内容后，请学生检查自己的练习答案是否正确。

任务引导

相关知识点学习：要求学生课前参考“知识链接”独立完成。

1．判断图 6-52 中的零件属于哪类零件。

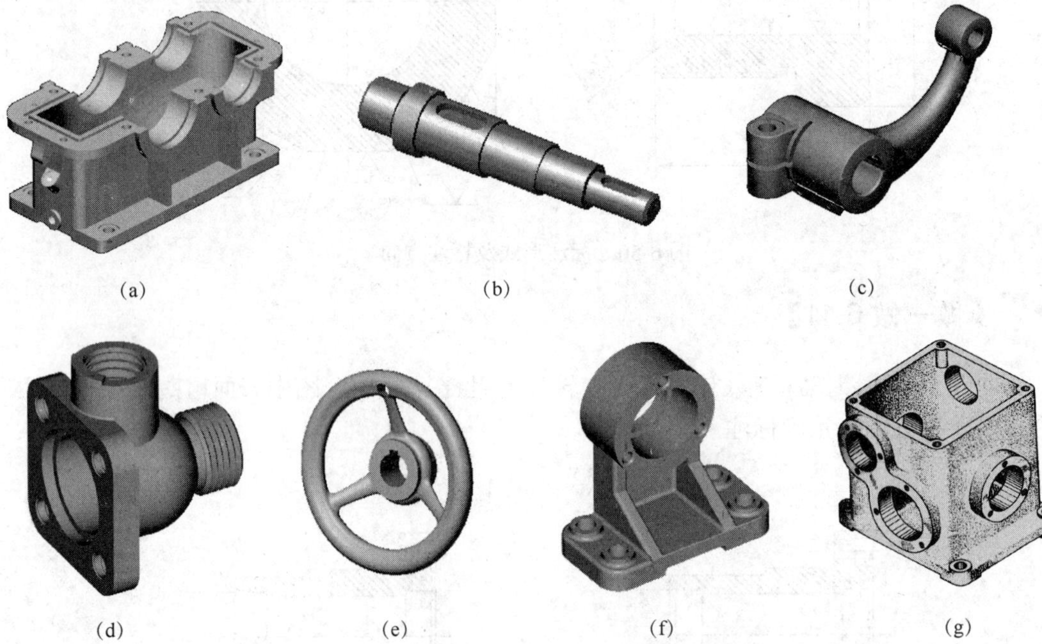

图 6-52　各类零件立体图

以上零件属于轴套类零件的是______________，属于叉架类零件的是______________，属于轮盘类零件的是______________，属于箱体类零件的是______________。

2．读零件图的步骤是________________、________________、________________、________________、________________。

试一试

读端盖的零件图（图 6-53 和图 6-54），完成以下填空题。

1．端盖的结构为____。

2．零件材料为________。零件图采用了两个_______视图，左视图是采用了________方法的________剖视图。在底板上有_____个________，底板上叠加的圆柱直径为__________，圆柱中空，内部是__________一个__________，孔的最大直径为__________。圆柱侧面也有_________通孔，直径分别为__________。

图 6-53　端盖

3．由图可知，径向的主要基准是______________________________，轴向的主要基准是____________________。

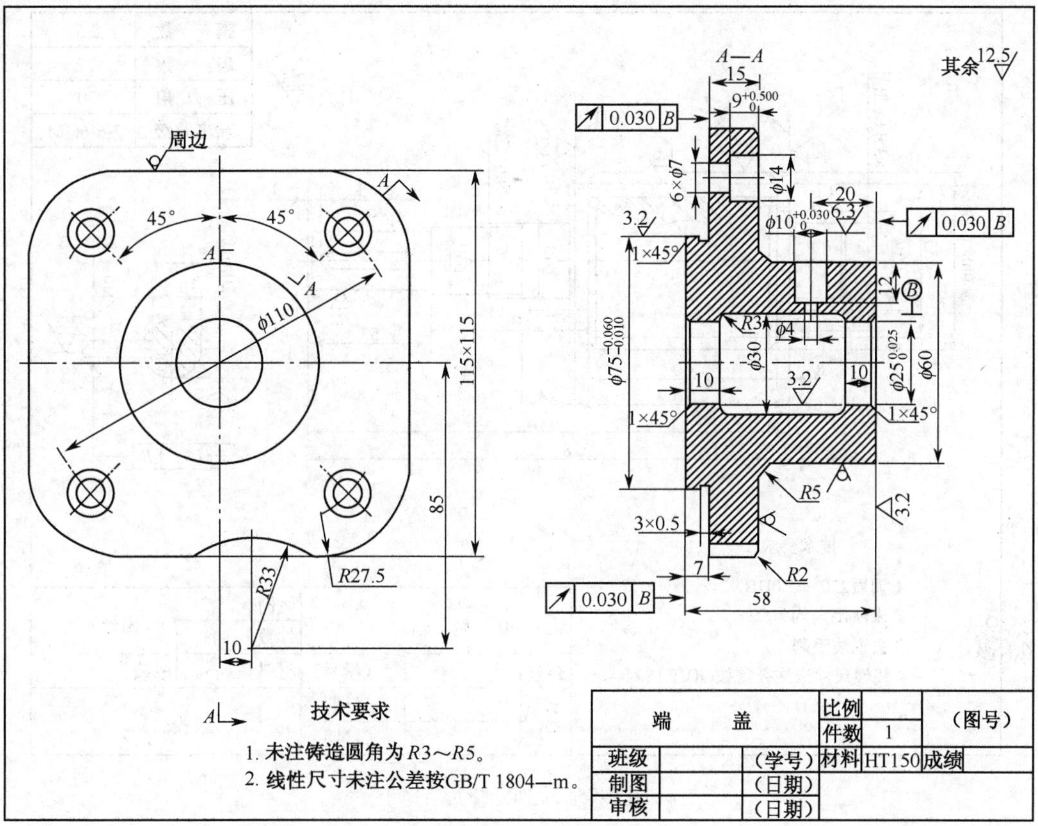

图 6-54　端盖的零件图

知识链接

在零件设计制造、机器安装、机器使用和维修及技术革新、技术交流等工作中，常常要读零件图。读零件图的目的是弄清零件图所表达零件的结构形状、尺寸和技术要求，以便指导生产和解决有关的技术问题。

一、读零件图的基本要求

① 了解零件的名称、用途和材料。

② 分析零件各组成部分的几何形状、结构特点及作用。

③ 分析零件各部分的定形尺寸和各部分之间的定位尺寸。

④ 熟悉零件的各项技术要求。

二、读零件图的步骤

下面以图 6-55 为例来分析读图的步骤。

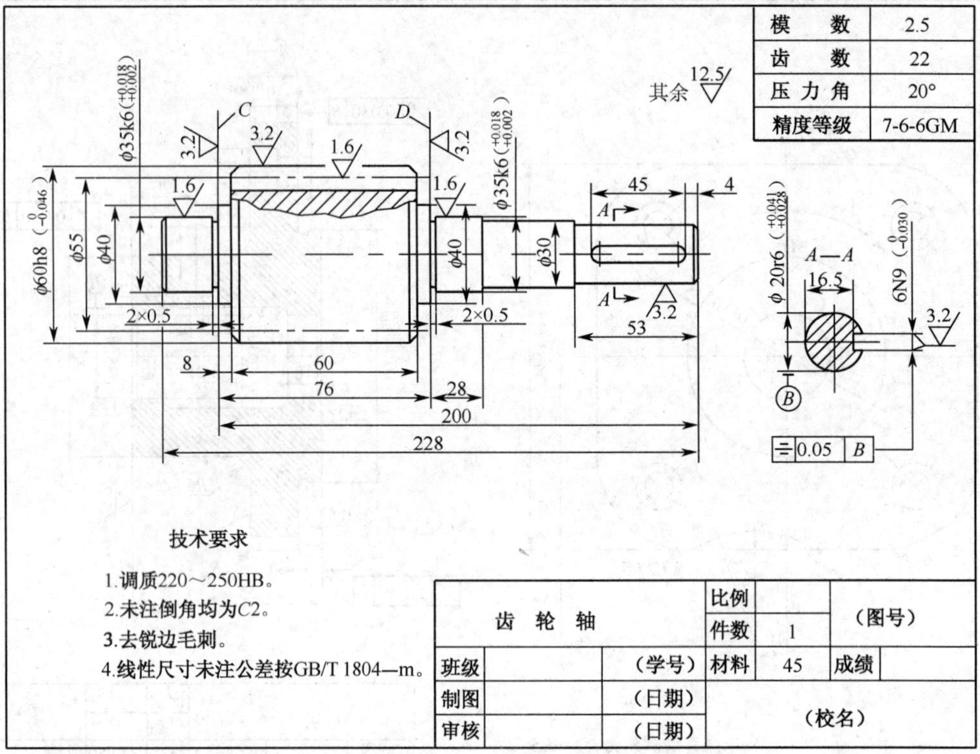

图 6-55　齿轮轴的零件图

1. 看标题栏

从标题栏可以了解零件的名称、材料、质量、图样的比例等。例如：从图 6-55 中的标题栏可知，该零件叫齿轮轴，属于轴类零件。齿轮轴是用来传递动力和运动的，其材料为 45 号钢。从总体尺寸看，最大直径 60mm，总长 228mm，属于较小的零件。

2. 分析表达方案

① 找出主视图。

② 看看有多少个视图、剖视图、断面图等，确定它们的名称、相互位置和投影关系。

③ 有剖视图、断面图的地方要找到剖切面的位置。

④ 有局部视图、斜视图的地方，要找到表示投射部位的字母和表达投射方向的箭头。

⑤ 看看有无局部放大图和简化画法。

如图 6-55 所示，齿轮轴的表达方案由主视图和移出断面图组成，轮齿部分作了局部剖。主视图（结合尺寸）已将齿轮轴的主要结构表达清楚，移出断面图用于表达键槽深度和进行有关标注。

3. 分析结构

可按下列顺序进行分析。

① 先看大致轮廓，再分几个较大的独立部分进行分析，逐个看懂。

② 对外部结构进行分析，逐个看懂。

③ 对内部结构进行分析，逐个看懂。

④ 对不便于进行形体分析的部分进行线面分析，搞清楚投影关系，最后分析细节。

以图 6-55 为例，从主视图看出齿轮轴由几段不同直径的回转体组成，最大的圆柱上制有轮齿，最右端的圆柱上有一键槽，零件两端及轮齿两端有倒角，*C*、*D* 两端面处有砂轮越程槽。

4. 分析尺寸

可按下列顺序进行分析。

① 根据结构分析，了解定形尺寸和定位尺寸。

② 根据零件的结构特点，了解基准和尺寸的标注形式。

③ 了解功能尺寸。

④ 了解非功能尺寸。

⑤ 确定零件的总体尺寸。

以图 6-55 为例，在该齿轮轴中，两ϕ35k6 轴段及ϕ20r6 轴段用来安装滚动轴承及联轴器，为使传动平稳，各轴段应同轴，故径向尺寸的基准为齿轮轴的轴线。端面 *C* 用于安装挡油环及轴向定位，所以端面 *C* 为长度方向的主要尺寸基准，以此为基准注出了尺寸 2、8、76 等。端面 *D* 为长度方向的辅助尺寸基准，由此基准注出了尺寸 2、28。齿轮轴的右端面为长度方向的另一辅助尺寸基准，以此为基准注出了尺寸 4、53 等。轴向的重要尺寸，如键槽长度 45、齿轮宽度 60 等已直接注出。

5. 分析结构特点、工艺和技术要求

① 根据图形了解结构特点。

② 根据零件的特点确定零件的加工工艺。

③ 根据图形内、外的符号和文字注解，了解技术要求。

如图 6-55 所示，不难看出两个ϕ35 及ϕ20 的轴颈处有配合要求，尺寸精度较高，均为 6 级公差，相应的表面粗糙度要求也较高，分别为 *Ra*1.6 和 *Ra*3.2。对键槽提出了对称度要求。另外对热处理、倒角、未注尺寸公差等给出了 4 项文字说明。

综合上述五个方面的分析，就可以了解图 6-55 所示零件的完整形象（图 6-56），真正看懂这张零件图。

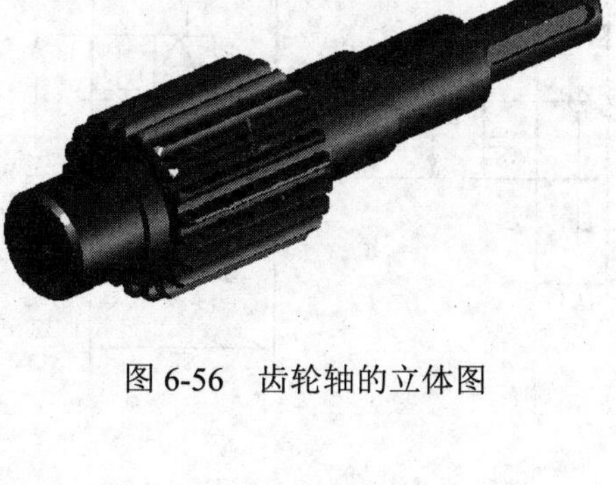

图 6-56 齿轮轴的立体图

【做一做 6.12】

看夹具体零件图（图 6-57），回答问题。

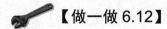

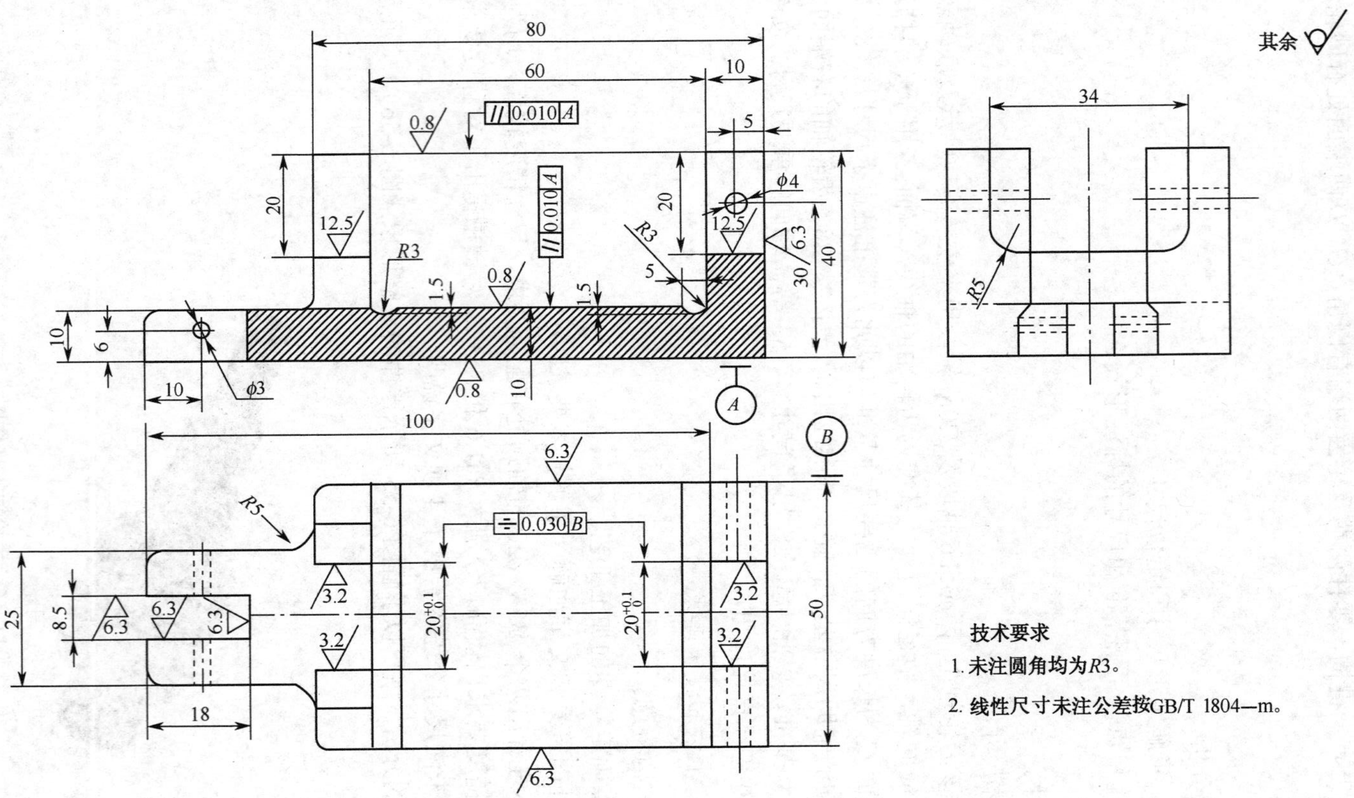

技术要求

1. 未注圆角均为R3。

2. 线性尺寸未注公差按GB/T 1804—m。

夹　具　体			比例		（图号）	
			件数	1		
班级		（学号）	材料	20	成绩	
制图		（日期）	（校名）			
审核		（日期）				

图 6-57　夹具体零件图

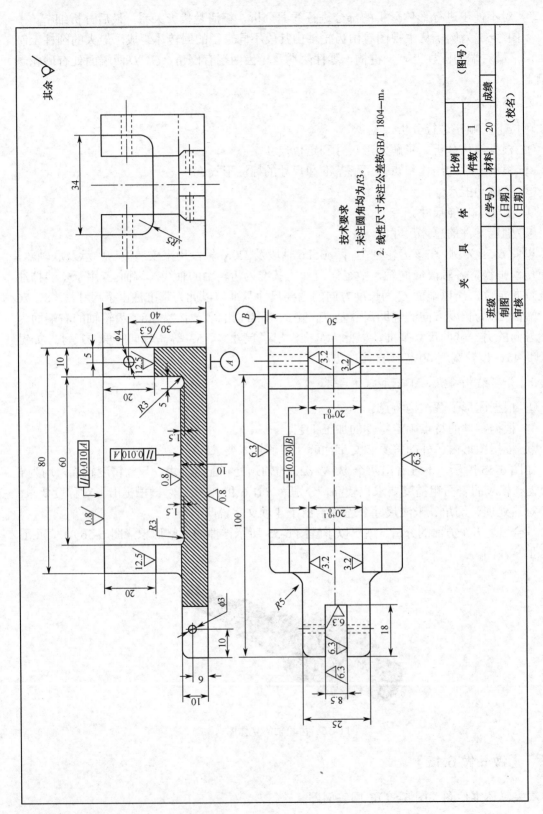

① 主视图采用________ 视图，原因是____。

② 该零件左上方的开口形状是怎样的？请徒手将断面形状画出来。

③ 长度方向的主要基准是____________，宽度方向的主要基准是____________，高度方向的主要基准是__________。

④ 说明图中各形位公差的含义。

上方[// | 0.010 | A]表示____。

槽底[// | 0.010 | A]表示____。

[⌯ | 0.030 | B]表示____。

⑤ 零件的总长为__________，总宽为__________，总高为__________。

项目七

识读装配图

知识目标

1. 了解装配图在生产与设计中的作用，以及装配图的内容。
2. 掌握分析装配图的步骤和读装配图的方法。
3. 理解装配图尺寸标注要求及技术要求的意义。

能力目标

能按照正确的步骤和方法识读简单的装配图。

情感目标

1. 体验从简单到复杂（从零件到组合），再从复杂到简单（从装配到解体）的学习乐趣。
2. 在任务实施的过程中不断积累分析问题的经验，从个案中寻找共性。
3. 在识读装配图的过程中，培养合作能力。

任务1 装配图的作用和内容

任务要求

通过分析滚动轴承座装配图，了解装配图的作用和内容，总结出分析装配图的步骤和读装配图的方法。

情境创设

教师展示滚动轴承座的教学模型及齿轮泵的实物，让学生观察并进行拆装，分析各零件之间的装配关系和传动关系。

任务引导

相关知识点学习：要求学生课前参考“知识链接”独立完成。

1．在设计产品时，通常是根据设计任务书，先画出符合设计要求的________，再根据装配图画出符合要求的________；在制造产品的过程中，要根据______制定装配______来装配、调试和检验产品；在使用产品时，要从装配图上了解产品的______、______、______、______。

2．装配图包括________、________、________、________、________。

3．识图装配图的步骤为____。

任务实施

读装配图，回答问题（图 7-1 和图 7-2）。

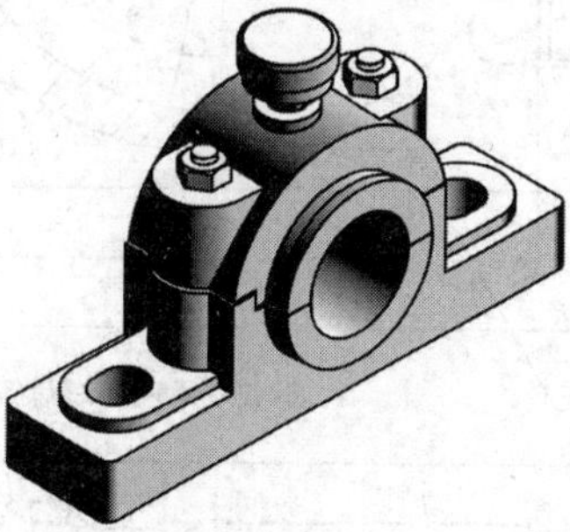

图 7-1　滚动轴承座

1．填写滚动轴承座装配图包含的五部分内容。

（1）一组视图有________________________________。

（2）必要的尺寸有（总长、总宽、总高、必要的安装尺寸）________________________________。

（3）技术要求包含________________________________。

（4）零件的序号共有________个。明细栏表达的内容有________________________________。

（5）标题栏里的内容有________________________________。

2．分析解决一些实际问题。

（1）滚动轴承座装配体的大致用途为____________，图中尺寸 50 的作用是__________。

（2）2 号和 3 号零件的名称分别是____________，3 号零件的公称直径和螺纹长度分别为__________。

（3）滚动轴承座装配体共有____种标准件，分别是________________________________。

（4）该装配体用__________润滑，用序号为____的零件密封。

（5）在工作状态下，装配体中 5 号零件起______________作用。

3．简述装配体的拆卸及装配顺序。

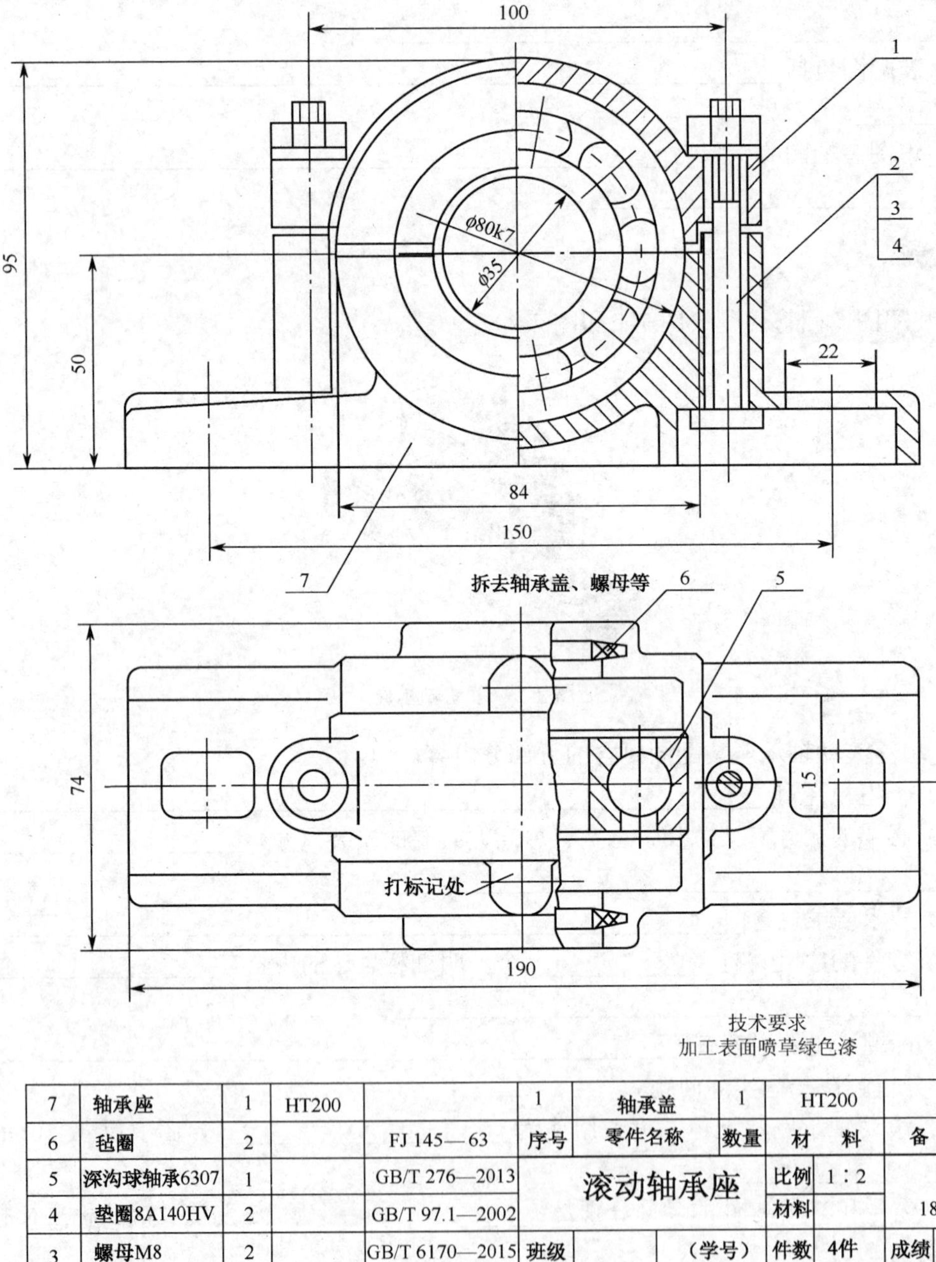

技术要求
加工表面喷草绿色漆

7	轴承座	1	HT200	
6	毡圈	2		FJ 145—63
5	深沟球轴承6307	1		GB/T 276—2013
4	垫圈8A140HV	2		GB/T 97.1—2002
3	螺母M8	2		GB/T 6170—2015
2	螺栓M8×70	2		
序号	零件名称	数量	材　料	备　注

1	轴承盖	1	HT200	
序号	零件名称	数量	材　料	备　注

滚动轴承座			比例	1∶2	图号	
			材料		18.01.00	
班级		（学号）	件数	4件	成绩	
制图		（日期）	（校名）			
审核		（日期）				

图 7-2　滚动轴承座装配图

知识链接

一、装配图及其作用

装配图在科研和生产中起着十分重要的作用。在设计产品时，通常是根据设计任务书，先画出符合设计要求的装配图，再根据装配图画出符合要求的零件图；在制造产品的过程中，要根据装配图制定装配工艺规程来装配、调试和检验产品；在使用产品时，要从装配图上了解产品的结构、性能、工作原理、保养与维修的方法和要求。

二、装配图的内容

图 7-3 是齿轮泵装配图，由该图可知，一张完整的装配图一般包括下列 5 项内容。

1. 一组视图

视图用来表达机器或部件的工作原理、装配关系、传动路线、连接方式及零件的基本结构。如图 7-3 所示，齿轮泵的主视图采用全剖视，表达齿轮泵的主要装配干线、工作位置、主要零件的装配关系；左视图采用局部剖，反映齿轮泵进出油口及一对传动齿轮的工作原理、齿轮泵的外形及安装底板上安装孔的尺寸；*A—A* 局部剖反映组成安全装置的一套零件——钢球、弹簧、调节螺钉的连接方式。

2. 必要的尺寸

必要的尺寸指表示机器或部件的性能、规格、外形大小及装配、检验、安装所需的尺寸。如图 7-3 中的配合尺寸 $\phi 18\frac{\mathrm{H7}}{\mathrm{f6}}$，相对位置尺寸即两轴中心距 40±0.02，安装尺寸即两孔的中心距 90，外形尺寸总长 160、总宽 120、总高 65+ϕ110/2 等。

3. 技术要求

技术要求是用符号或文字注写的机器或部件在装配、检验、调试和使用等方面的要求、规则和说明等。

4. 零件的序号和明细栏

组成机器或部件的每一种零件（结构形状、尺寸规格及材料完全相同的为一种零件），在装配图上必须按一定的顺序编号，注写方法如图 7-4 所示，并编制出明细栏。装配图的明细栏画在标题栏上方，零件序号编写顺序是从下向上。明细栏中注明各种零件的序号、代号、名称、数量、材料、重量、备注等内容，以便读图、管理图样及进行生产准备、生产组织工作，如图 7-3 所示。

5. 标题栏

标题栏用于说明机器或部件的名称、图样代号、比例、重量及责任者的签名和日期等内容。

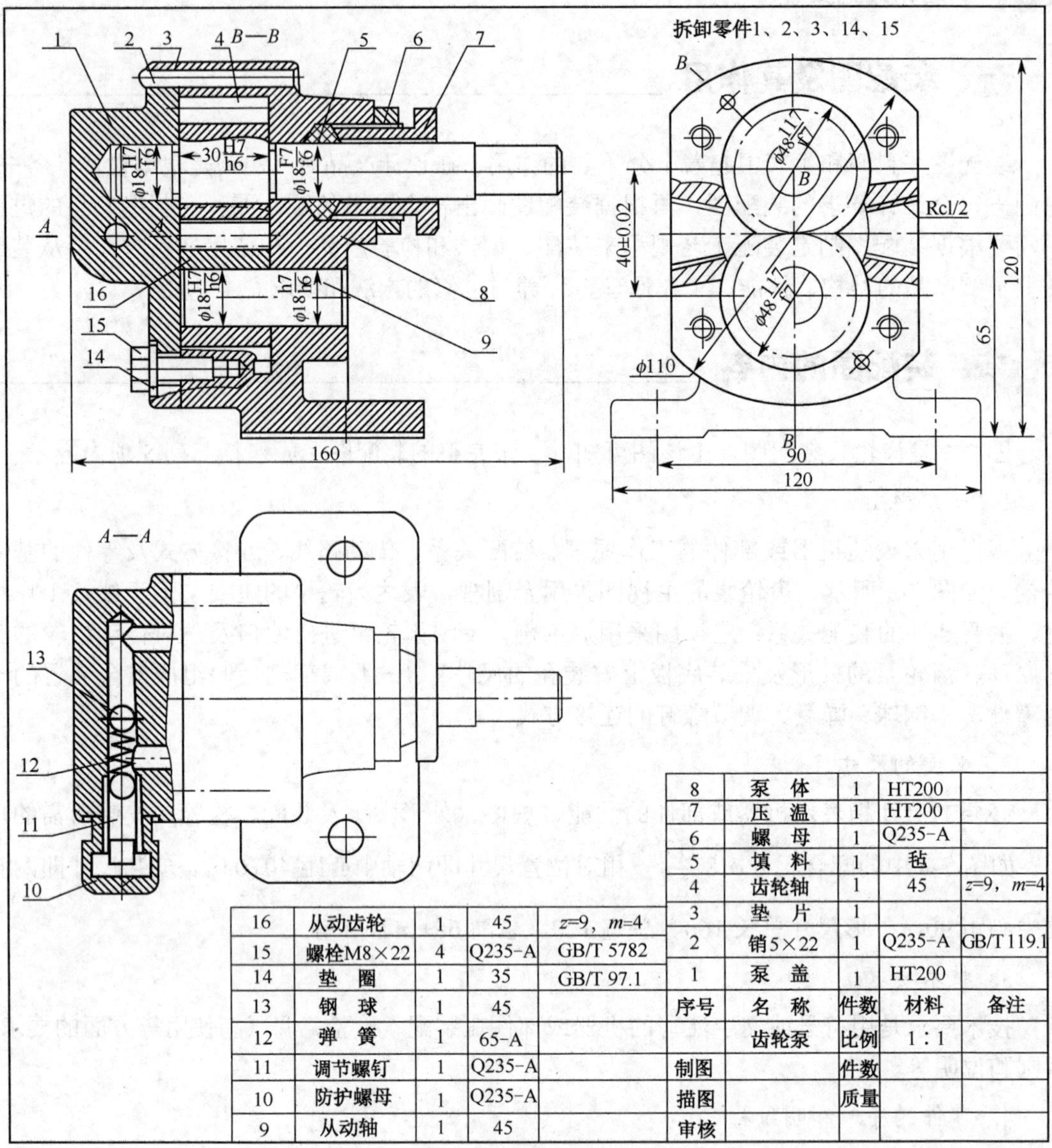

序号	名称	件数	材料	备注
16	从动齿轮	1	45	z=9，m=4
15	螺栓M8×22	4	Q235-A	GB/T 5782
14	垫　圈	1	35	GB/T 97.1
13	钢　球	1	45	
12	弹　簧	1	65-A	
11	调节螺钉	1	Q235-A	
10	防护螺母	1	Q235-A	
9	从动轴	1	45	
8	泵　体	1	HT200	
7	压　温	1	HT200	
6	螺　母	1	Q235-A	
5	填　料	1	毡	
4	齿轮轴	1	45	z=9，m=4
3	垫　片	1		
2	销5×22	1	Q235-A	GB/T 119.1
1	泵　盖	1	HT200	

	齿轮泵	比例	1：1	
制图		件数		
描图		质量		
审核				

图 7-3　齿轮泵装配图

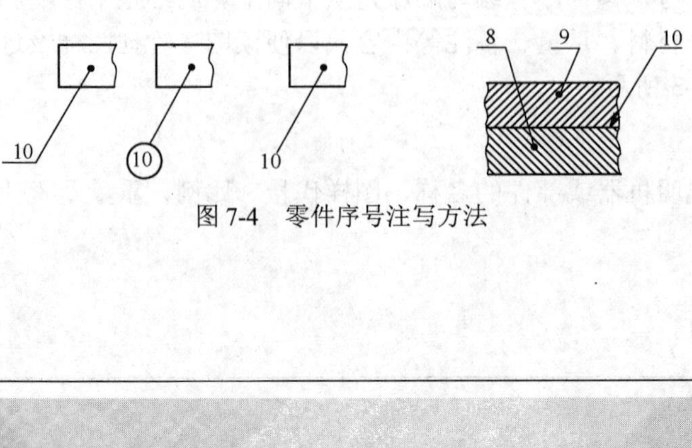

图 7-4　零件序号注写方法

三、识读装配图

1. 概括了解（看标题栏、明细栏，查找零件）

① 从标题栏和有关的说明书了解机器和部件的名称、大致用途、性能及工作原理。

② 从明细栏了解标准件和非标准件的名称、数量和所在位置。

齿轮泵是机器中用以输送润滑油的一个部件，主要由泵体，左、右端盖，运动零件（传动齿轮、齿轮轴等），密封零件及标准件等组成。从明细栏中可看出，齿轮泵共由 16 种零件组成（图 7-3）。

2. 分析视图（了解视图数量与配置、表达方法、内容）

看装配图时，应分析全图采用了哪些表达方法，首先确定主视图的名称，明确视图间的投影对应关系，如是剖视图还要找到剖切位置，然后分析各视图所要表达的重点内容。

如图 7-3 所示，齿轮泵的装配图采用了三个视图，主视图是通过机件前后对称面剖切得到的全剖视图，反映了齿轮泵各零件间的装配关系及位置；左视图是一个局部剖视图，它清楚地反映了这个泵的外部形状，同时反映了吸、压油口的情况；*A—A* 局部剖反映了组成安全装置的一套零件——钢球、弹簧、调节螺钉的连接方式。齿轮泵的外形尺寸是 160、120、65+ϕ110/2，由此知道齿轮泵的体积不大。

3. 分析装配关系、工作原理、传动路线

这是深入看装配图的重要阶段，要搞清部件传动、支承、调整、润滑、密封等的结构形式，弄清各有关零件间的接触面、配合面的连接方式和装配关系，还要分析零件的结构形状和作用，以便进一步了解部件的工作原理。

从图 7-3 中主、左视图的投影关系可知，齿轮泵泵体 8 内腔容纳一对吸油和压油齿轮，当主动齿轮轴 4 逆时针带动从动齿轮 16 顺时针方向转动时，这对传动齿轮的啮合右腔空间压力降低而产生局部真空，油池内的油在大气压力作用下进入泵的吸油口。随着齿轮的转动，齿槽中的油不断被带至左边的压油口，把油压出，送至机器中需要润滑的部位。

泵体 8 是齿轮泵中的主要零件之一。将齿轮轴 4、从动轴 9 装入泵体后，左侧有泵盖 1 支承这一对齿轮轴的旋转运动。用销 2 将泵盖与泵体定位后，再用螺栓 15 将泵盖与泵体连接成整体。为了防止泵体与泵盖结合面处及从动轴 9 伸出端漏油，分别用纸垫 3 及填料 5、螺母 6 密封。

根据零件在部件中的作用和要求，以及图上所注公差配合的代号，弄清零件间配合种类、松紧程度、精度要求等。图 7-3 中，齿轮与泵盖在支承处的配合尺寸是ϕ18H7/f6；齿轮轴的顶圆与泵体内腔的配合尺寸是ϕ48H7/f7（左视图）。尺寸 40±0.02 是一对啮合齿轮的中心距，这个尺寸准确与否将会直接影响齿轮的啮合传动。尺寸 65 是传动齿轮轴线离泵体安装面的高度尺寸。吸、压油口的尺寸均为 Rc1/2。

图 7-5 显示了齿轮泵中的各零件及装配位置，供读图后对照参考。

4. 分析零件

分析零件的目的是弄清每个零件的结构形状和各零件间的装配关系。分析时，一般从主要装配干线上的主要零件（对部件的作用、工作情况或装配关系起主要作用的零件）开始，确定零件的范围、结构、形状、功用和装配关系。

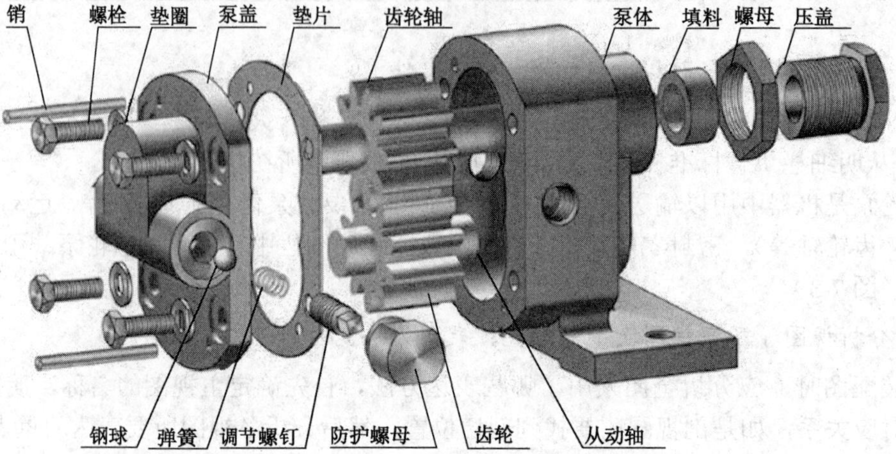

图 7-5　齿轮泵中的各零件及装配位置

图 7-3 中，齿轮泵的泵体是一个主要零件，从主、左视图可看出，泵体的主体形状为长圆形，内部为空腔，用以容纳一对啮合齿轮。其左端面有两个连通的销孔和六个连通的螺钉，以便将左、右端盖与泵体准确定位并连接起来。从左视图可知，泵体的前后有两个对称的凸台，内有管螺纹，以便连接进、出油管。泵体底部为安装板，上面有两个螺栓孔，以便将部件安装到机器上。其余零件的结构形状可用同样的方法逐个分析清楚。

5. 归纳总结

对装配图进行上述各项分析后，一般对该部件已有一定的了解，但可能还不够完全、透彻，还要围绕部件的结构、工作情况和装配连接关系等，把各部分结构联系起来综合考虑，以求对整个部件有全面的认识。

归纳总结时，一般可围绕下列几个问题进行深入思考。

① 部件的组成和工作原理如何？怎样使用？运动零件如何传动？

② 表达部件的各个视图的作用如何？是否有更好的表达方案？

③ 图中的尺寸各属于哪一类？采用了哪几种配合？

④ 零件的连接方式和装拆顺序如何？

任务 2　识读虎钳装配图

任务要求

按正确的步骤识读虎钳装配图，进一步巩固分析装配图的步骤和方法。

情境创设

教师可带学生到钳工实训场地观看台式虎钳的实物外形，并进行简单的操作，让学生了解虎钳的工作原理，提高学生识读虎钳装配图的兴趣及速度。

任务实施

识读机用虎钳装配图（图 7-6）。

1. 概括了解

从标题栏、明细栏中可以看出，该虎钳共有______________零件，其中标准件为__________，其余为非标准件。

机用虎钳是一种装在机床工作台上用来夹持工件，以便对工件进行加工的夹具。

2. 分析视图

从机用虎钳装配图中可知：主视图沿__________________________剖开，采用______剖视，表达机用虎钳的工作原理；左视图为_________剖视，表达主要零件的装配关系；俯视图为______________，表达机用虎钳的____________及钳口板 2 与______________之间的装配关系。为了便于拆画螺杆零件图，在装配图中用_______________图表达了螺杆 8 的螺纹尺寸。

3. 分析装配关系、工作原理、传动路线

（1）工作原理和传动路线

螺杆 8 只能在________________的两圆柱孔中转动 ，而不能沿轴向移动，螺杆 8 带动________________，使活动钳身 4 沿固定钳座 1 的内腔做___________运动。方块螺母 9 与活动钳身 4 用___________连成整体，这样使钳口_______________，便于夹紧和卸下零件。从主视图可以看到机用虎钳的活动范围为____________mm。两块钳口板 2 分别用沉头螺钉 10 紧固在固定钳座 1 和活动钳身 4 上，以便磨损后更换，如俯视图所示。

（2）装配关系

螺杆 8 与固定钳座 1 的左、右端分别以____________和_________配合，属于________配合。活动钳身 4 与方块螺母 9 以____________配合，属于________配合。

4. 分析零件

机用虎钳由________________、_____________、_____________和____________等零件组成。

固定钳座 1 的左、右两端由尺寸为__________和_________水平的两________孔组成，它支承着____________在两圆柱孔中转动，其中间是空腔，使方块螺母 9 带动活动钳身 4 沿固定钳座 1 做直线运动。为了将机用虎钳固定在机床工作台上以夹持工件，固定钳座 1 的前、后有两个_________，可以用其通过螺栓固定在工作台上。

由____________表达了钳口板 2 的结构形状，钳口板 2 宽为________，两孔中心距为________。

5. 归纳总结

请对照虎钳立体图（图 7-7），写出虎钳的装拆顺序。

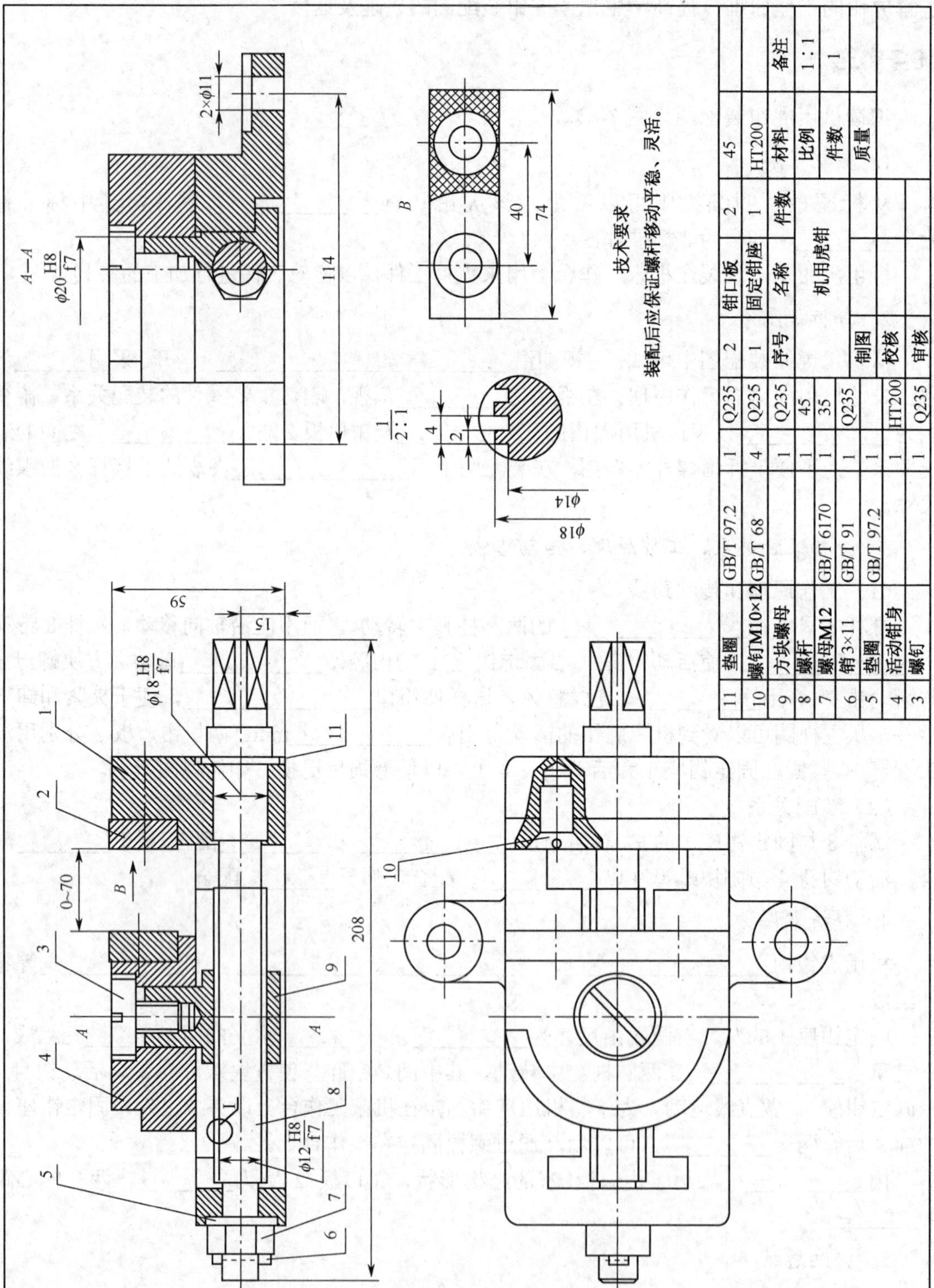
A—A
B
技术要求
装配后应保证螺杆移动平稳、灵活。
11 垫圈 GB/T 97.2 1 Q235
10 螺钉M10×12 GB/T 68 4 Q235
9 方块螺母 1 Q235
8 螺杆 1 45
7 螺母M12 GB/T 6170 1 35
6 销3×11 GB/T 91 1 Q235
5 垫圈 GB/T 97.2 1
4 活动钳身 1 HT200
3 螺钉 1 Q235
2 钳口板 2 45
1 固定钳座 1 HT200
序号 名称 件数 材料 备注
机用虎钳 比例 1:1
件数 1
质量
制图
校核
审核

图 7-6 虎钳装配图

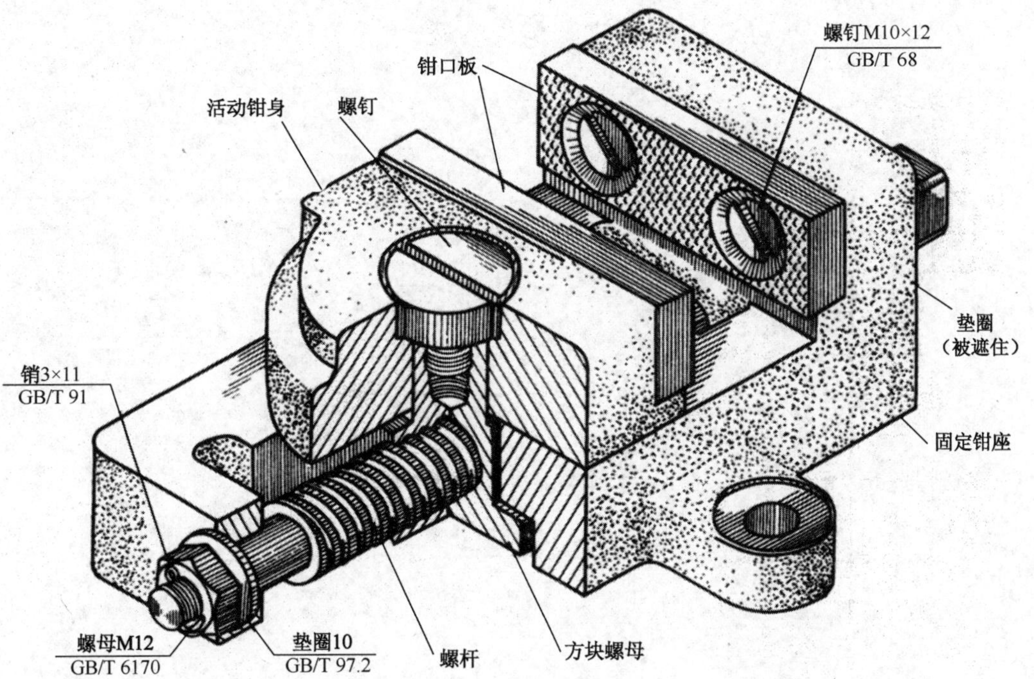
螺钉M10×12
GB/T 68
钳口板
活动钳身
螺钉
垫圈
（被遮住）
销3×11
GB/T 91
固定钳座
螺母M12
GB/T 6170
垫圈10
GB/T 97.2
螺杆
方块螺母

图 7-7　虎钳立体图

反侵权盗版声明

职业院校汽车专业任务驱动教学法创新示范教材

机 械 识 图 习 题 集

主　编　闭柳蓉　谭超茹
副主编　彭明强　冯国松
参　编　张家佩　唐腊梅　蓝双玲
主　审　许　平

電子工業出版社
Publishing House of Electronics Industry
北京 · BEIJING

1-1 字体练习

机 工 程 制 图 基 知 识 视 图 校 核 零 件

尺 寸 标 注 形 体 分 析 班 级 号

箱 体 机 架 泵 台 螺 钉 材 料 漏 油 不 见 装 配 深 倒 角 六 对

0 1 2 3 4 5 6 7 8 9 R 0 1 2 3 4 5

1-2　线型练习（在右侧空白处抄画图线及图形，不用标注尺寸）

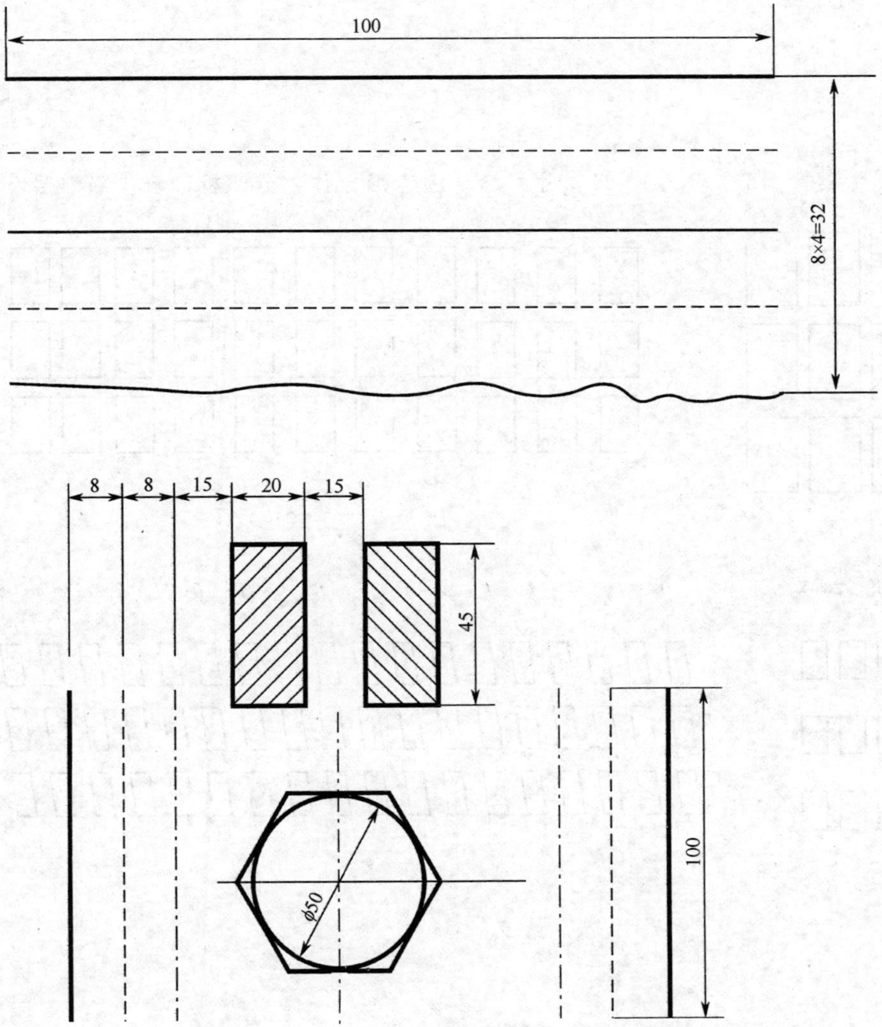

1-3 尺寸标注

1. 画箭头并填写线性尺寸数字。

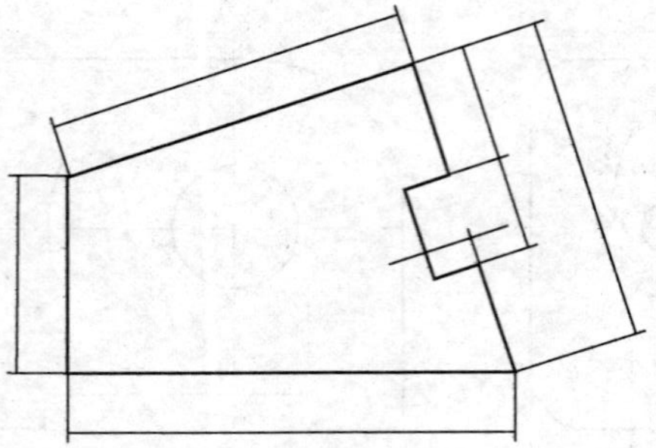

2. 画箭头并填写角度尺寸数字。

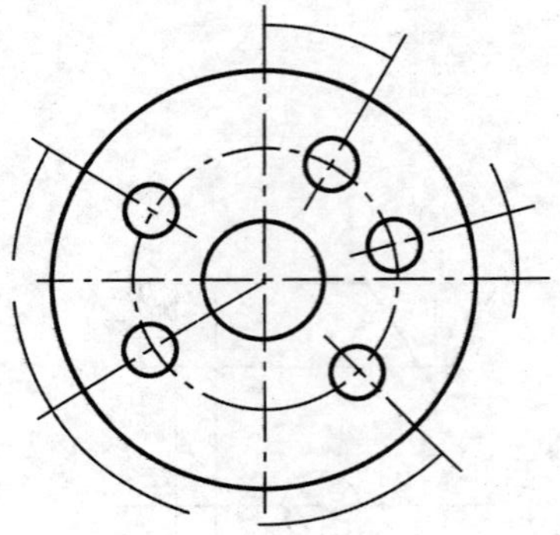

3. 标注圆或圆弧的尺寸。

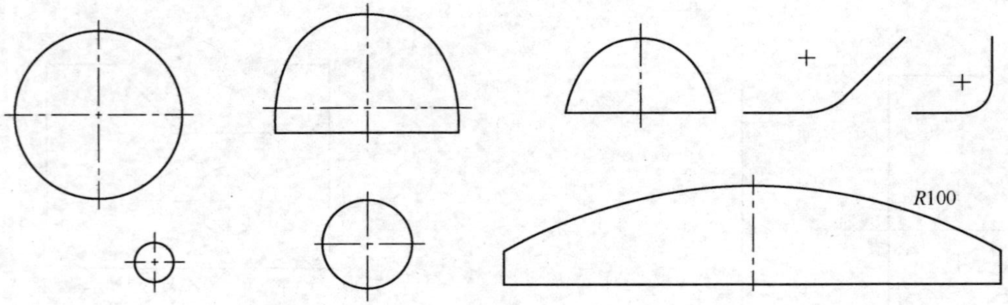

4．找出图中尺寸标注的错误，并在相应的图上正确标注。

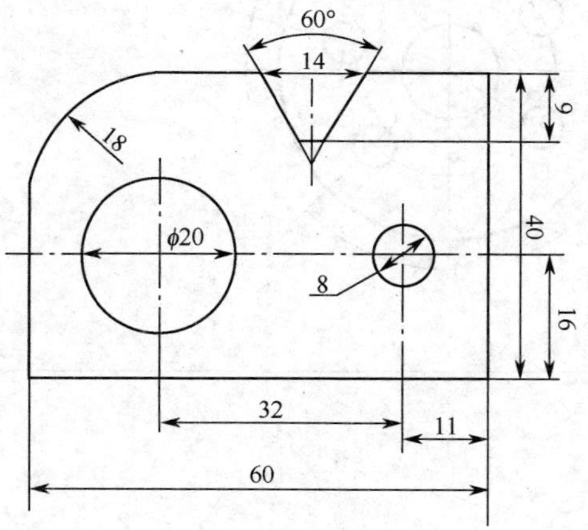

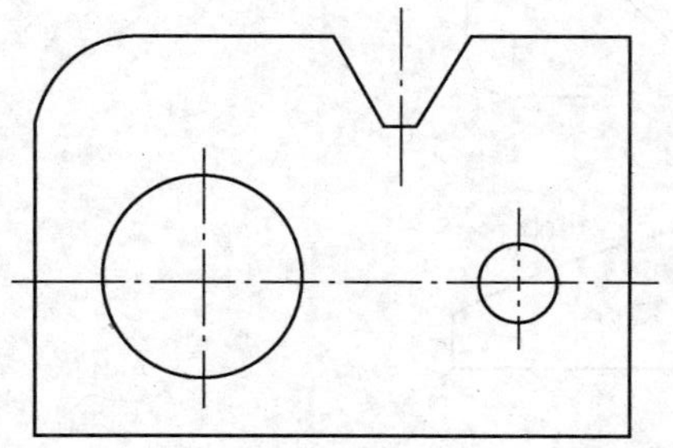

5．找出图中尺寸标注的错误，并在相应的图上正确标注。

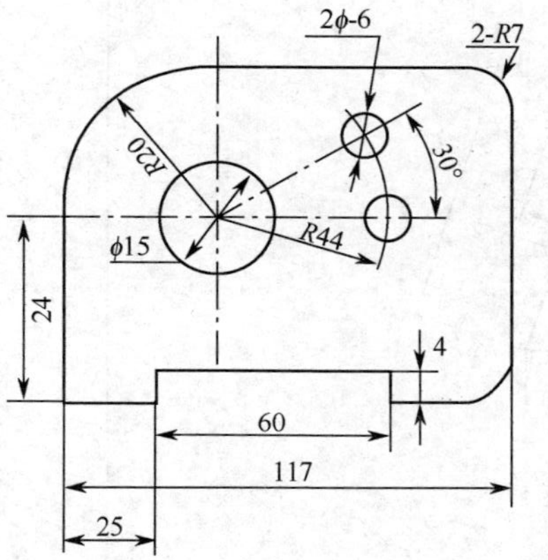

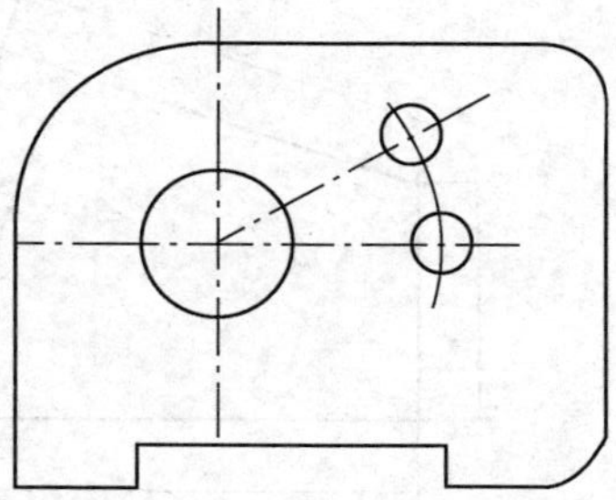

6．对下图进行尺寸标注（尺寸数值直接量取）。

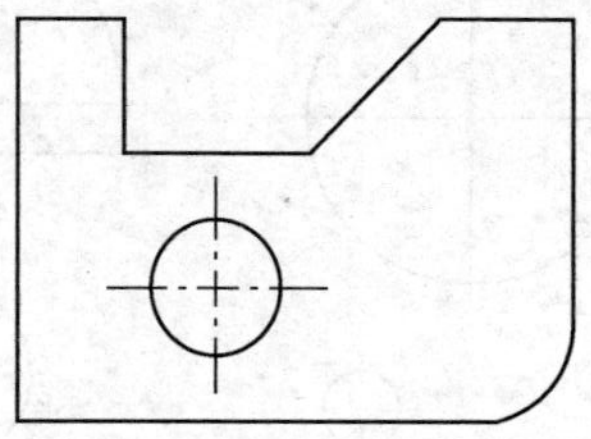

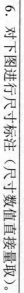

1-4 几何作图基本练习

1. 用作图法作圆的内接正五边形。

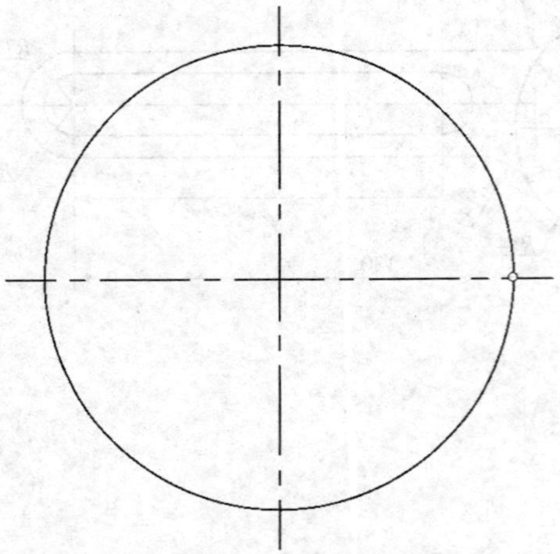

2. 参照题示图形，作斜度和锥度，并进行标注。

（1）斜度

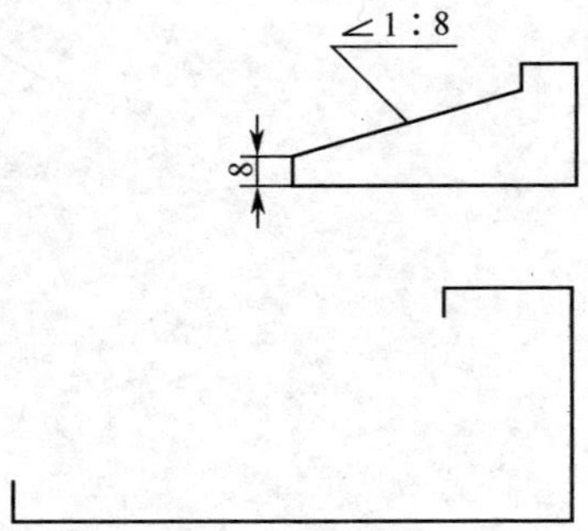

（2）锥度

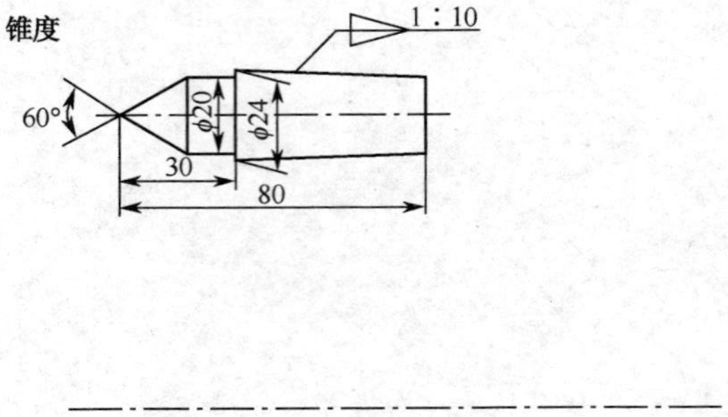

3. 根据小图尺寸按比例要求完成大图。

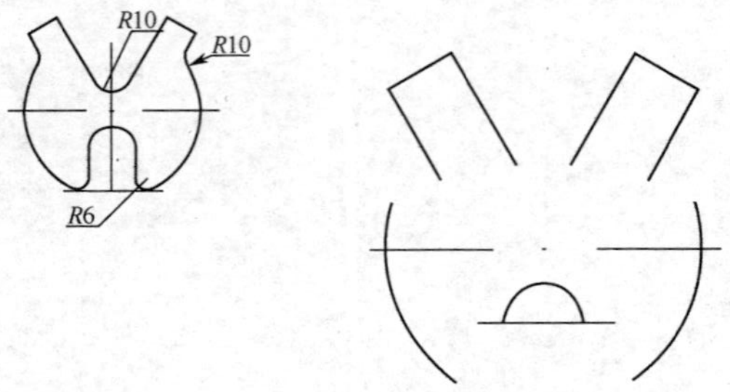

4. 根据小图尺寸按比例要求完成大图。

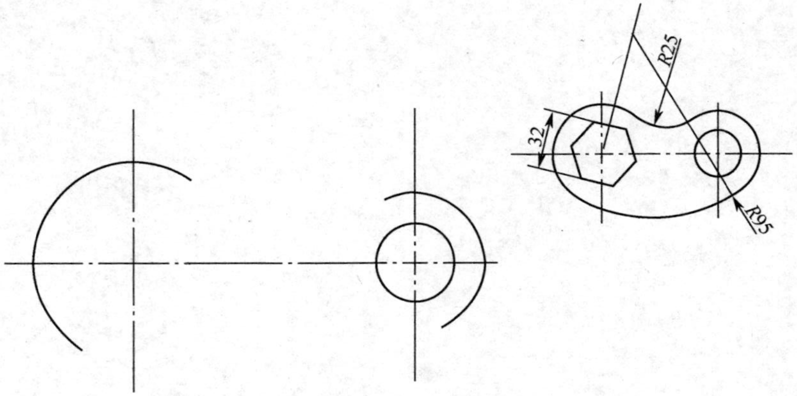

1-5 按 1 : 1 抄画平面图形

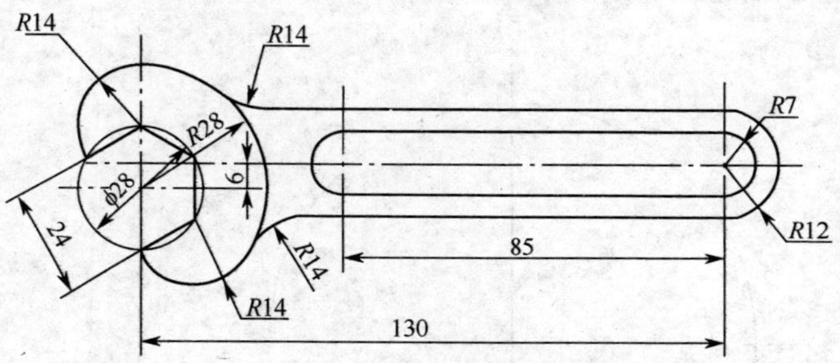

2-1　对照立体图，徒手补画三视图

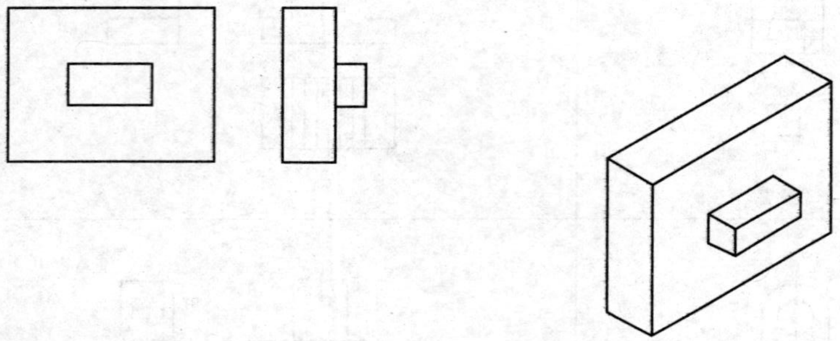

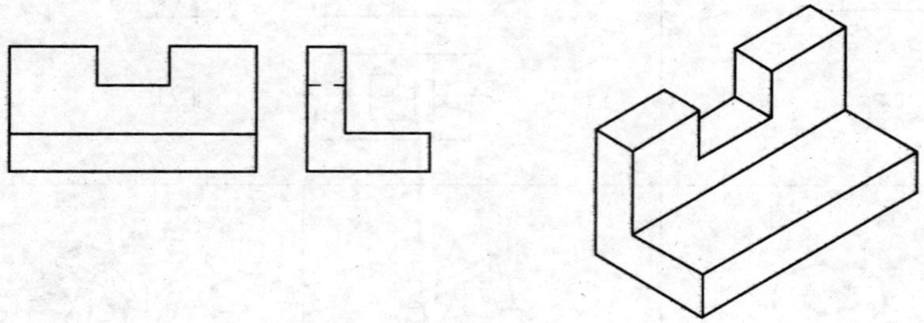

2-2　分析下列三视图，辨认其对应的轴测图，并在空格内填上相应的三视图编号

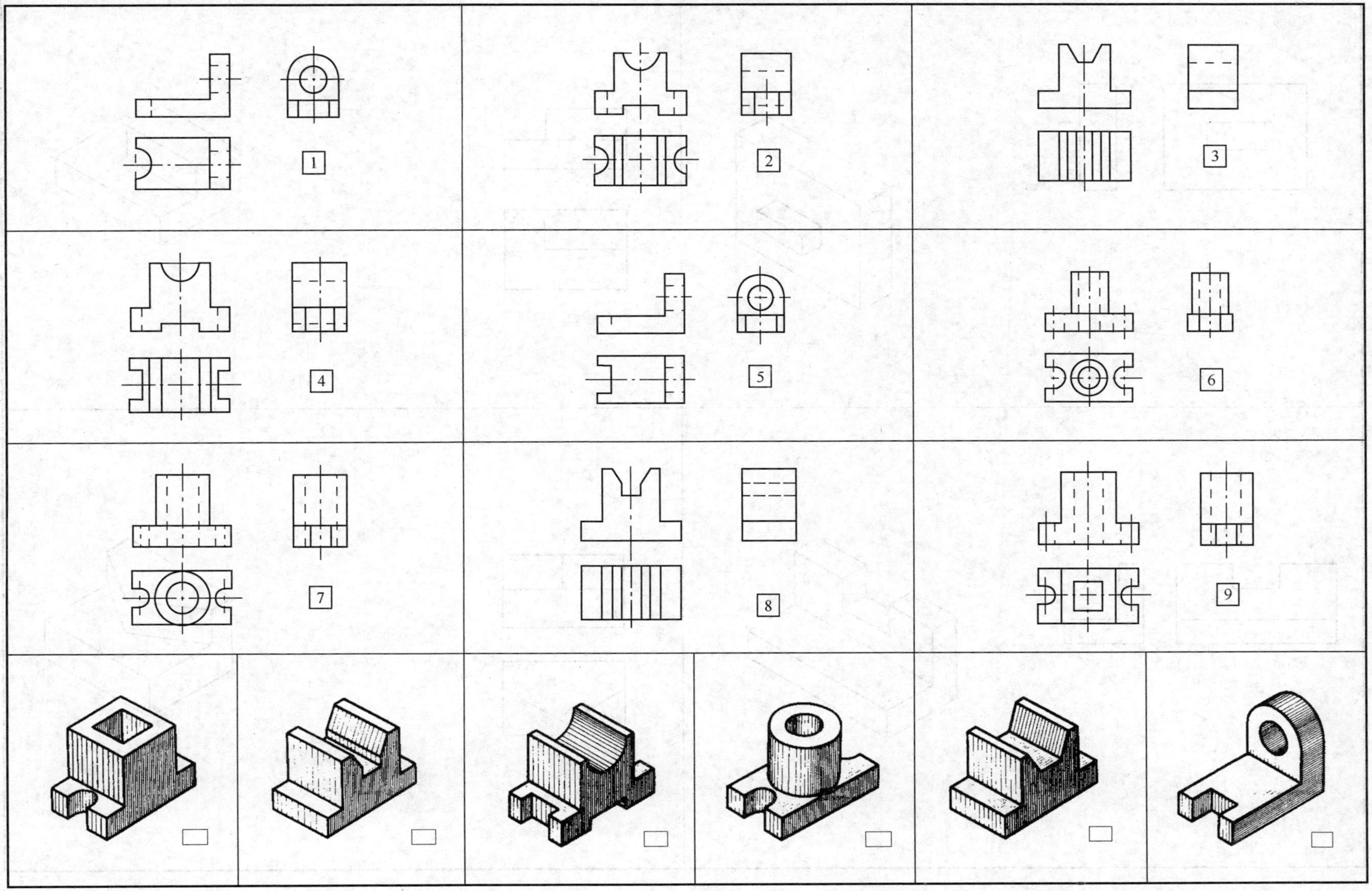

2-3 点的投影

1．已知各点的坐标值，求作三面投影图。

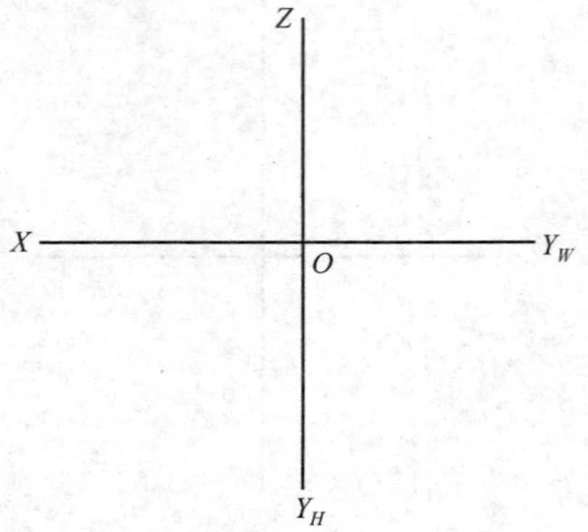

坐标值	x	y	z
A	10	15	5
B	20	10	20

2．已知点 A 的三面投影，并知点 B 在点 A 正上方 10mm，点 C 在点 A 正右方 15mm，求作点 B、C 的三面投影图。

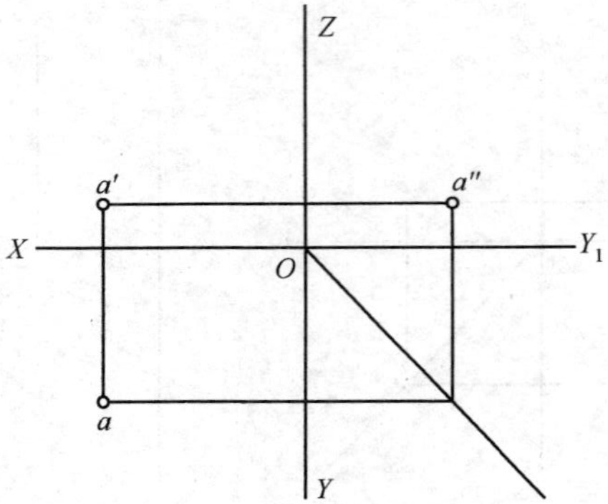

3．已知各点的投影，试判断各点与点 A 的位置关系，并对投影图中的重影点判别可见性。

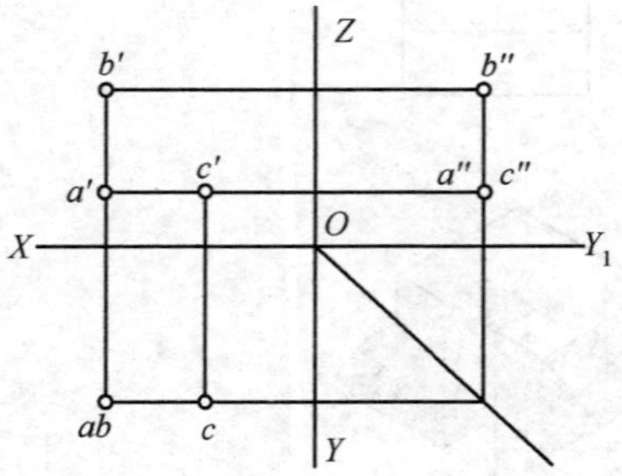

4．在正五棱台的主视图、左视图上标出 A、B 两点的投影，并比较两点的相对位置。点 B 在点 A 的_____、_____、_____方。

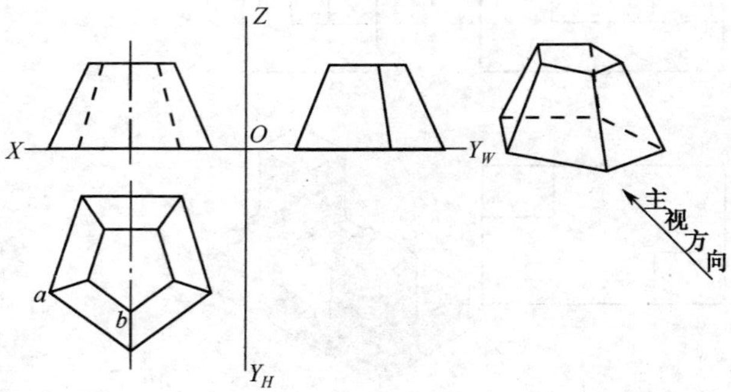

2-4 线的投影

1．已知点 B（10，5，20），试在下图中完成线段 AB 的投影图。

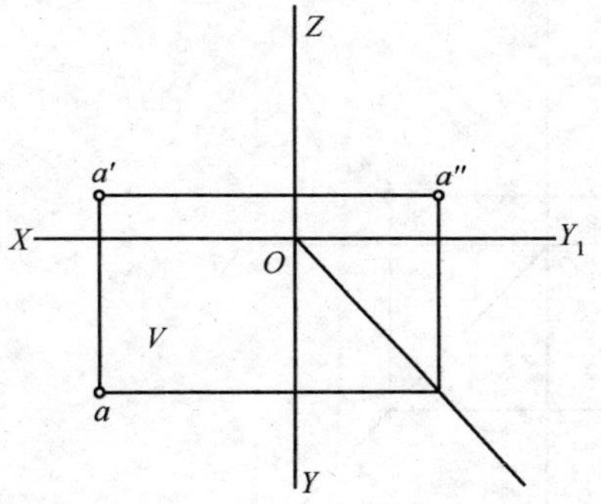

2．看轴测图判断线段种类，并在右侧任意画出一条正平线的三视图。

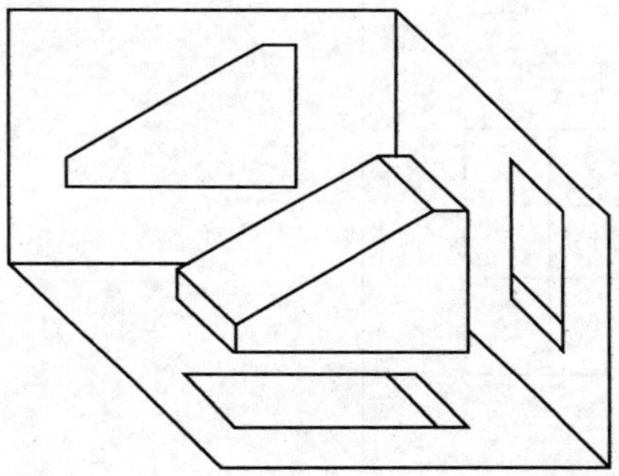

物体上共有：

______条正垂线

______条正平线

______条铅垂线

______条侧垂线

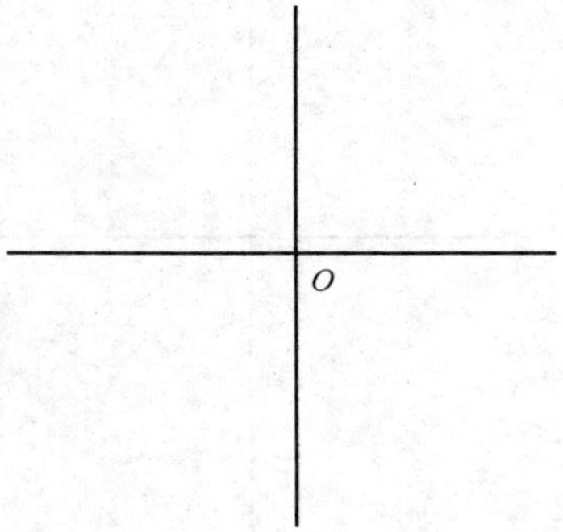

3．补画视图中所缺的线，将立体图上的线段用相应的字母在三视图上标出，并判断线的类型。

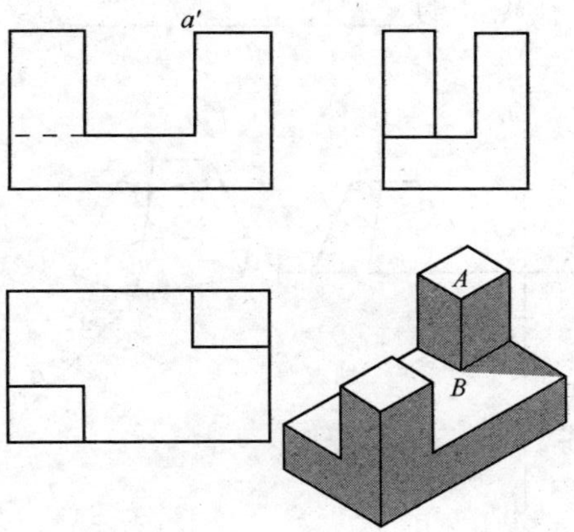

AB 是______线

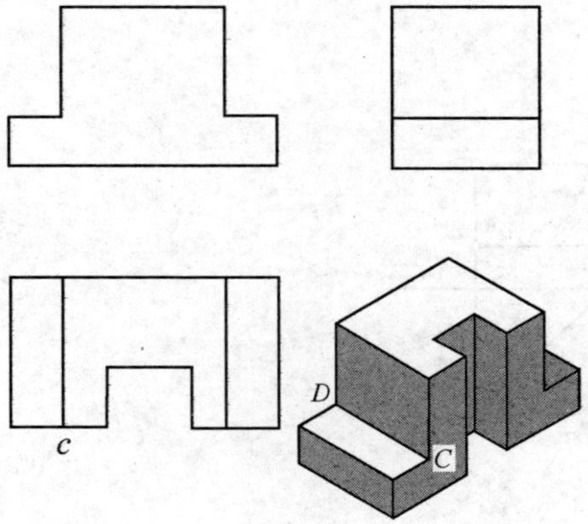

CD 是______线

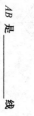

2-5 面的投影

1．求正垂面的 *H* 面投影。

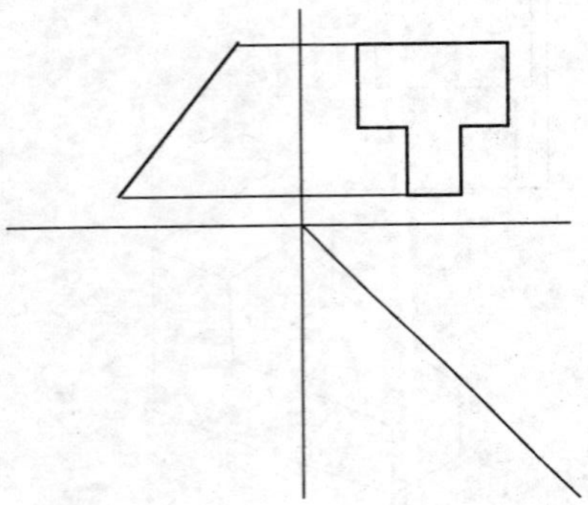

2．求铅垂面的 *W* 面投影。

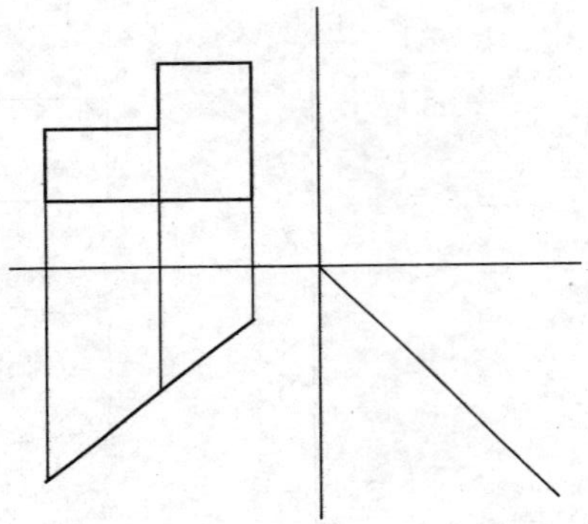

3．求 *H* 面投影。

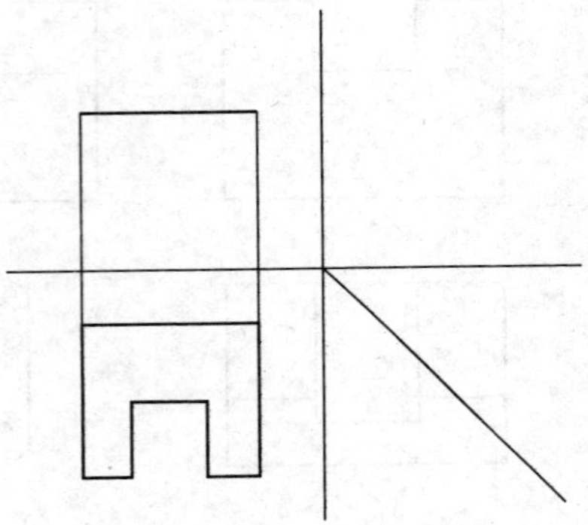

4．画出所给立体图的三视图。

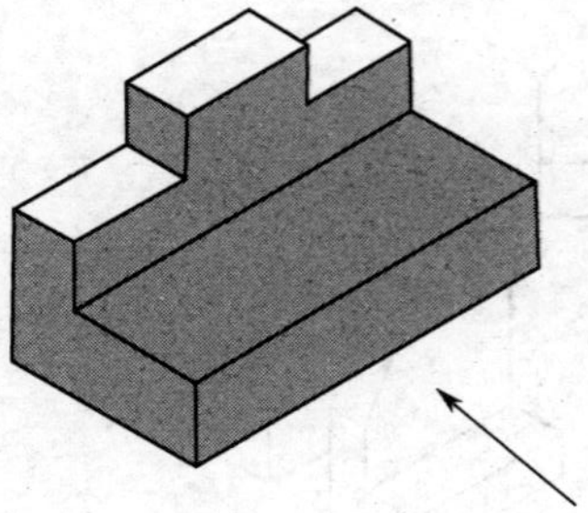

班级　　姓名　　学号

2-6 平面的投影（找出平面Ⅰ的另两视图，判断空间位置）

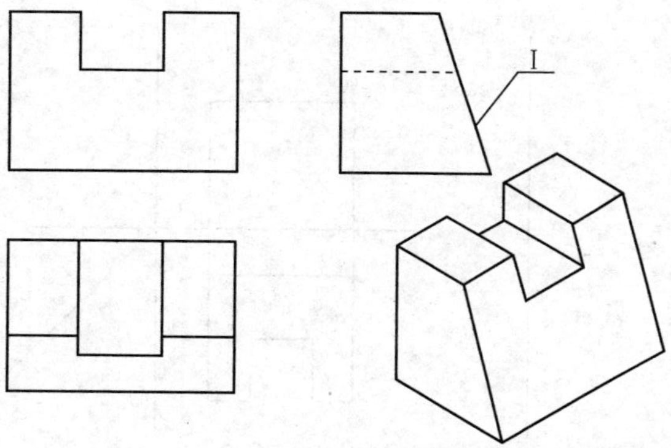

该平面是__________面

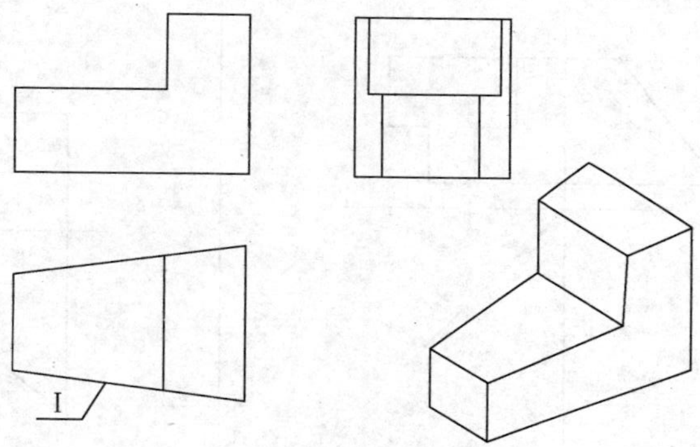

该平面是__________面

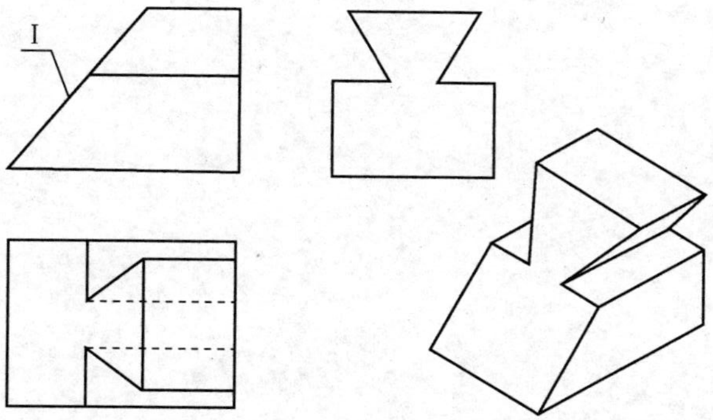

该平面是__________面

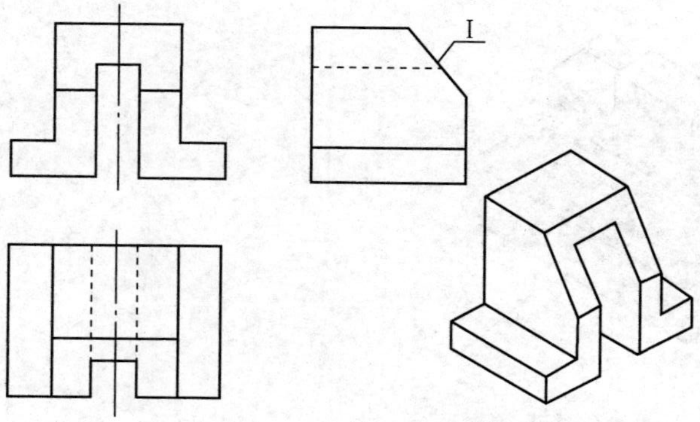

该平面是__________面

2-7 在直观图上标出各平面的位置（用相应的大写字母），在投影图上标出指定平面的其他两个投影，并写出指定平面的名称

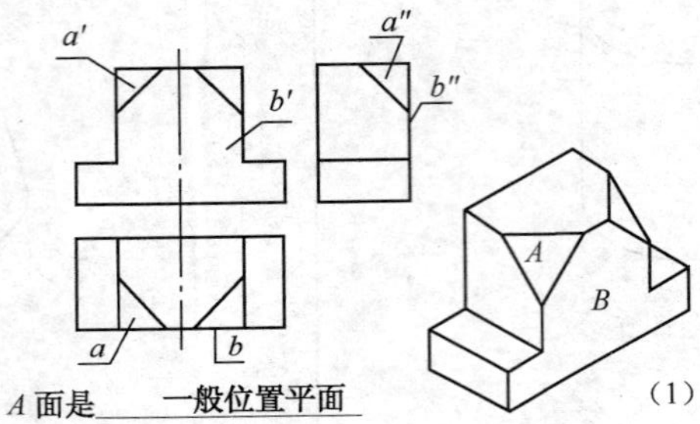

（1）

A 面是______一般位置平面______

B 面是______正平面______

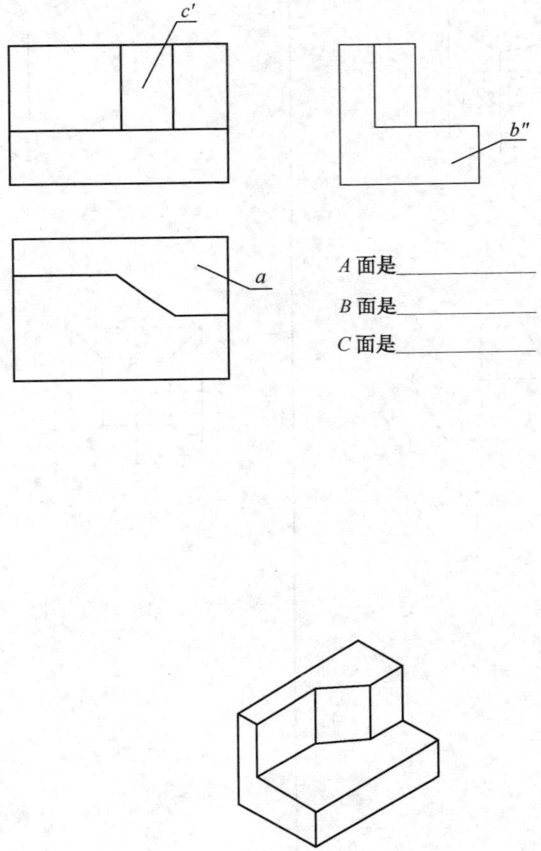

A 面是____________

B 面是____________

C 面是____________

（3）

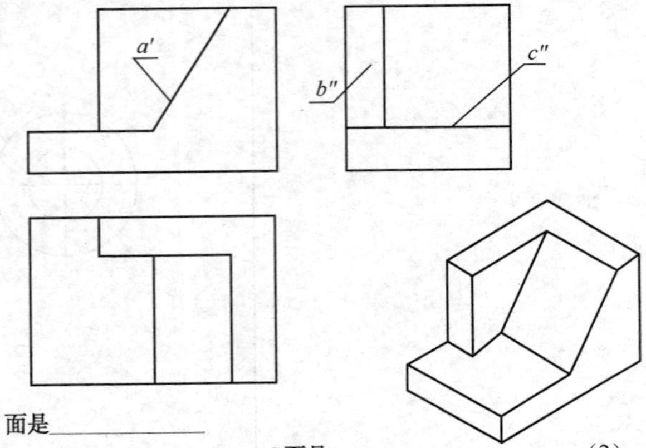

A 面是____________

B 面是____________

C 面是____________

（2）

2-8　根据轴测图及已知视图，画出另两个视图

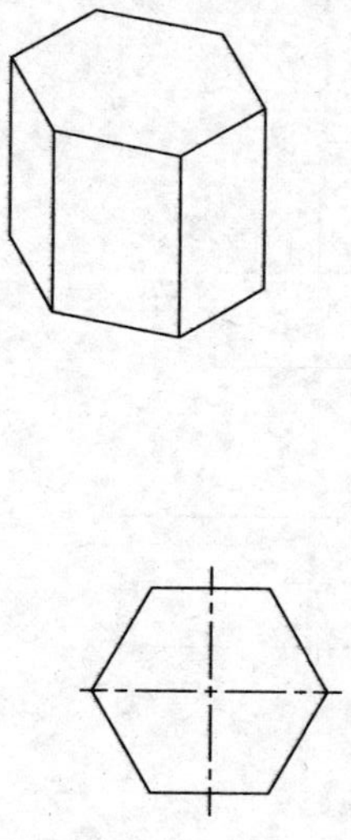

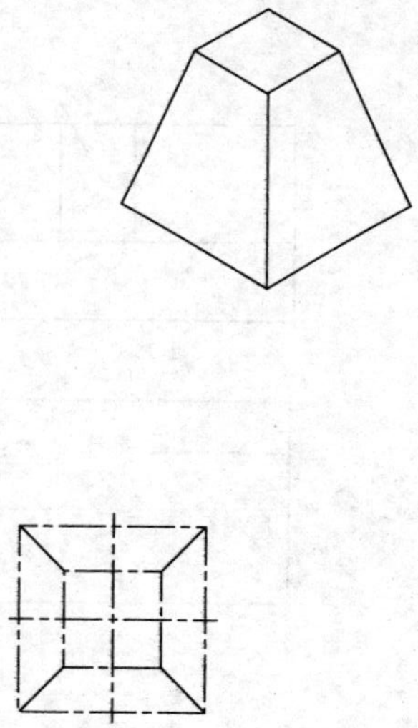

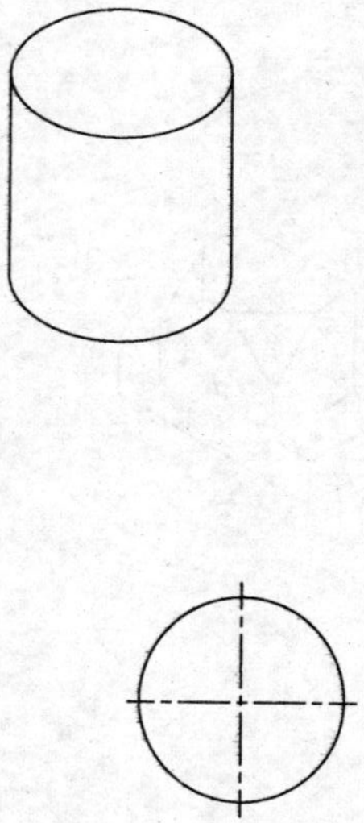

2-9 已知立体的两个视图，求作第三视图

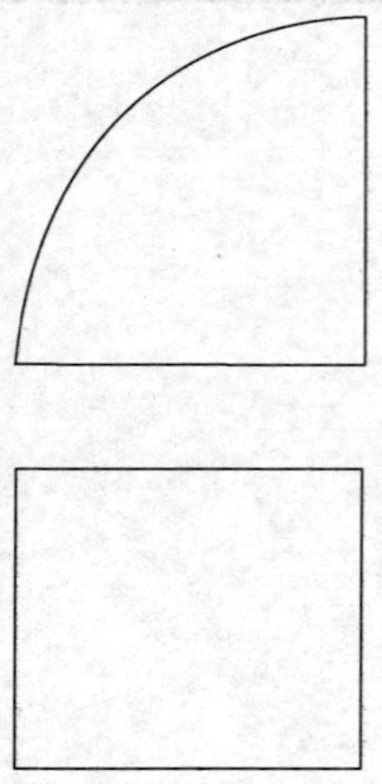

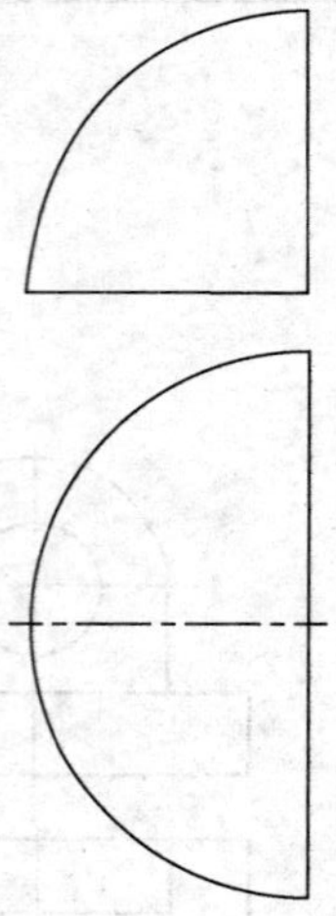

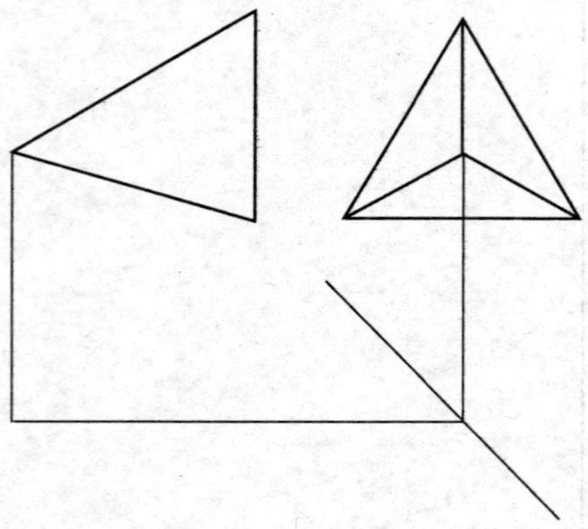

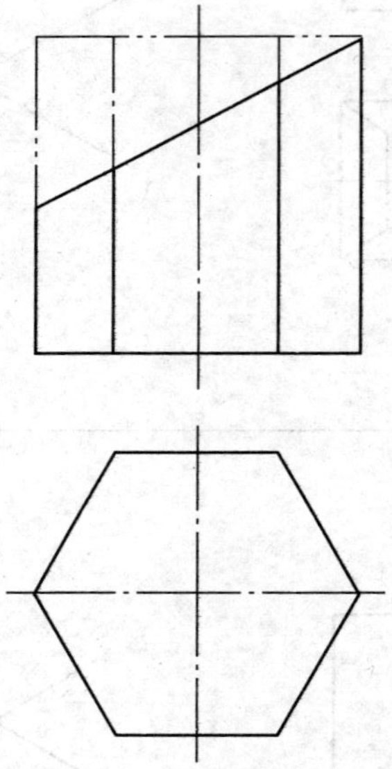

3-1 由视图画正等轴测图

1.

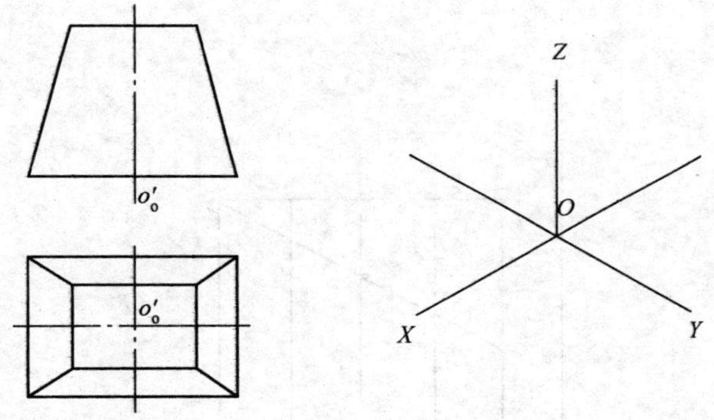

2.

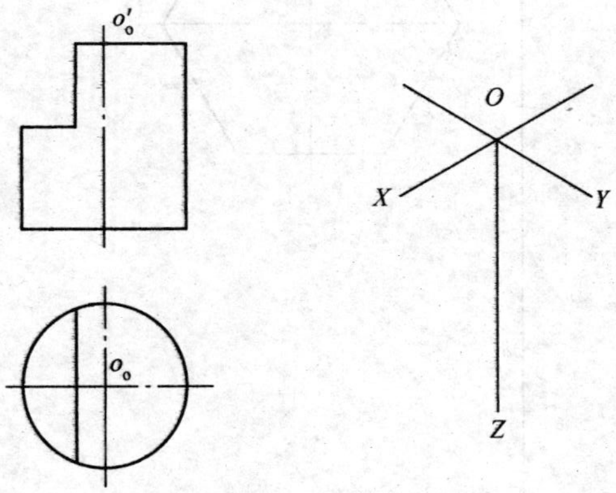

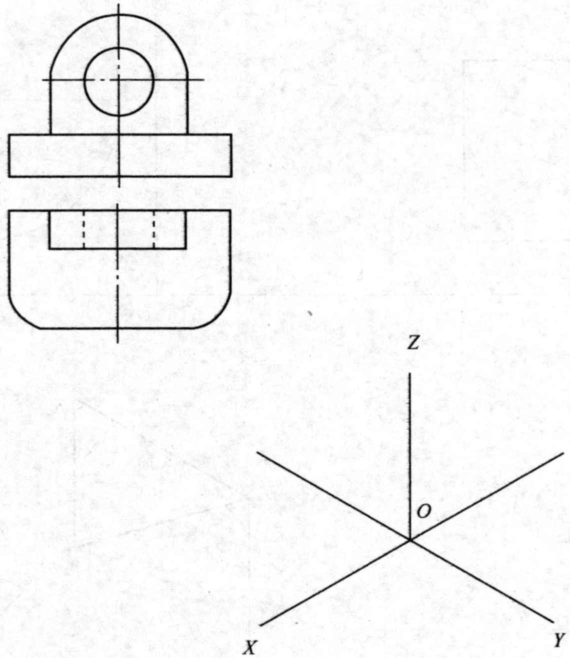

3-2 由视图画斜二测图

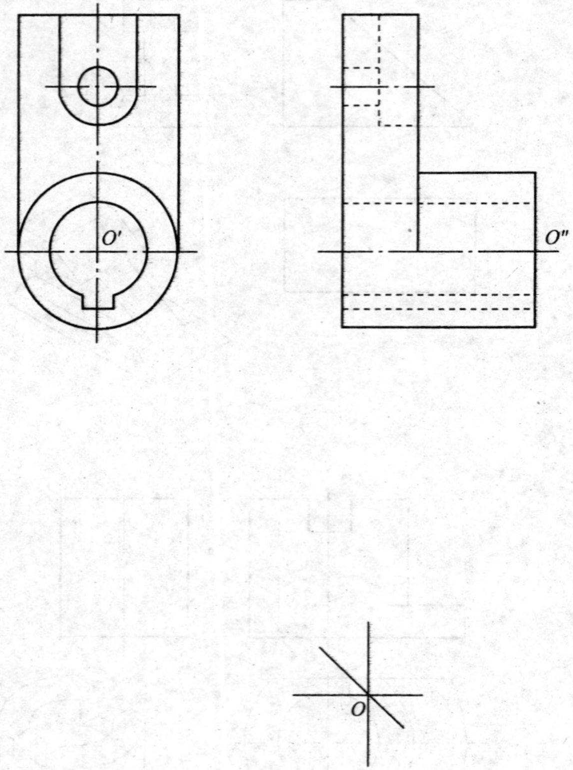

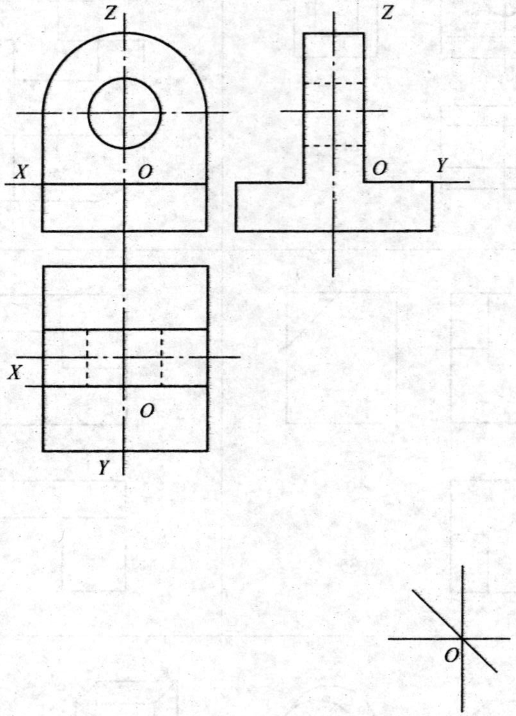

4-1 组合体

1. 找出相应的立体图，并在其下方括号内填写正确的序号。

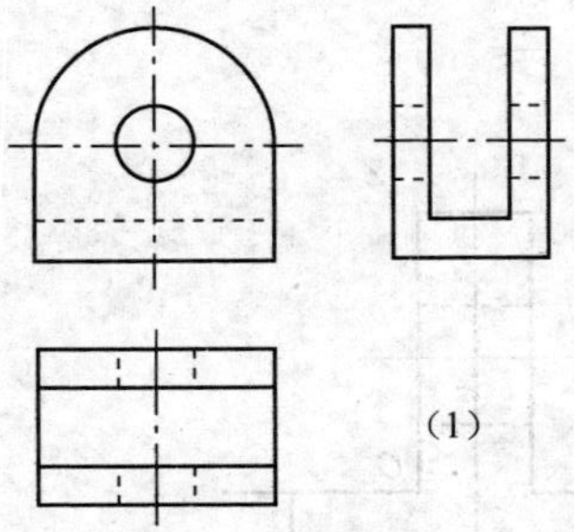

(1)

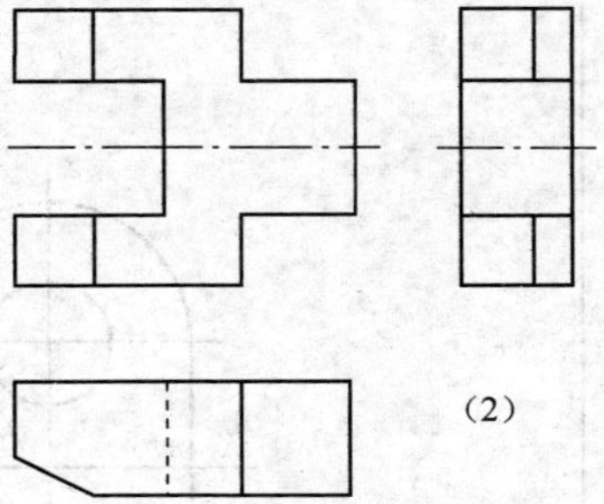

(2)

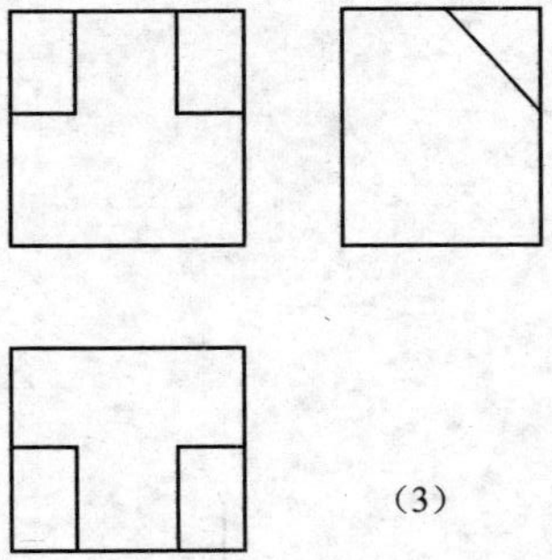

(3)

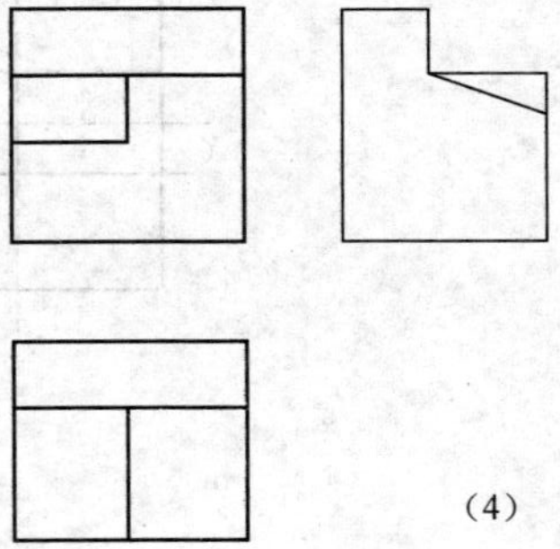

(4)

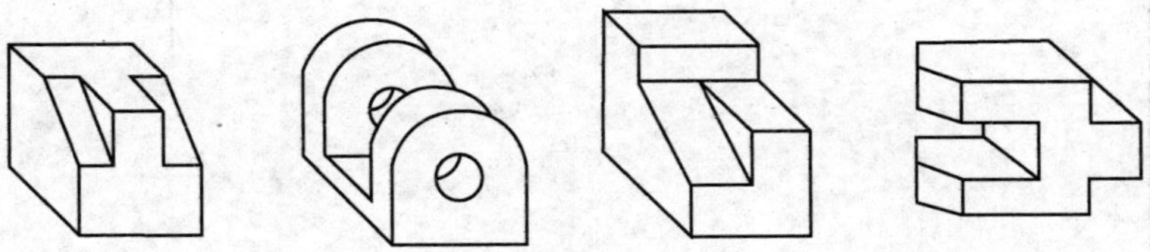

( )　( )　( )　( )

2. 根据轴测图，补画视图中所缺的线。

(1)

(2)

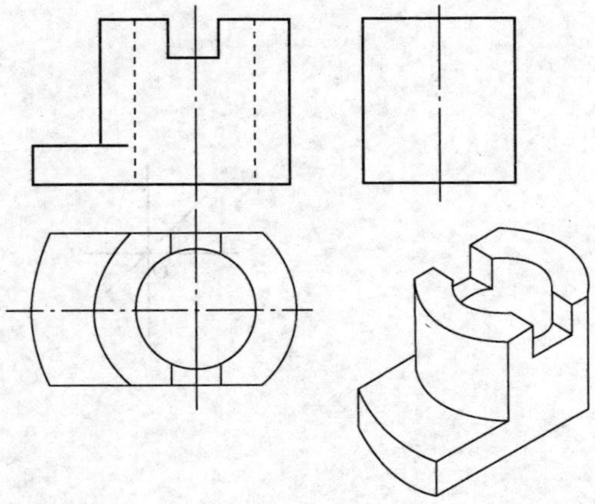

4-2 根据轴测图，补画视图中所缺的线

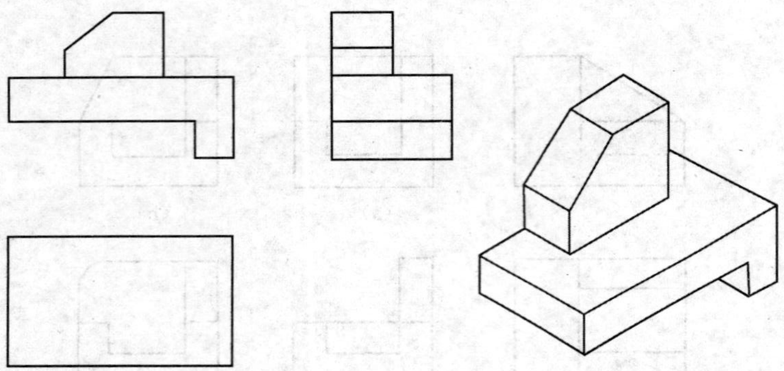

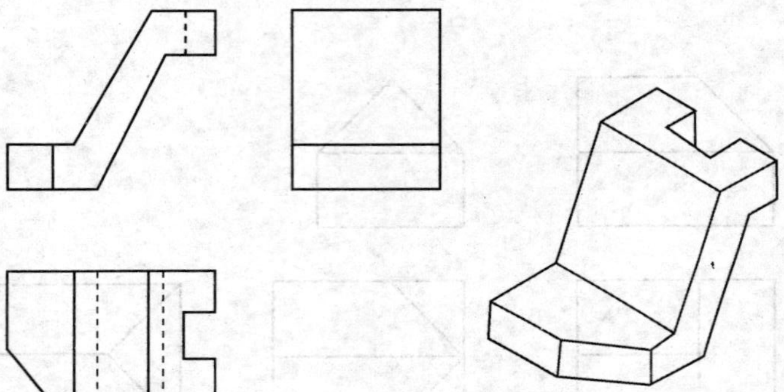

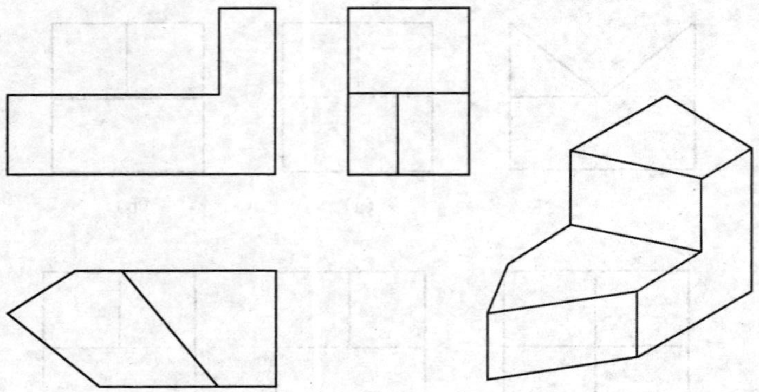

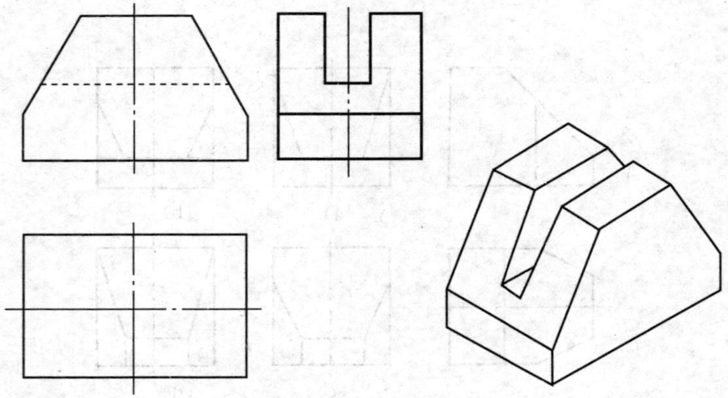

4-3 根据给出的两视图想象出物体的形状，选择正确的第三视图

1. 正确的俯视图是 ______。

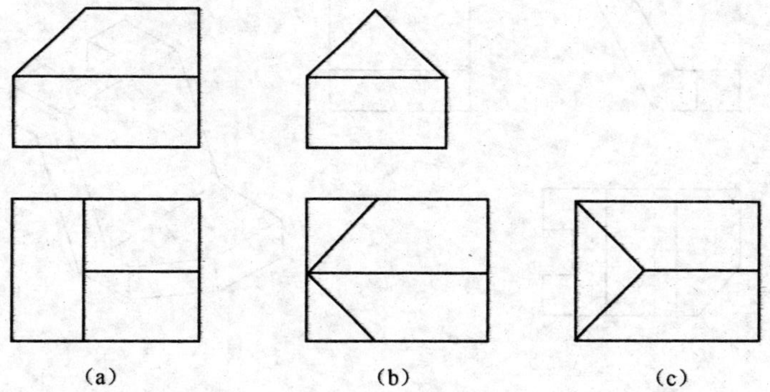

2. 正确的左视图是______。

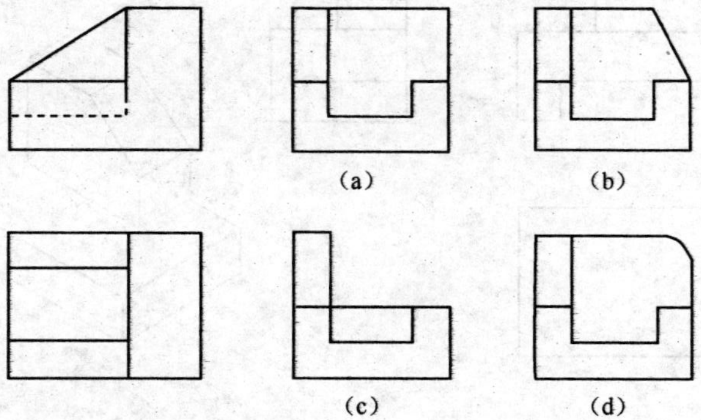

3. 正确的左视图是______。

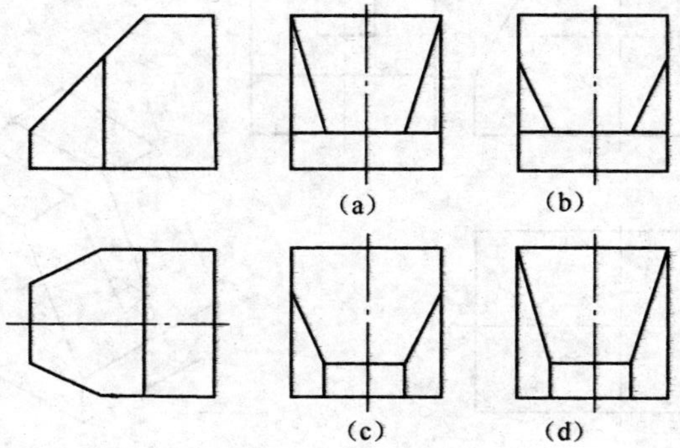

4. 正确的左视图是______。

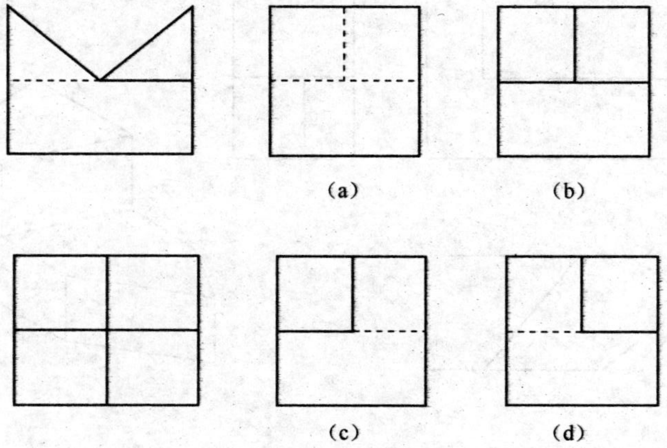

4-4 补画视图中所缺的图线

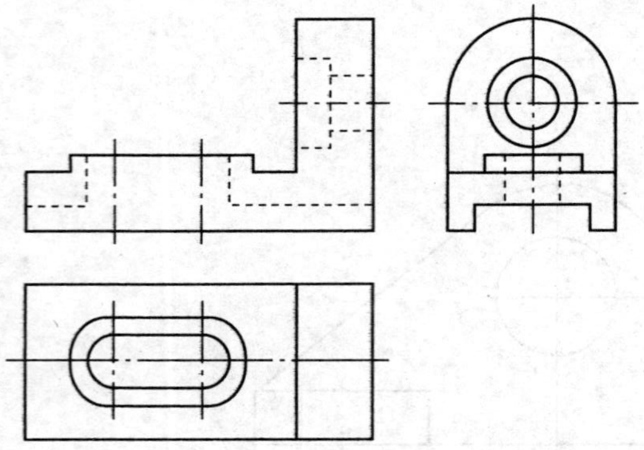

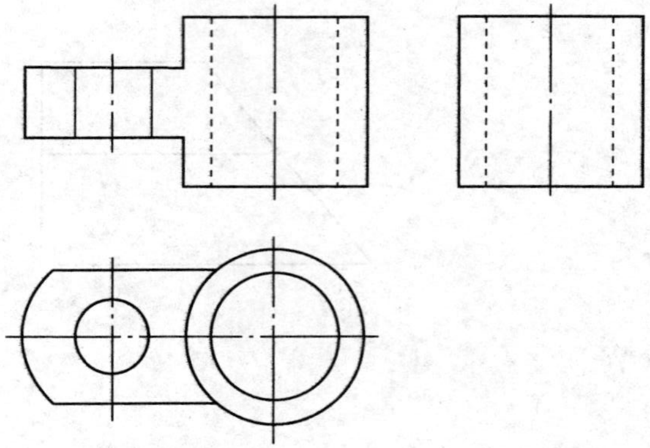

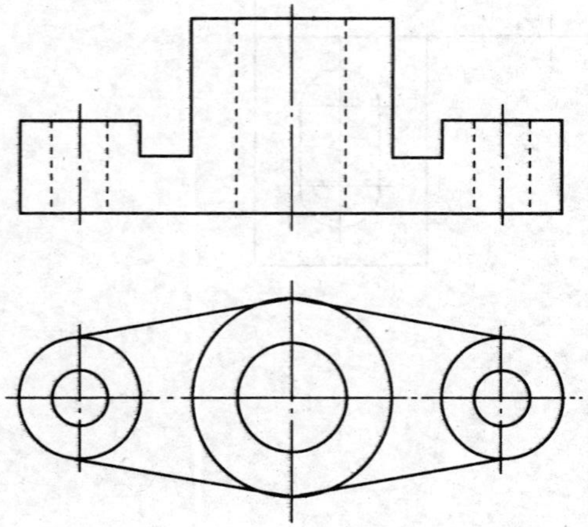

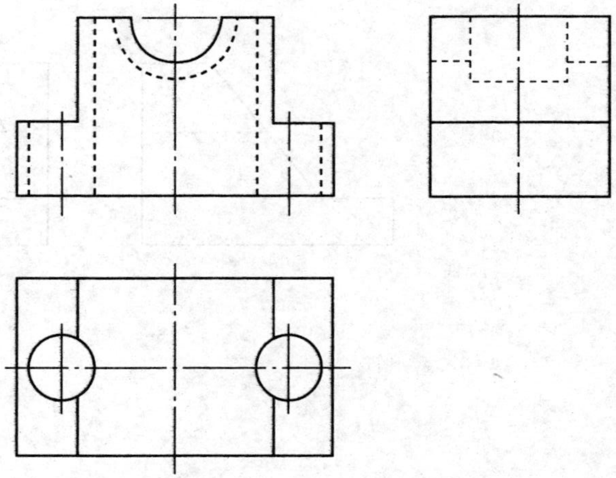

4-5 补画第三视图

1. 补画俯视图。

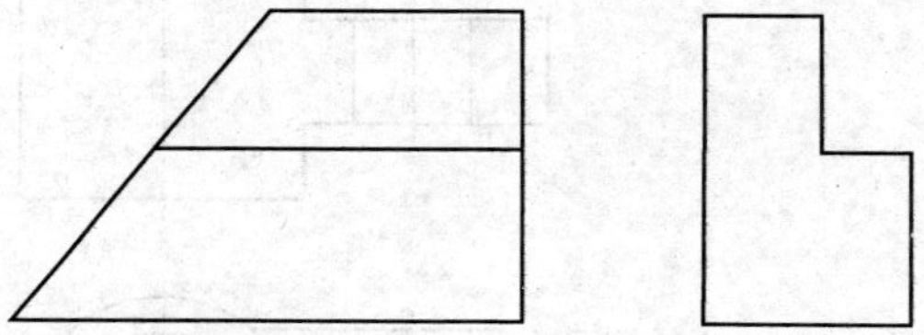

2. 补画俯视图。

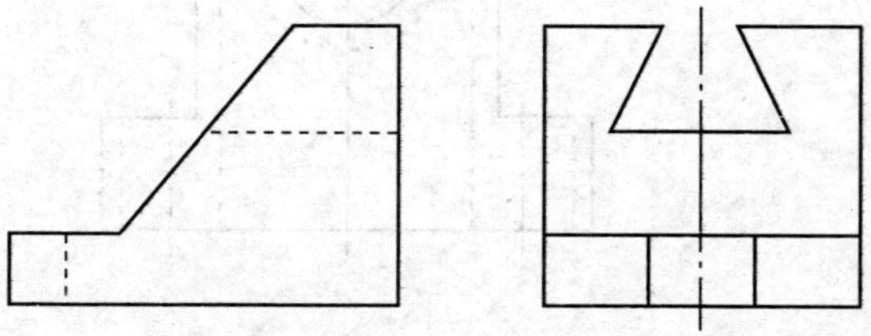

3. 补画左视图。

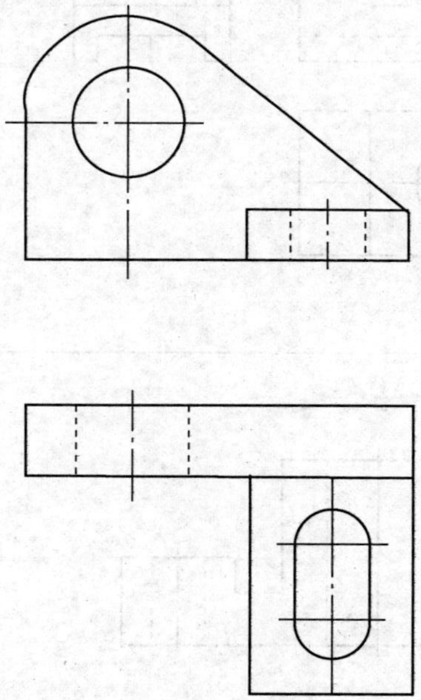

4-6 组合体的尺寸标注

1．指出下图中多余的尺寸（在上面画“×”），并填空。

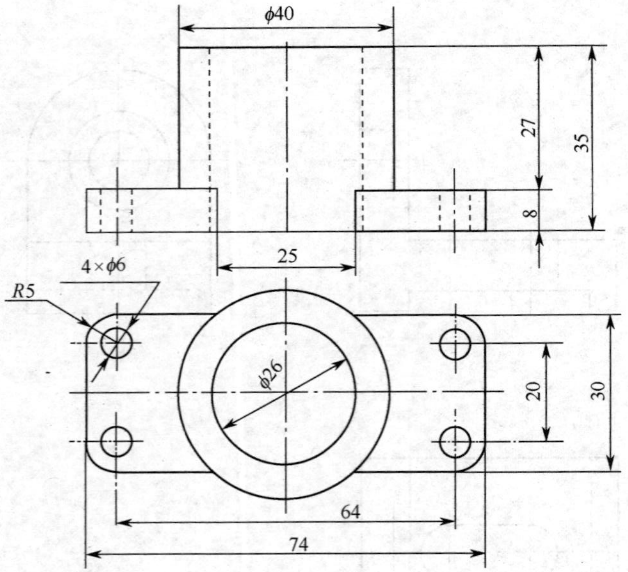

（1）长度方向的尺寸基准是____________。

（2）宽度方向的尺寸基准是____________。

（3）高度方向的尺寸基准是____________。

（4）底板的定形尺寸是____________。

（5）4×ϕ6 圆孔的定位尺寸是____________。

2．看懂下图中的尺寸标注，并填空。

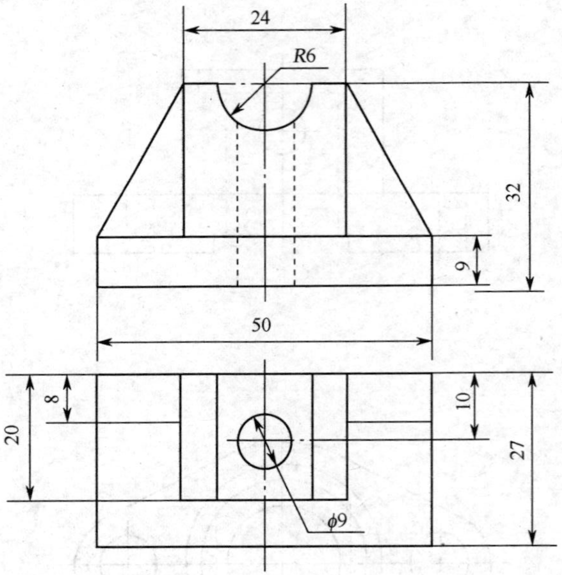

（1）长度方向的尺寸基准是____________。

（2）宽度方向的尺寸基准是____________。

（3）高度方向的尺寸基准是____________。

（4）底板的定形尺寸是____________。

（5）ϕ9 圆孔宽度方向的定位尺寸是____________。

（6）R6 半圆槽高度方向的定位尺寸是____________。

4-7 给组合体标注尺寸（尺寸数值从原图上量取）

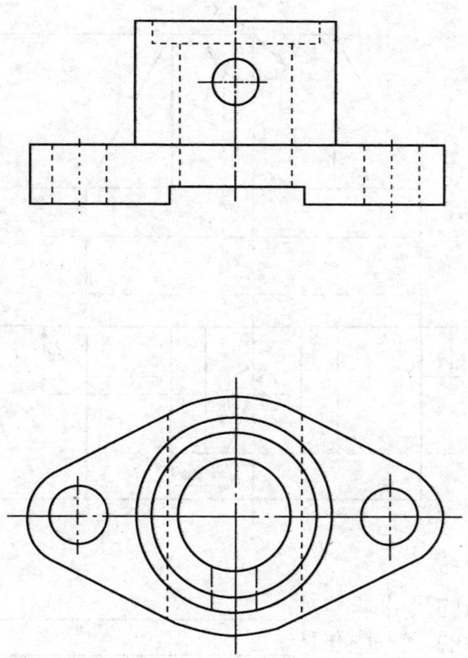

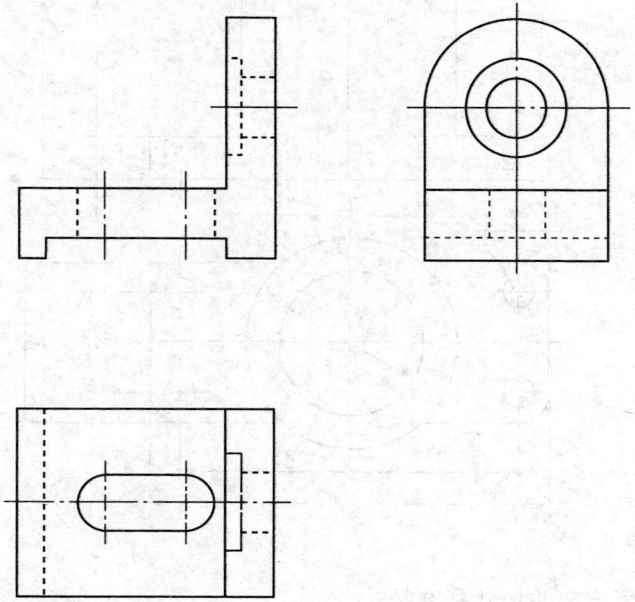

班级　　　　姓名　　　　学号

4-8 根据轴测图画三视图，并标注尺寸

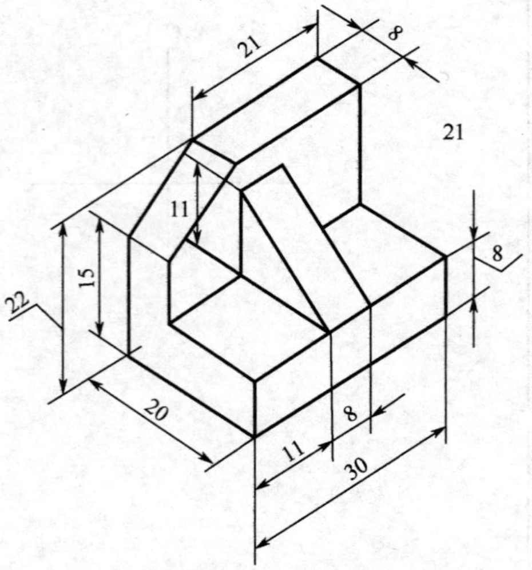

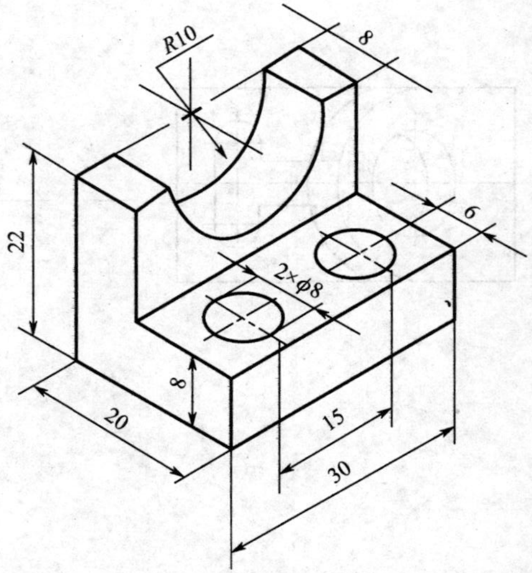

5-1 斜视图和局部视图

1．根据两视图，画出 A 向斜视图和 B 向局部视图。

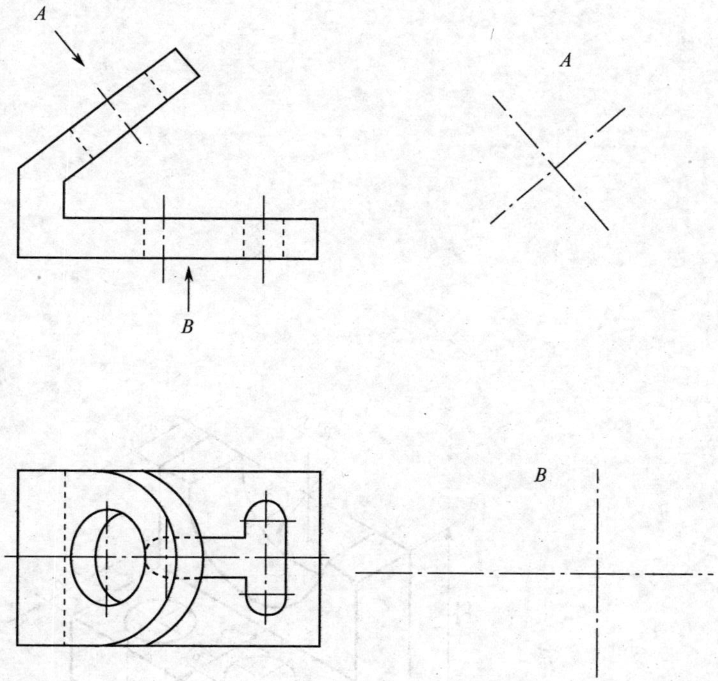

2．根据立体图和主视图，画出斜视图和局部视图。

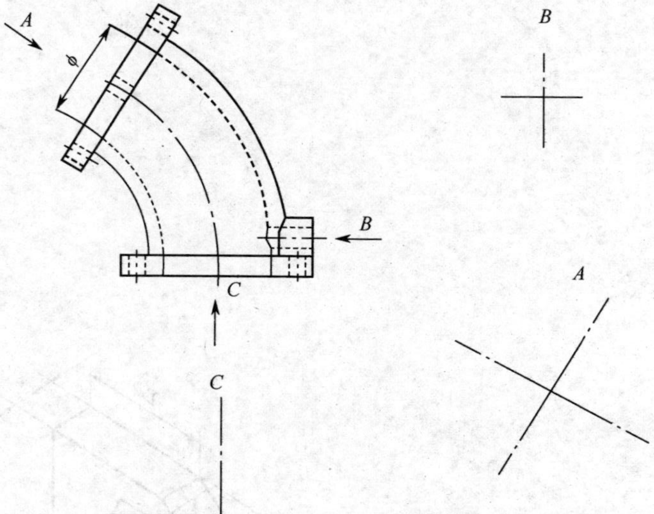

5-2 全剖视图

1．将主视图改画成全剖视图。

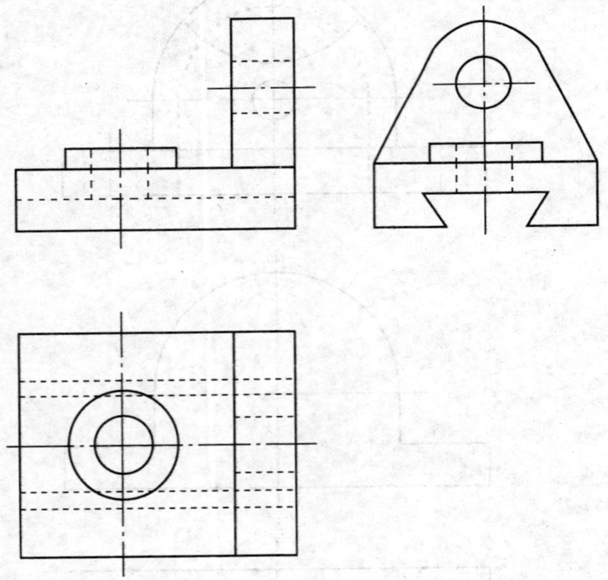

2．看轴测图，画出全剖主视图。

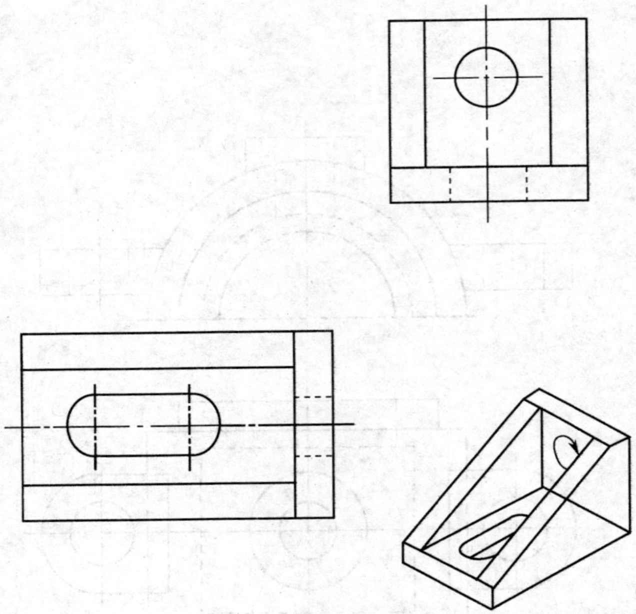

5-3 半剖视图

1. 在主视图上作半剖视图。

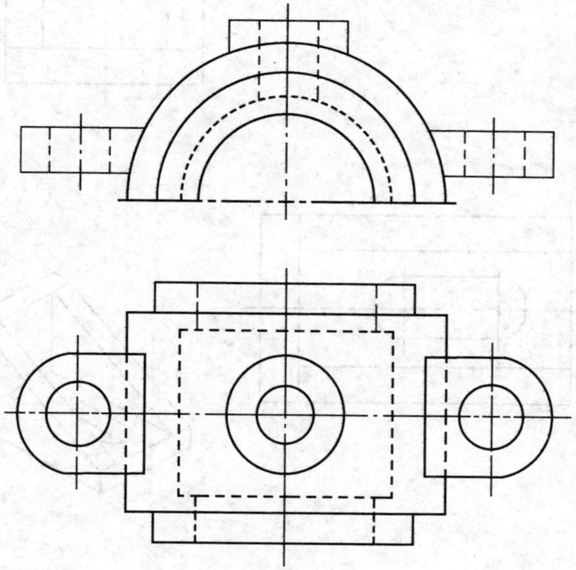

2. 将主视图改画成半剖视图。

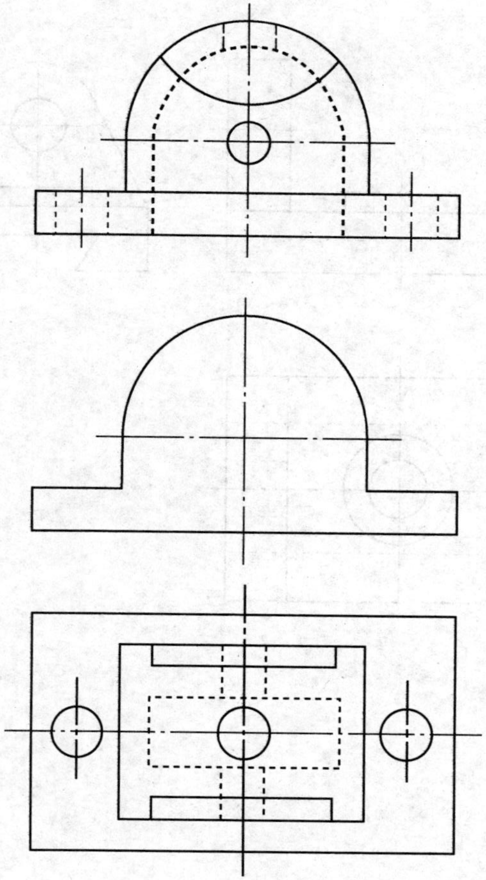

5-4 局部剖视图

1．在主视图上作局部剖视图。

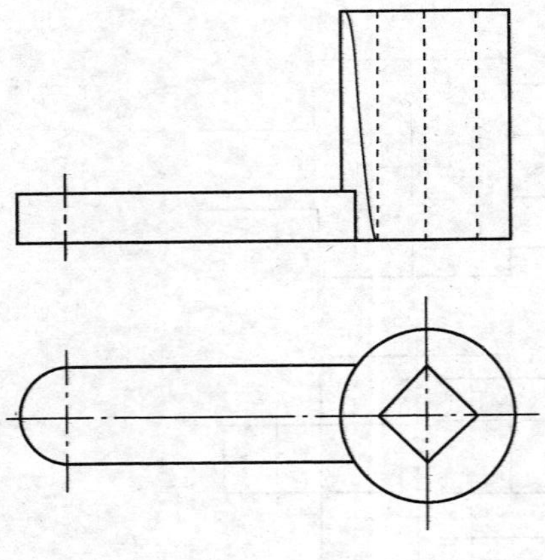

2．在主视图与俯视图上作局部剖视图。

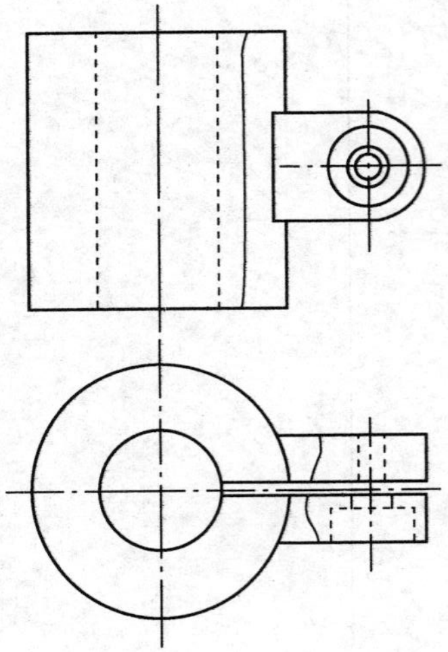

3．在主视图与俯视图上作局部剖视图。

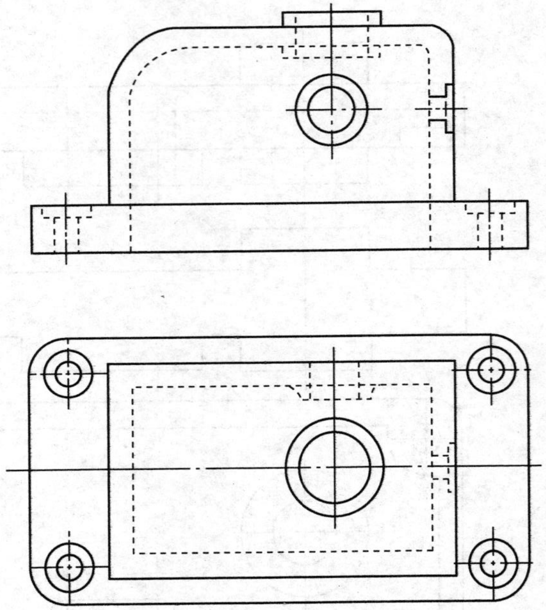

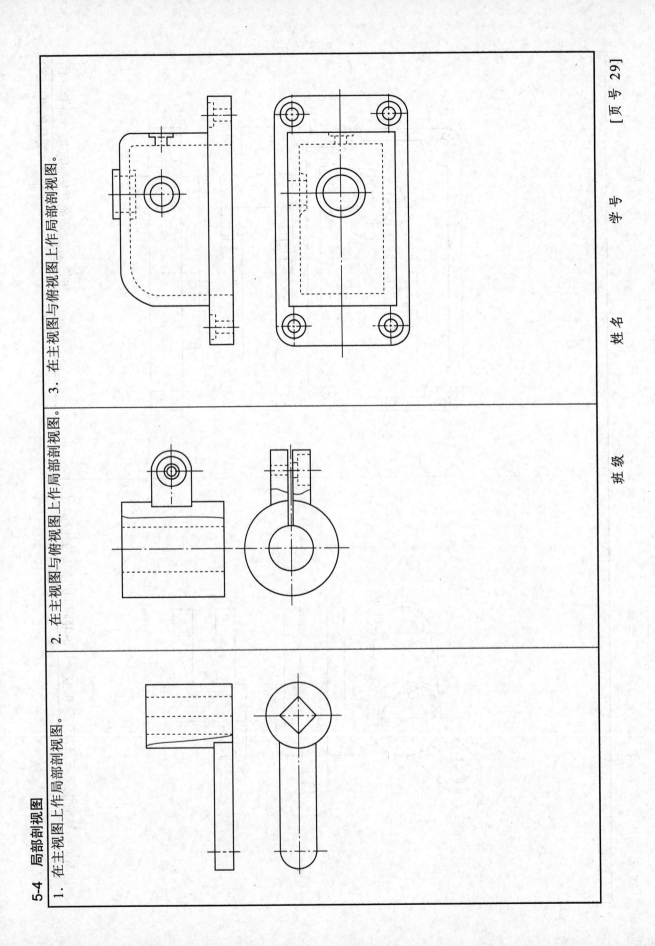

1. 选择正确的剖切方法剖切主视图。

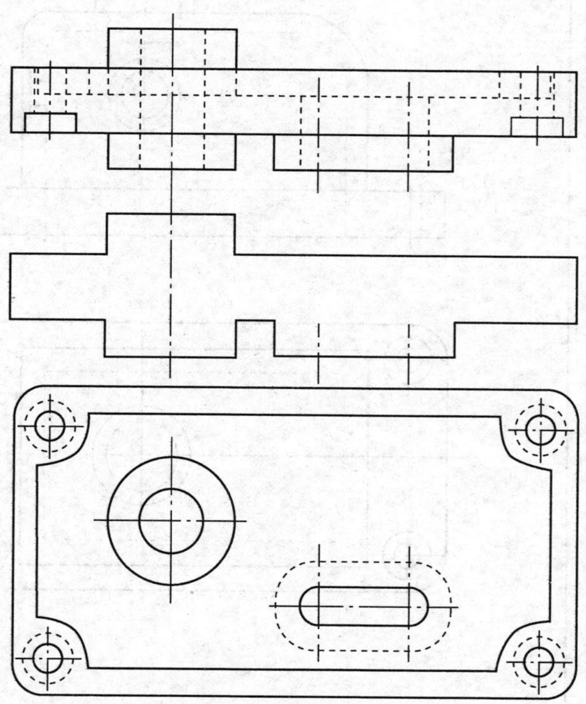

2. 用相交的剖切面剖开机件，在指定位置将主视图画成全剖视图。

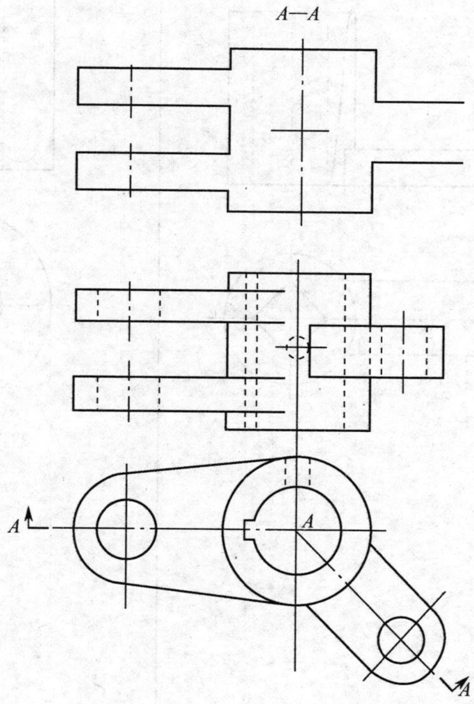

3．用阶梯剖将主视图画成全剖视图。

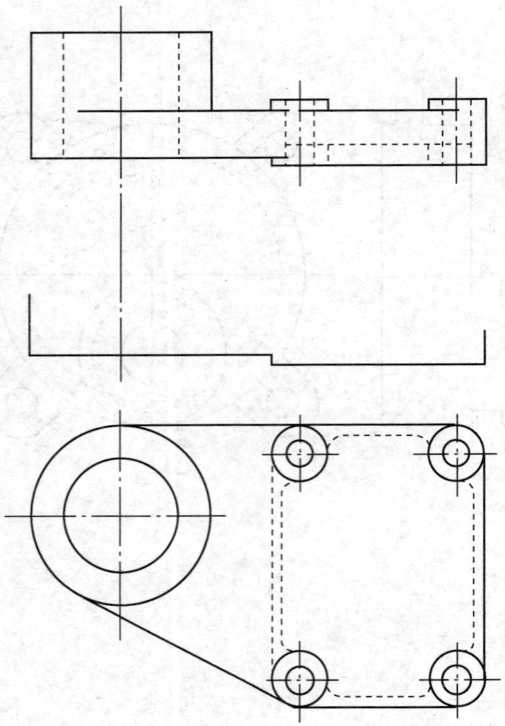

4．用相交的剖切面剖开机件，在指定位置将主视图画成全剖视图。

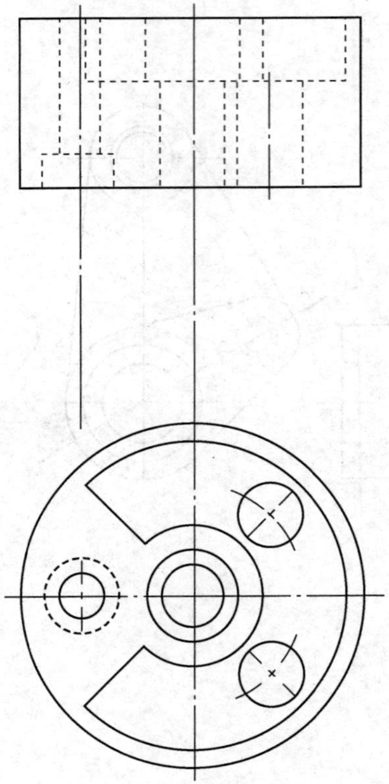

5. 用阶梯剖将主视图画成全剖视图。

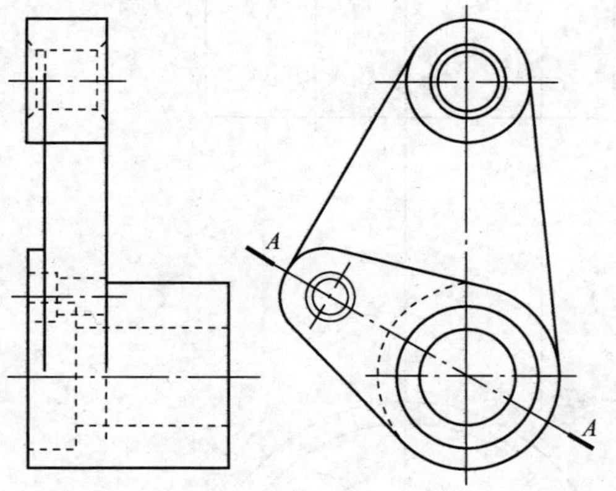

6. 根据视图画出适当的剖视图。

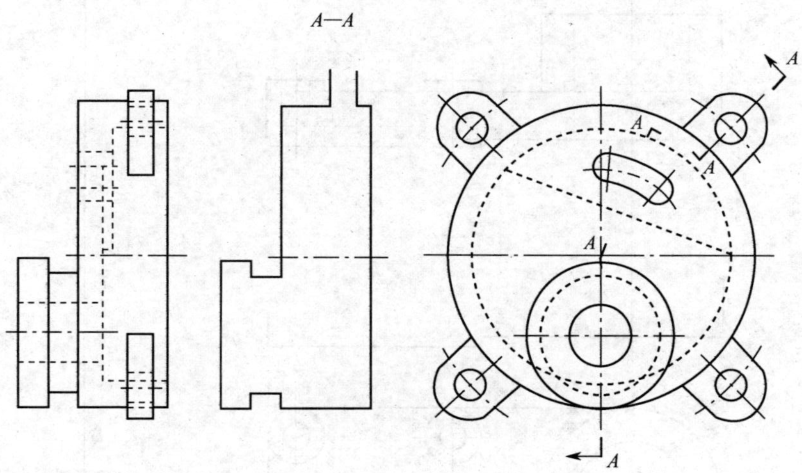

5-6 断面图

1．指出下列哪些断面图是正确的。（　　）

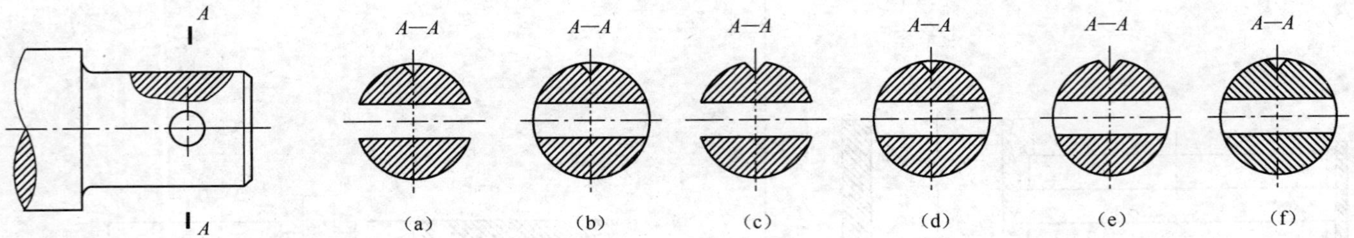

(a)　(b)　(c)　(d)　(e)　(f)

2．在轴端销孔和中间键槽两处作移出断面图。

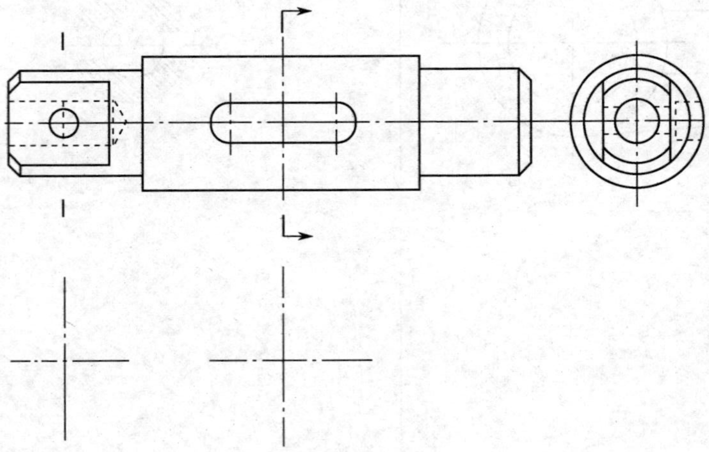

3．在杆件中部作十字筋的重合断面图（注意剖面线的方向）。

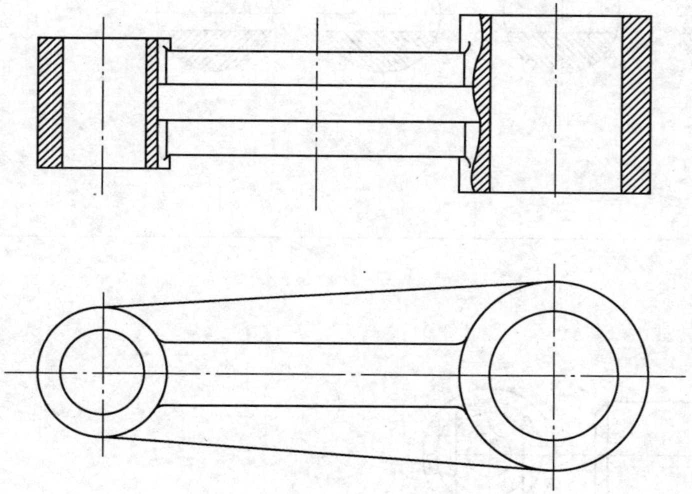

4．改正下列图中画法及标注的错误（不要的线打“×”）。

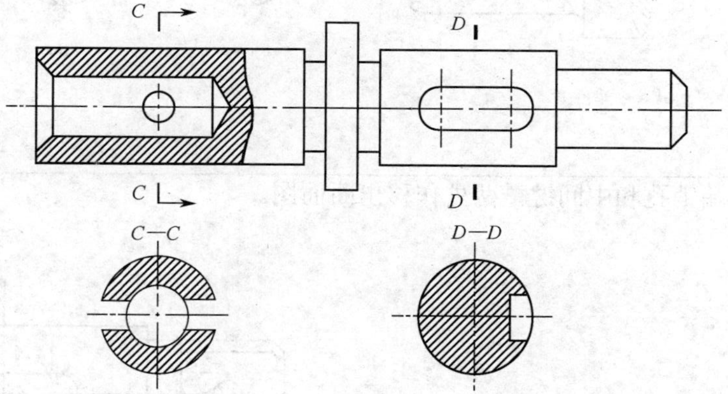

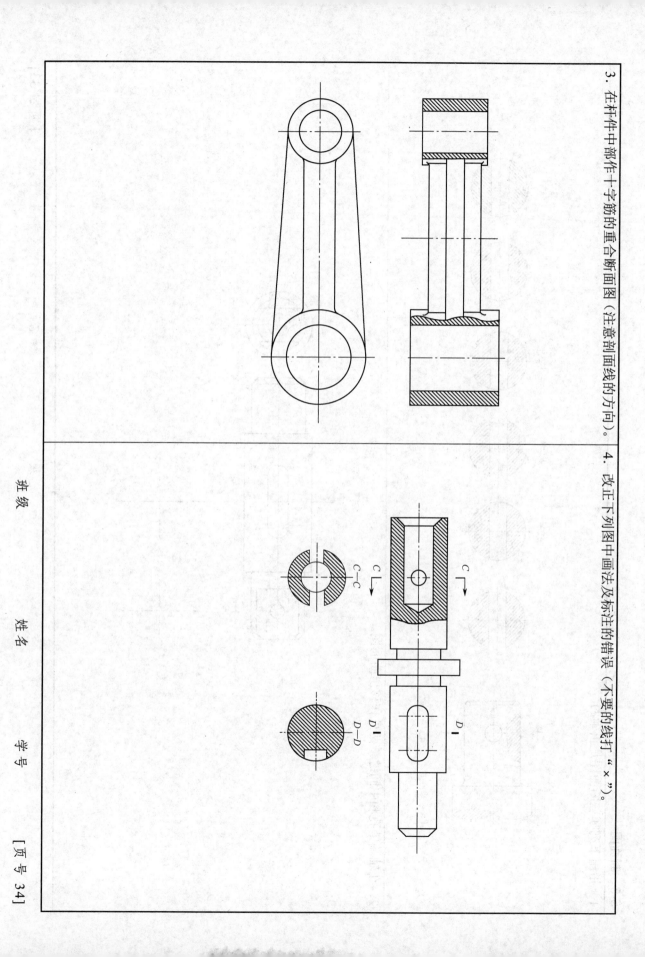

6-1　零件图的尺寸标注

1．看懂铸件的一个视图，找出图中尺寸标注不合理的地方，在原图上打“×”，并在下方的图中改正。

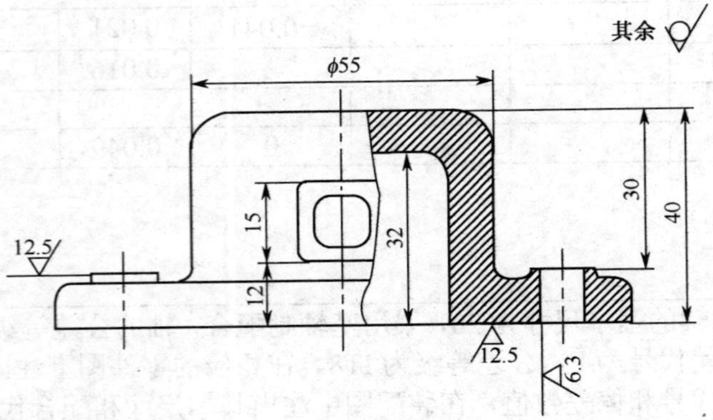

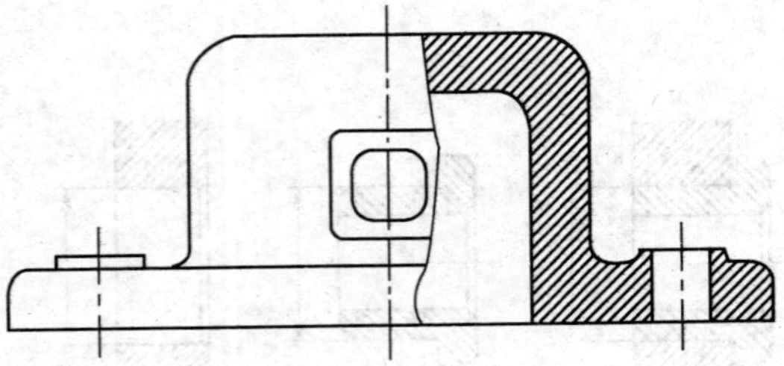

2．看懂退刀槽的尺寸，标注正确的有（　　　　　　）。

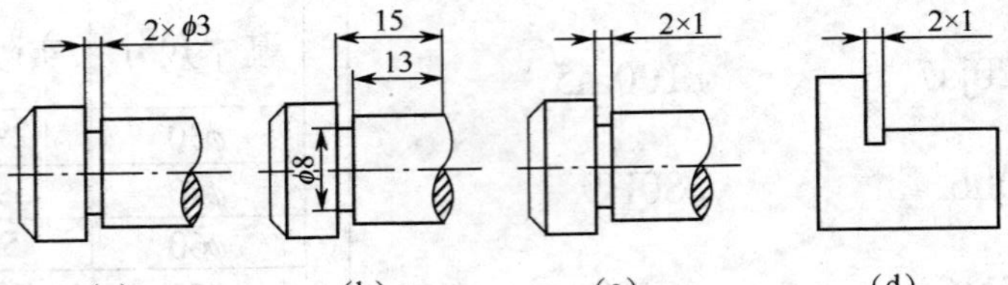

(a)　(b)　(c)　(d)

3．对下列圆角、倒角、通孔结构进行标注。

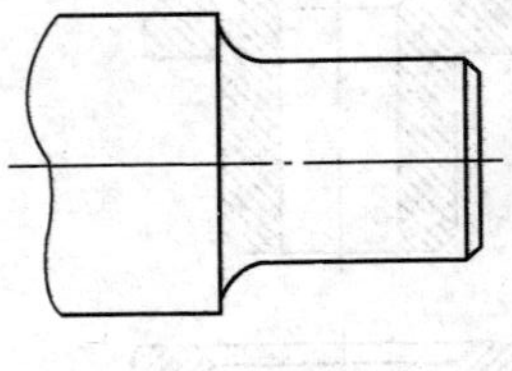

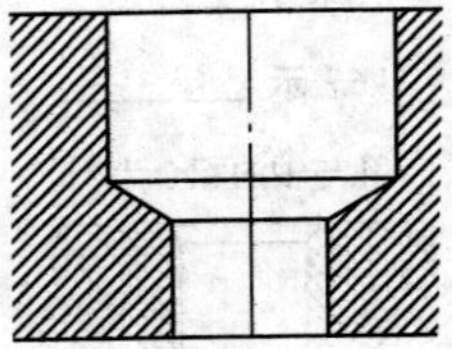

6-2 零件图的尺寸偏差

1．查表确定下列公差的极限偏差。

ϕ25F6　　ϕ60e9

ϕ120js7　　ϕ100m5

ϕ30h6　　ϕ80H9

ϕ45N6　　ϕ40S7

2．根据表中已给的数据进行计算并填空。

基本尺寸	实际尺寸	极限尺寸		极限偏差		公差	合格与否
		MAX	MIN	上偏差	下偏差		
ϕ30	29.95				−0.041	0.021	
ϕ40	39.85	40.041				0.016	
ϕ60	59.9	59.97					
ϕ70	70.15				0	0.049	

3．标注轴和孔的基本尺寸和上、下偏差值，并填空。

30表示 ________

H7表示________

k6表示 ________

孔与轴的配合为______配合

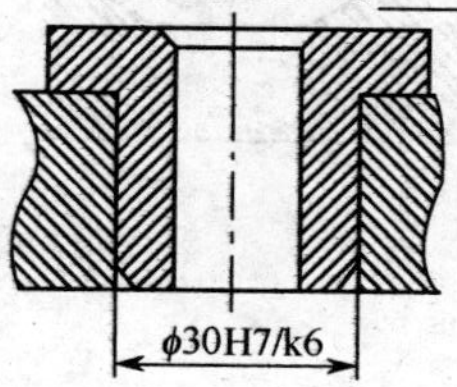

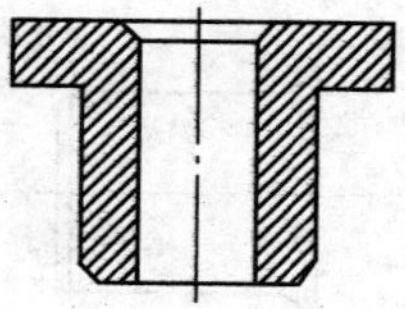

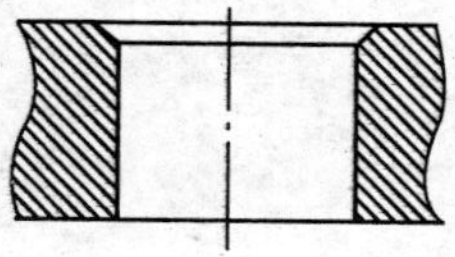

4．已知孔和轴的基本尺寸为20，采用基轴制配合，轴的公差等级为IT7，孔的基本偏差代号为F，公差等级为IT8。在相应的零件图上注出基本尺寸、公差带代号和偏差数值，在装配图中注出基本尺寸和配合代号。

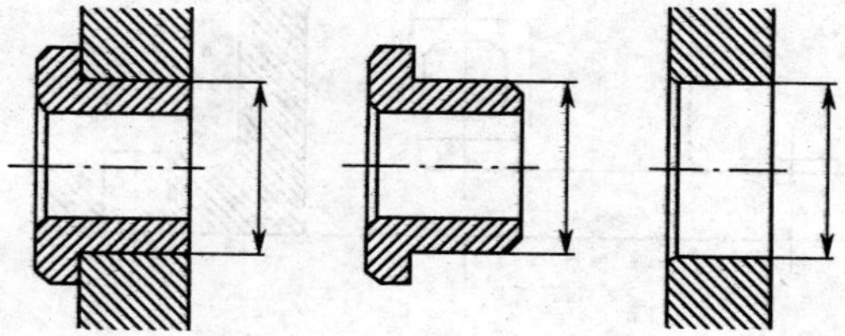

6-3 零件图的形位公差

1. A 面相对于 B 面的平行度公差为0.02mm，请在图上注出相关代号。

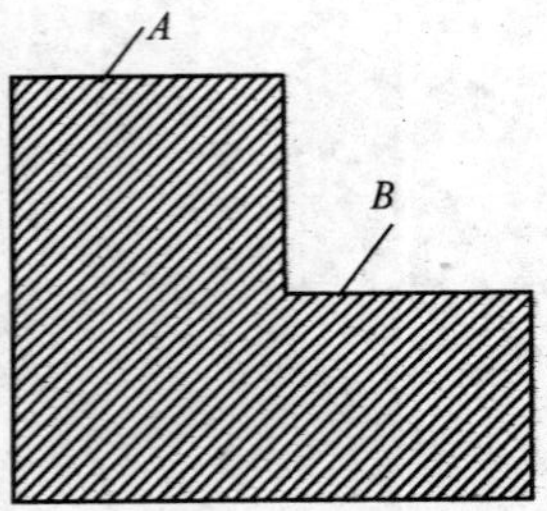

2. 左、右端轴径$\phi15$ 的同轴度公差为0.01mm，请在图上标出相关代号。

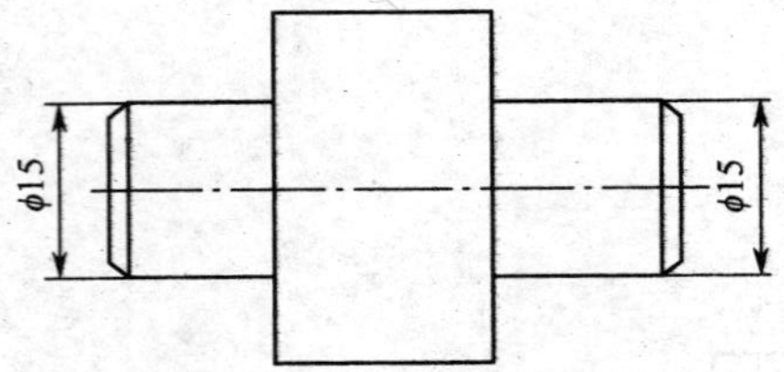

3. 端面 A 对$\phi18$ 的轴线的垂直度公差为0.02mm，请在图上注出相关代号。

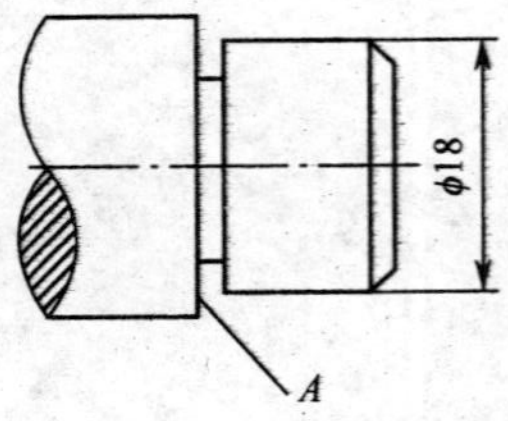

4. $\phi18$ 轴线的直线度公差为 0.03mm，请在图上注出相关代号。

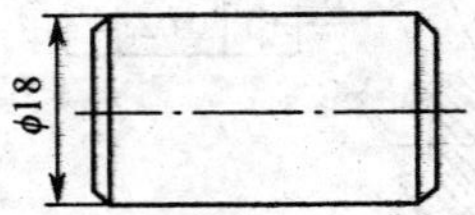

5. 在图上注出以下形位公差代号。

（1）$\phi25h6$ 圆柱的轴线对$\phi18H7$ 圆孔轴线的同轴度公差为$\phi0.02$mm。

（2）右端面 A 对$\phi18H7$ 圆孔轴线的垂直度公差为 0.04mm。

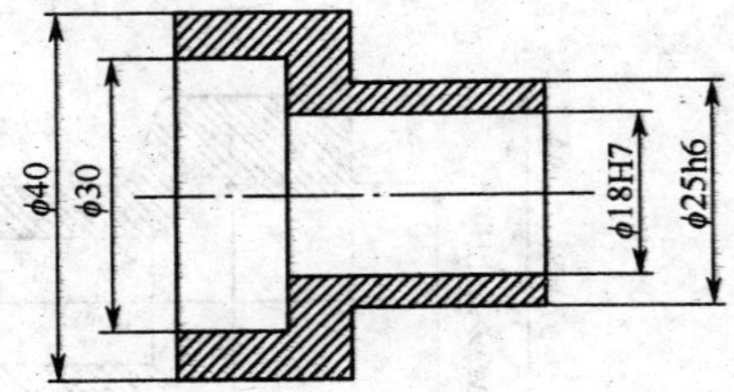

6-4 用文字说明形位公差代号的含义

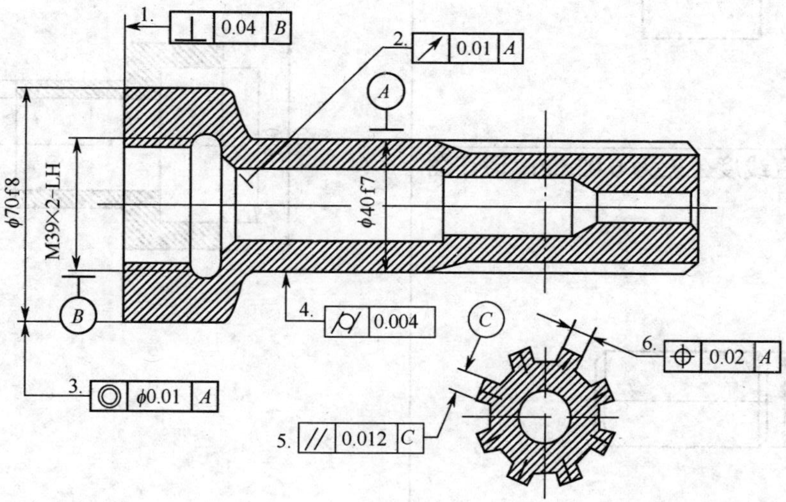

用文字说明含义：

1.

2.

3.

4.

5.

6.

6-5 粗糙度

1. 将右侧表面粗糙度符号或代号标注在图中相应的表面上。

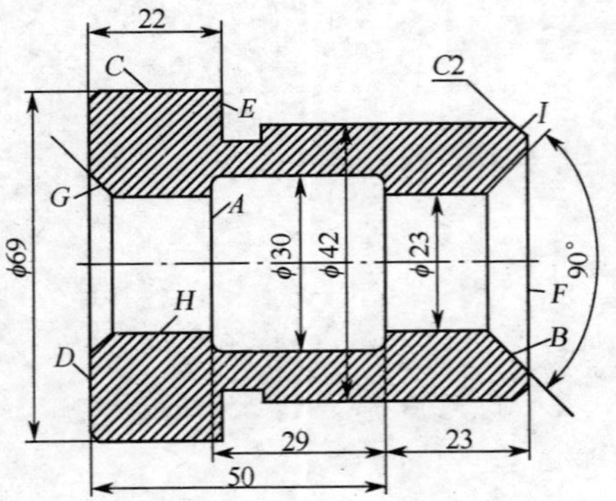

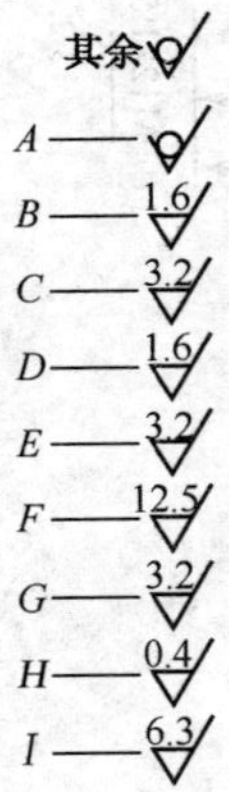

2. 分析上方图中表面粗糙度标注中的错误，在下方的图中按规定重新标注。

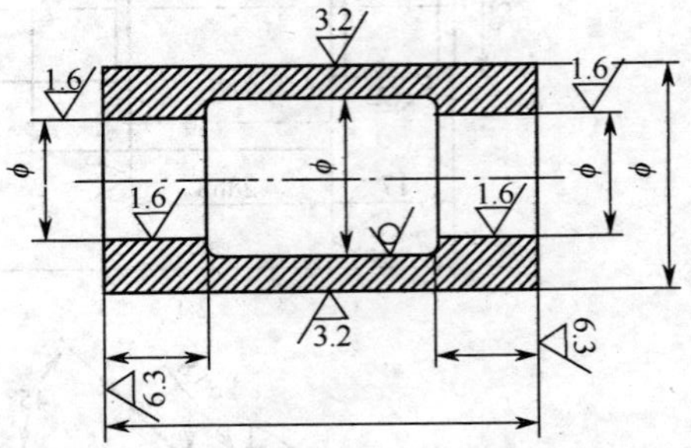

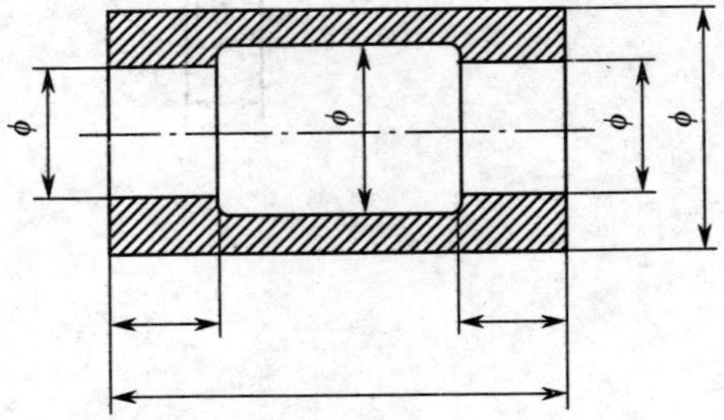

6-6 读齿轮轴零件图，在指定位置补画断面图，并完成填空题

模数	m	2
齿数	z	18
压力角	α	20
精度等级	8-7-7-Dc	

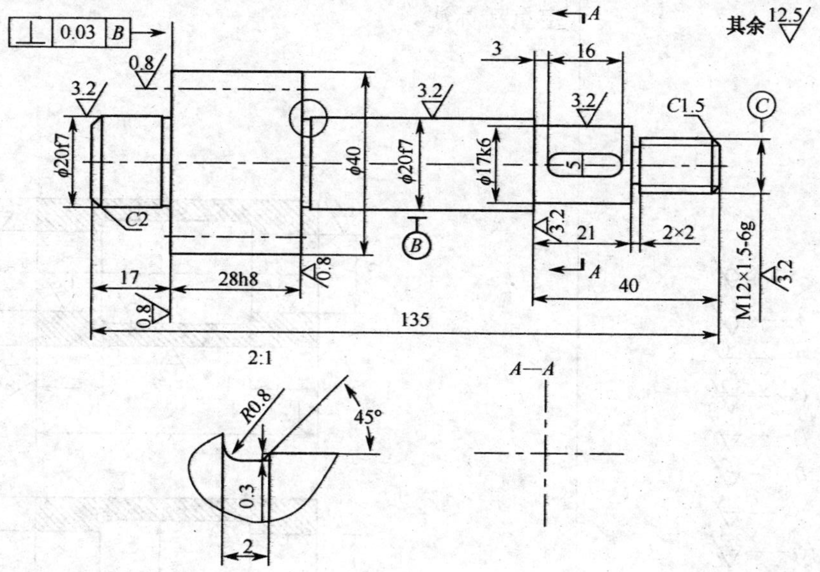

1. 说明 ϕ20f7 的含义：ϕ20 为____________，f7 是____________________。如将 ϕ20f7 写成有上、下偏差的形式，注法是__________________________。
2. 说明图中形位公差框格的含义：符号⊥表示_______，数字 0.03 是_______，A 是_______。
3. 齿轮轴零件图中表面粗糙度要求最高的是_____，共有___处；要求最低的是_____。
4. 指出图中的工艺结构：有___处倒角，其尺寸分别为____________；有___处退刀槽，其尺寸为____________。
5. 在图上补画 A—A 断面图。

齿轮轴	比例	数量	材料	（图号）
			45	
制图			（校名）	
校核				

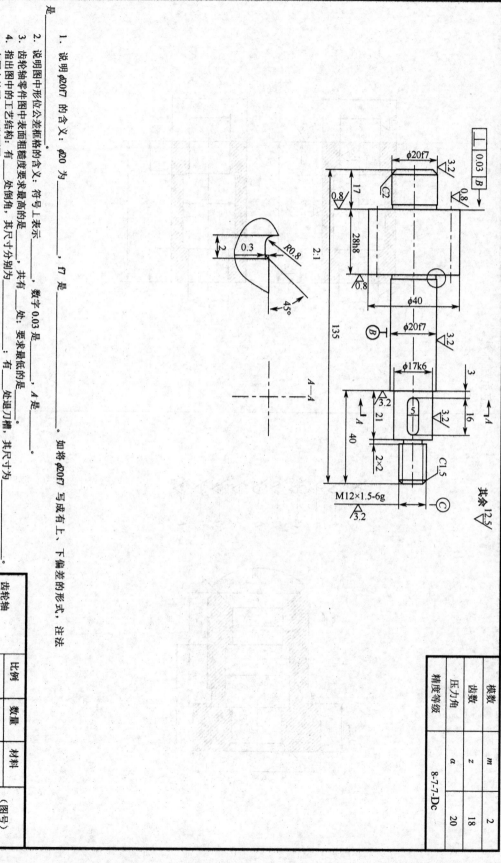

6-7　读套筒零件图，并完成填空题

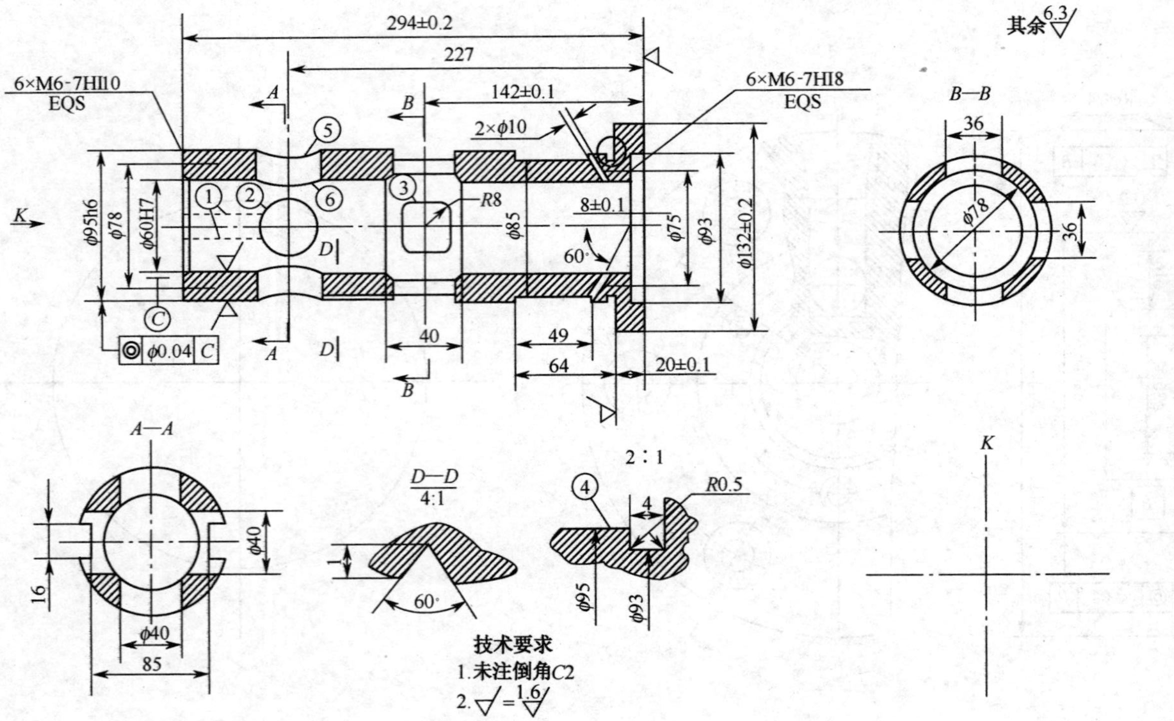

1．轴向主要尺寸基准是______________，径向主要尺寸基准是____________。

2．图中标有①的部位，两条虚线间的距离为__________；图中标有②的部位，直径为_________；图中标有③的部位，其定形尺寸为____________，定位尺寸为__________；靠右端的2×ϕ10孔的定位尺寸为________。

3．最左端面的表面粗糙度为____________，最右端面的表面粗糙度为___________；局部放大图中④所指位置的表面粗糙度是__________________。

4．图中标有⑤的曲线是由______________与________相交形成的____________。

5．外圆面ϕ132±0.2最大可加工成________，最小可加工成__________，公差为________。

6．补画K向局部视图。

套筒	比例	数量	材料	（图号）
			45	
制图			（校名）	
校核				

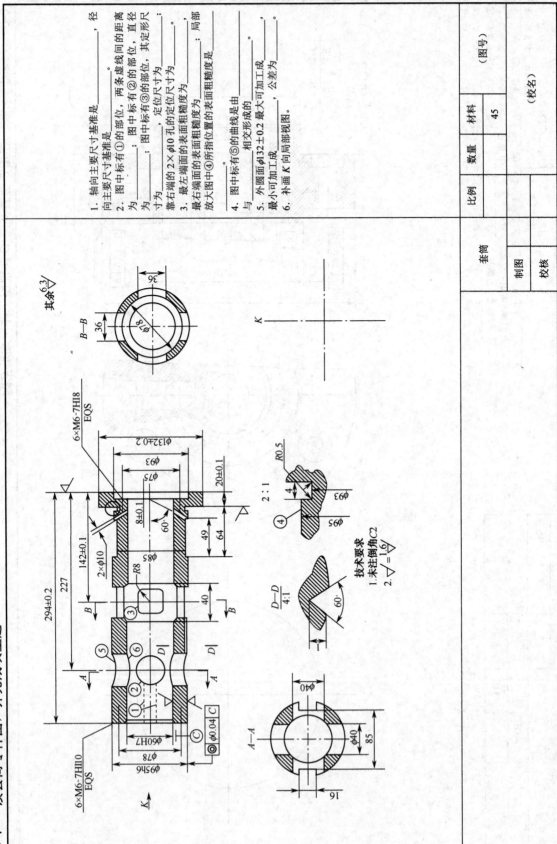

6-8 读端盖零件图，在指定位置补画 C 向视图，并完成填空题

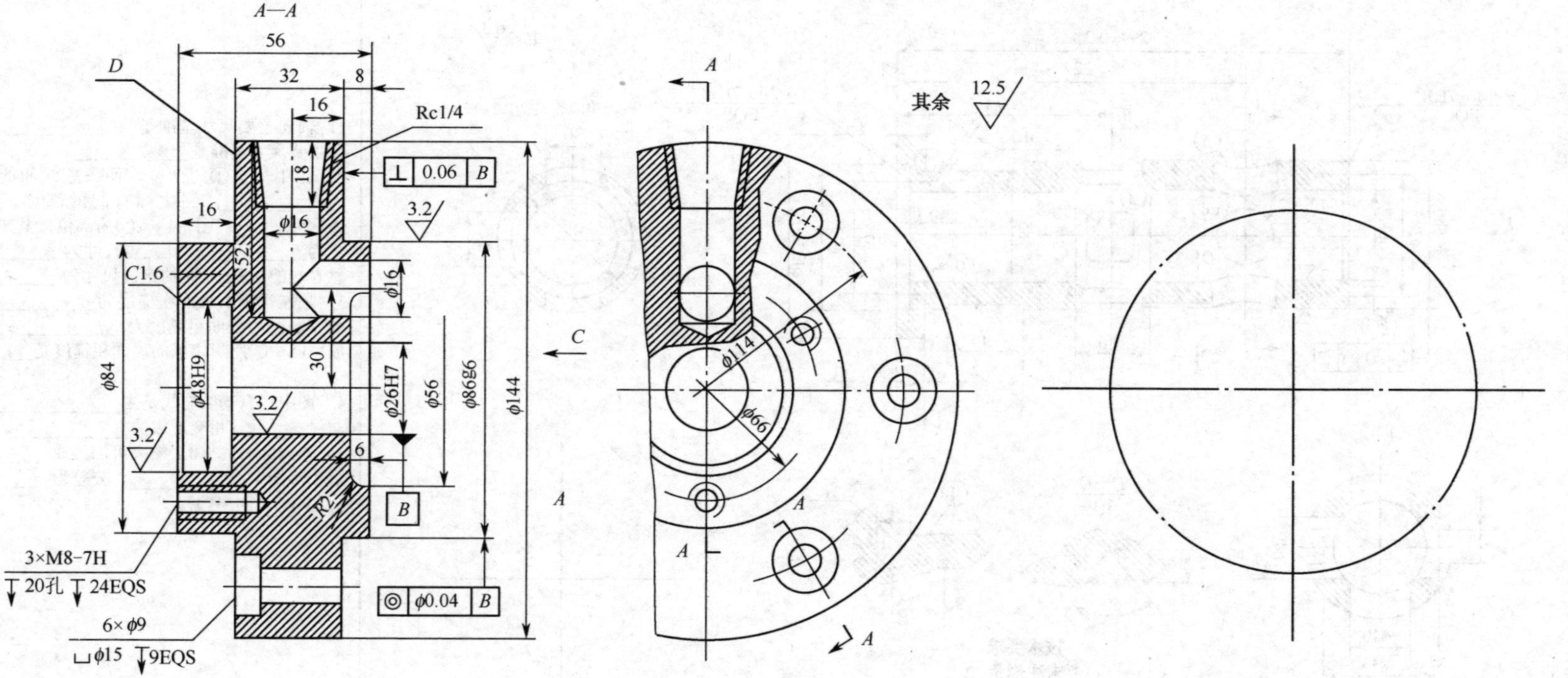

1. 该零件 D 面上有_____个沉孔，尺寸为_____________，定位尺寸是_______________。
2. 该零件属于________类零件。该零件的尺寸公差有__________________________________。
3. 该零件的轴向尺寸基准是______________________，径向尺寸基准是______________________。
4. 端盖的上部有一个通道，此通道深________，从入口处看，刚开始是深为______的_____形______孔，然后是直径为______ 的_______形孔。此通道的定位尺寸为______________。
5. 该零件的主视图用________的方法进行_____剖。
6. 在 D 面上有___个螺纹孔，直径为______，定位尺寸为_______。

端盖	比例	数量	材料	
	1∶2		HT200	
制图				
校核				

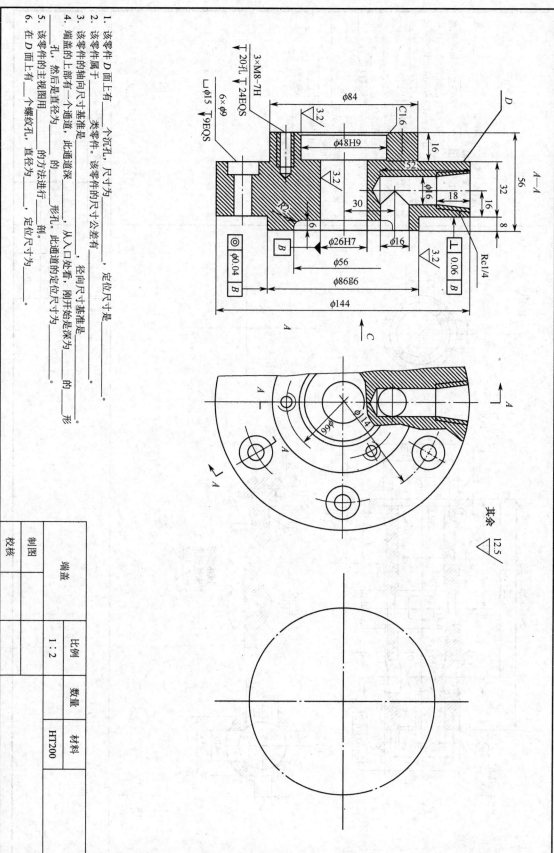

6-9 读拨叉零件图，并完成填空题

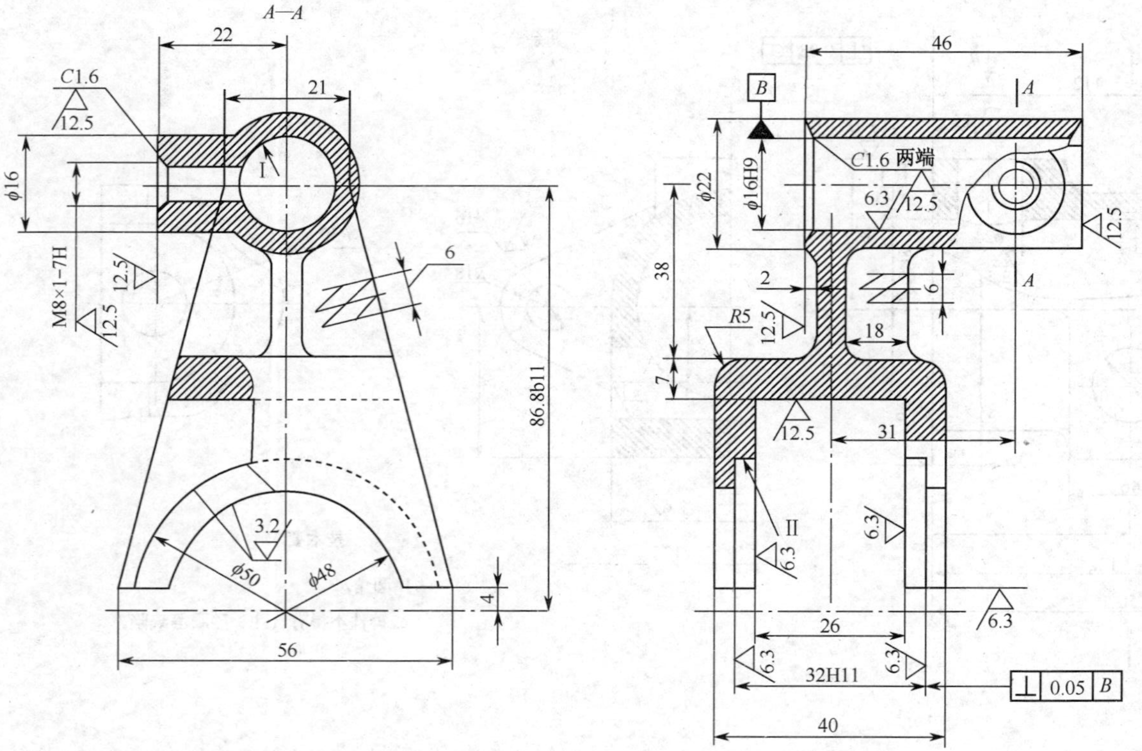

1. 该零件属于________类零件。
2. 该零件 I 表面上的表面粗糙度要求是______，II 表面上的表面粗糙度要求是______。
3. 零件的总高为__________，总宽为________。
4. M8×1-7H 的定位尺寸是________。它是一个________孔。ϕ16H9 的最大极限尺寸为__________，最小极限尺寸为__________。
5. 该零件图采用了____________图、__________图。
6. 该零件的轴向尺寸基准是__________________，径向尺寸基准是______________。
7. 该零件的形位公差是____________，它的意义是________。
8. 拨叉的下部是接近________形的两个叉，上部是一个长为________的通孔，大外圆直径为__________，内圆直径为__________。在通孔左侧伸出一个形凸台。

拨叉		比例	数量	材料
		1∶2		HT150
制图				
校核				

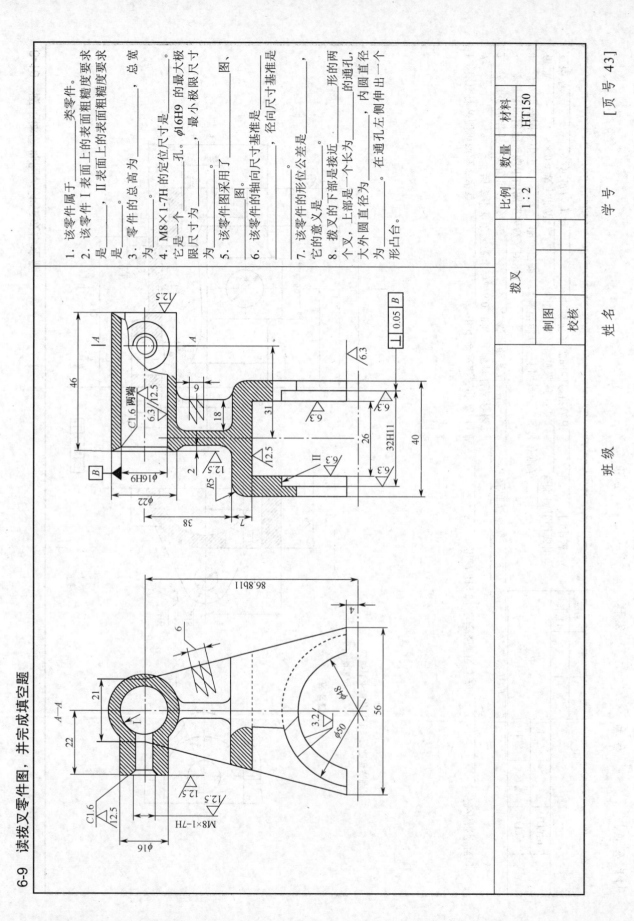

6-10 读壳体零件图，并完成填空题

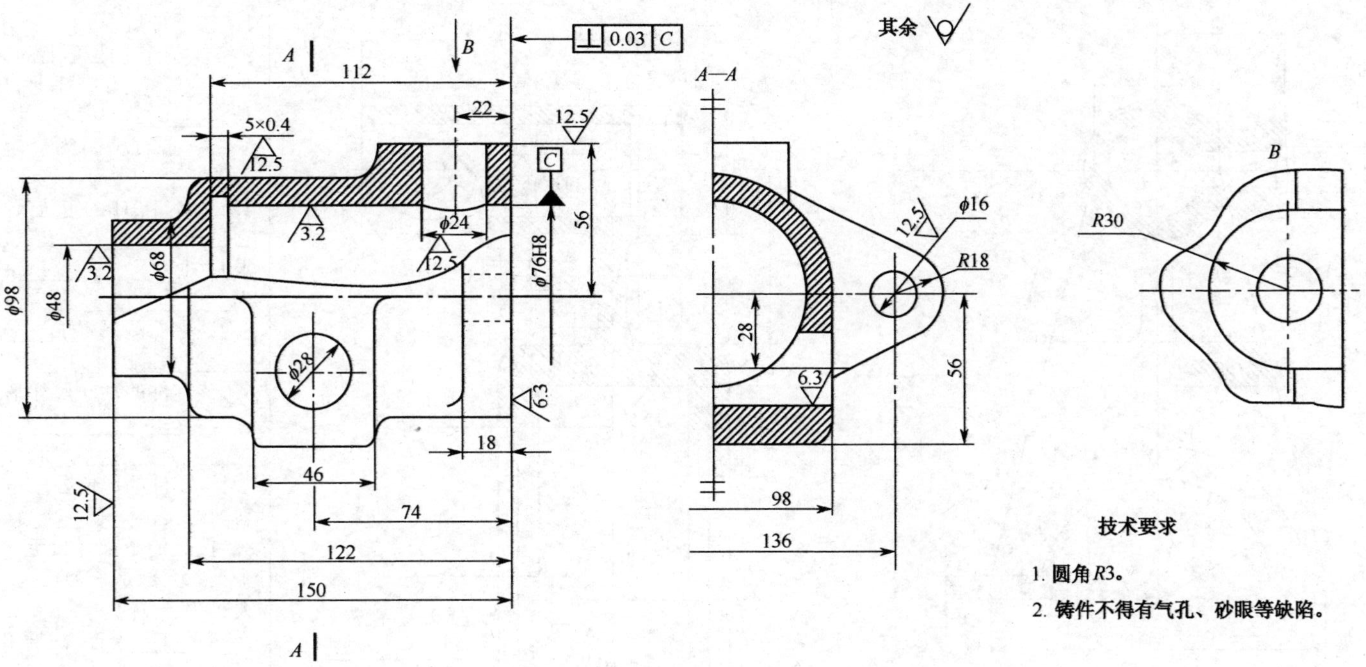

技术要求

1. 圆角*R*3。
2. 铸件不得有气孔、砂眼等缺陷。

1. 该零件表面粗糙度要求有____________，其中要求最高的 *Ra* 值是____________。孔ϕ76H8 的最大极限尺寸为____________，最小极限尺寸为____________。当该孔的实际尺寸为ϕ76.05 时，该零件是否合格？____________
2. 该零件使用了一个形位公差，是__________，被测要素为__________，基准要素为__________，公差值为________。
3. 零件图的比例是缩小比例还是放大比例？____________
4. 零件主视图采用了________图，反映了壳体内部有一个阶梯孔，直径分别为______和________，5×0.4 表示的是________结构。在壳体顶部有一个________与阶梯孔内部相贯，直径为________，定位尺寸为________，此孔外部的凸台形状在________图中显示。

壳体			比例	数量	材料	
			1∶2		HT350	
制图						
校核						

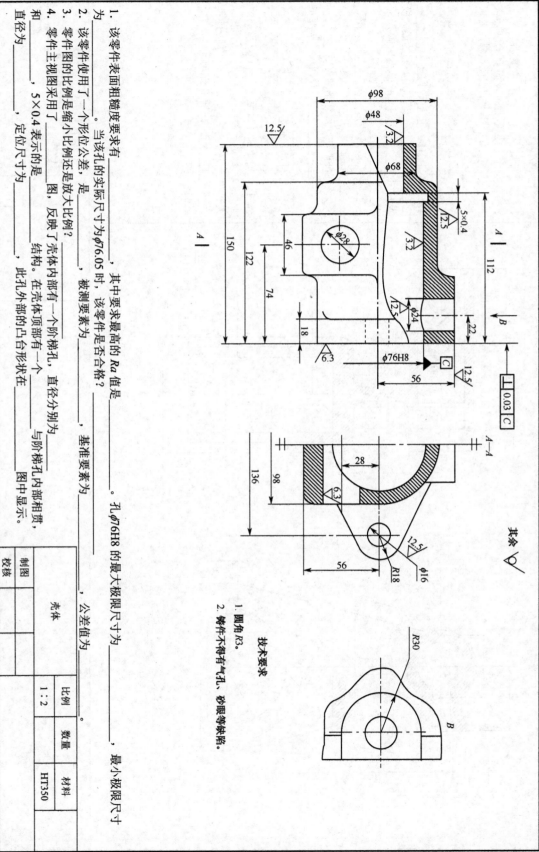

7-1 读卧式柱塞泵装配图，回答问题

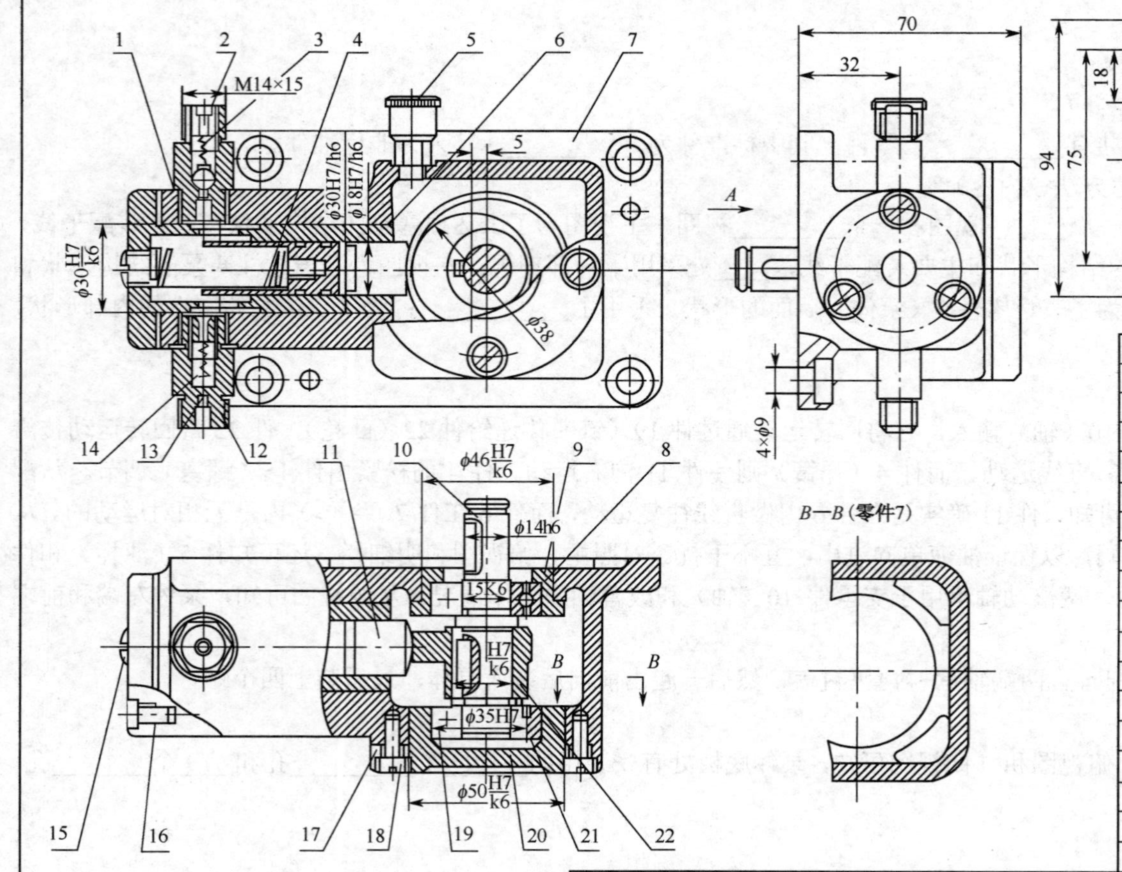

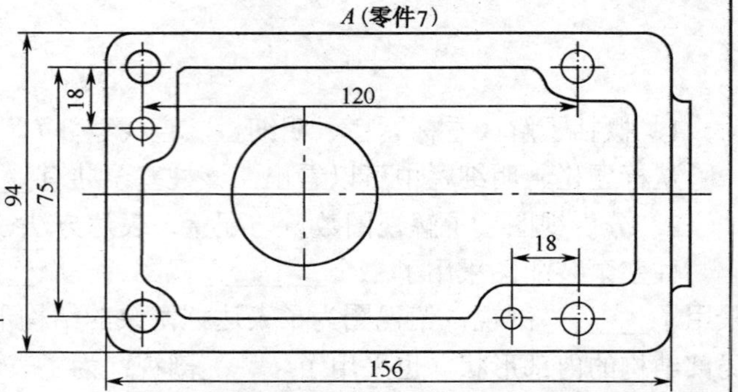

序号	名　称	数量	材　料	附 注
22	凸　轮	1	15Cr	
21	调整环	1	Q235-A	
20	衬　盖	1	HT200	
19	键　5×5×16	1	45	GB/T 1096—2003
18	螺钉M6×16	7	4.8级	GB/T 65—2016
17	垫　片	1	塑料纸	
16	垫　片	1	塑料纸	
15	螺　塞	1	Q235-A	
14	球　托	2	Q235-A	
13	球　ϕ5	2	15Cr	GB/T 308—2013
12	单向阀体	2	45	
11	柱　塞	1	15Cr	
10	轴	1	40Cr	
9	衬　套	1	HT200	
8	滚动轴承6202	2	组合件	GB/T 276—2013
7	泵　体	1	HT200	
6	泵　套	1	45	
5	油　杯B-1.5	1	组合件	JB/T 79403—1995
4	弹簧YA1.6×12×60	1	60Si2MnA	GB/T 2089—2009
3	弹簧YA1×4.5×20	2	60Si2MnA	GB/T 2089—2009
2	调 节 塞	2	Q235-A	
1	封 油 圈	2	工业用纸	

制图		卧式柱塞泵	比例 1∶1
审核			（图号）
		质量	

技术要求

1. 泵工作时，两阀要能一吸一排，如不符合要求，可调弹簧3。
2. 球13与阀体接触应冷压一球泵，保证球定位和关启作用。

1. 概括了解（看标题栏、明细栏，查找零件）

从标题栏、明细栏中可以看出，该柱塞泵共有________零件，其中标准件为________，其余为非标准件。

2. 分析视图（了解视图数量与配置、表达方法、内容）

柱塞泵装配图采用了三个______视图、一个_____视图和一个______视图。主视图为了表达柱塞泵的结构形状和三条装配干线，采用了______剖视；俯视图为了表达柱塞泵的结构形状和主要装配干线，____处采用了局部剖视；左视图为了表达柱塞泵的结构形状和局部结构的内部形状，也采用了_____剖视；为了表达零件7（泵体）后面的形状，采用了________；为了表达泵体右端的内部形状，采用了__________。

3. 分析装配关系、工作原理、传动路线

从主、俯视图的投影关系可知，运动从件10（轴）输入，它将回转运动通过件19（键）传递给件22（凸轮），件22将回转运动传给件11（柱塞），使件11在件6（泵套）内向左做直线运动。而件4（弹簧）则使件11向右运动。件4的松紧由件15（螺塞）调节。从配合尺寸__________和______________可知，件11确实是在件6内做直线往复运动，而件6在件7（泵体）内是无相对运动的。从主视图上可知，泵体左端上下各装了一个单向阀，以保证油液单向进出，互不干扰。对照主、俯视图和明细栏，还可知件5（油杯）和件8（轴承）都是______件，件5用于润滑凸轮，两滚动轴承用于支承件10（轴）和改善轴的工作情况。从俯视图可知，泵体左端和前端的衬盖和泵套用_______固定在泵体上。

柱塞泵凸轮轴的装配顺序应为凸轮轴+键+凸轮+两端轴承+衬套+衬盖，然后一起由前向后装入泵体，最后装上四个螺钉。

4. 分析零件

柱塞泵的______是一个主要零件，从左、俯视图和 A 向视图可知，泵体底板处有安装用的_____个_______孔和____个______孔。

7-2 读安全阀装配图，回答问题

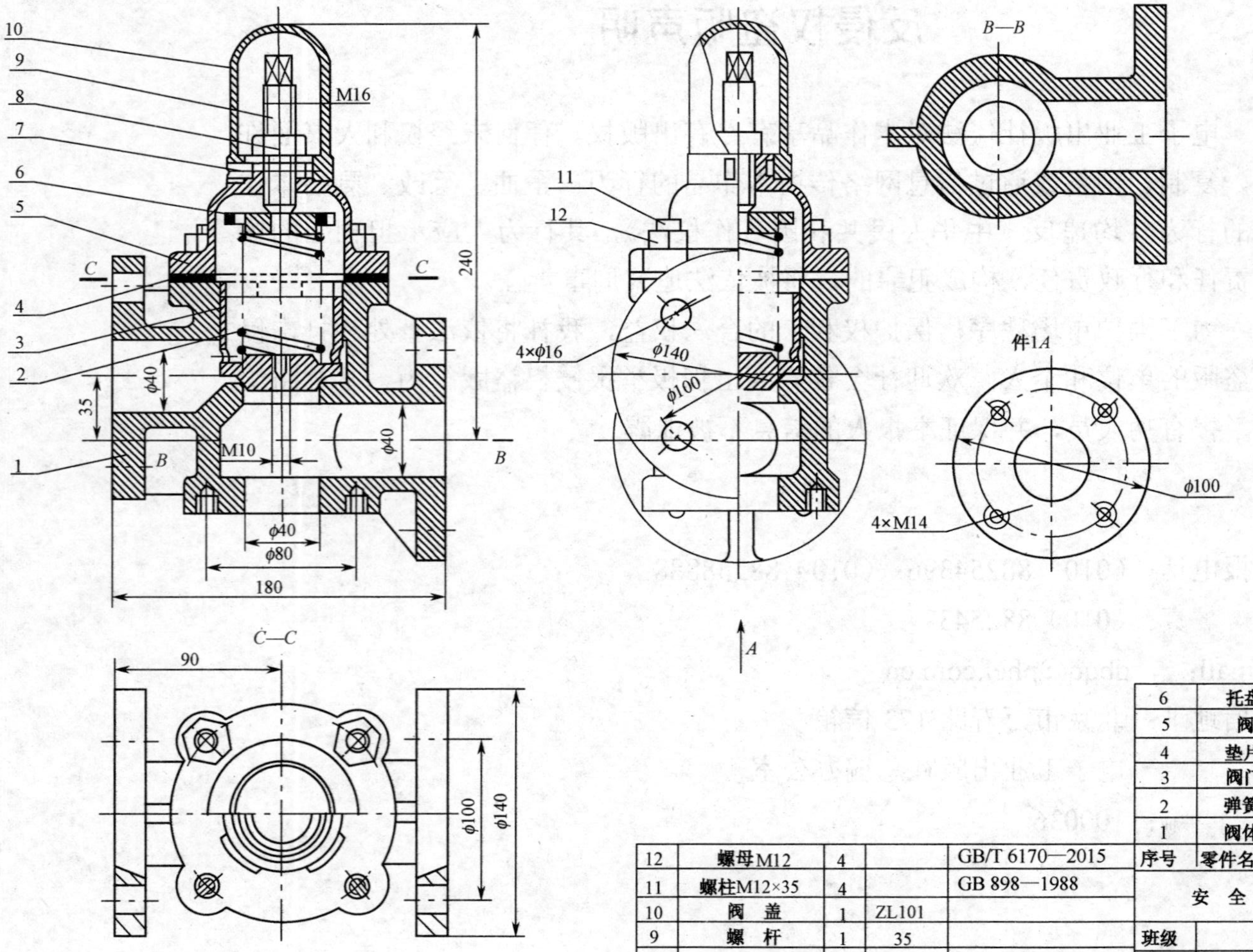

1. 安全阀采用的表达方法有哪些？

2. 欲将 3 号零件阀门从安全阀上拆下，试分析其拆卸顺序。

3. 解释图中“4×ϕ16”和“4×M14”的含义。

4. 解释 3 号零件阀门的尺寸、尺寸公差、形位公差和表面粗糙度的含义。

序号	零件名称	数量	材料	备注
12	螺母M12	4		GB/T 6170—2015
11	螺柱M12×35	4		GB 898—1988
10	阀盖	1	ZL101	
9	螺杆	1	35	
8	螺母M16	1		GB/T 6172—2016
7	固定螺钉	1		GB117-85
6	托盘	1	H62	
5	阀	1	HT150	
4	垫片	1		
3	阀门	1	H62	
2	弹簧	1	60Mn	
1	阀体	1	HT200	

安全阀			比例		(图号)
			件数	1	
班级		(学号)	材料		成绩
制图		(日期)	(校名)		
审核		(日期)			

反侵权盗版声明

举报电话：（010）88254396；（010）88258888

传　　真：（010）88254397

E-mail:　　dbqq@phei.com.cn

通信地址：北京市万寿路 173 信箱

　　　　　电子工业出版社总编办公室

邮　　编：100036

机械识图

职业院校汽车专业任务驱动教学法创新示范教材

- 汽车底盘维修（含工作页）
- 柴油机维修
- 汽车发动机电气维修（含工作页）
- 汽车发动机构造与维修
- 汽车维修企业管理基础
- 汽车焊接技术
- 汽车保养与维护（含工作页）
- ☑ 机械识图
- 汽车电工电子基础
- 汽车装饰与美容（含工作页）
- 汽车钣金修复
- 汽车空调维修（含工作页）
- 汽车车身涂装
- 汽车文化

策划编辑：郑　华
责任编辑：郑　华
封面设计：彩丰文化

ISBN 978-7-121-32125-2
9 787121 321252 >
定价：29.80元